新工科系列规划教材

EDA Design of Integrated Digital System

Practical Training in the Application of Hardware Description Language

集成数字系统 **EDA** 设计
硬 件 描 述 语 言 应 用 实 训

主　编　武卫华

副主编　汪　婧　江　平　王玲玲

编　委　程木田　唐绪兵　盛　娜
　　　　唐　静　严　梅　王洪涛

中国科学技术大学出版社

内 容 简 介

本书是安徽省高等学校省级质量工程项目"新工科背景下自动化专业实践教学体系改革研究""电类专业系列基础课程思政教学团队"及安徽工业大学马鞍山产业学院建设成果,也是安徽工业大学马鞍山产业学院系列规划教材之一。本书基于新工科教学理念,结合电类专业人才培养目标,系统介绍了集成数字系统的 EDA 设计方法、设计描述及设计开发过程,旨在使学生掌握集成数字系统自顶向下的层次化、模块化行为描述建模方法,具备应用 VHDL、Verilog 语言进行集成数字系统设计开发的能力。

本书侧重于工程应用实践,详细阐述了多个集成数字系统实训案例,可作为微电子、集成电路、电子信息、通信工程、自动化、测控技术等专业的教材,也可供相关研究人员参考阅读。

图书在版编目(CIP)数据

集成数字系统 EDA 设计:硬件描述语言应用实训/武卫华主编. —合肥:中国科学技术大学出版社,2023.8

ISBN 978-7-312-05625-3

Ⅰ.集… Ⅱ.武… Ⅲ.数字集成电路—电路设计—计算机辅助设计 Ⅳ.TN431.202

中国国家版本馆 CIP 数据核字(2023)第 066546 号

集成数字系统 EDA 设计:硬件描述语言应用实训
JICHENG SHUZI XITONG EDA SHEJI:YINGJIAN MIAOSHU YUYAN YINGYONG SHIXUN

出版	中国科学技术大学出版社
	安徽省合肥市金寨路 96 号,230026
	http://press.ustc.edu.cn
	https://zgkxjsdxcbs.tmall.com
印刷	安徽省瑞隆印务有限公司
发行	中国科学技术大学出版社
开本	787 mm×1092 mm　1/16
印张	24.5
字数	625 千
版次	2023 年 8 月第 1 版
印次	2023 年 8 月第 1 次印刷
定价	79.00 元

前　　言

　　电子设计自动化（Electronic Design Automation，EDA）技术的引入，使集成数字系统在设计理念和设计方法上发生了根本性的变化。EDA 技术以大规模可编程逻辑器件（Programmable Logic Device，PLD）为设计载体，以硬件描述语言（Hardware Description Language，HDL）为设计输入，采用自顶向下（Top-Down）的层次化、模块化设计理念，借助EDA 软硬件开发平台，通过硬件电路的软件设计方式构建系统模型，具有集成高效、可编程重构等显著特点，为数字电路，特别是集成数字系统设计带来了极大的灵活性。

　　本书基于新工科教学理念，结合电类专业人才培养目标，围绕集成数字系统设计这条主线，系统介绍了集成数字系统的 EDA 设计方法、可编程 PLD 设计载体、硬件设计描述语言及基于 EDA 平台的设计开发过程，旨在使学生掌握集成数字系统自顶向下的层次化、模块化设计方法，具备应用 VHDL、Verilog 语言进行集成数字系统设计开发的能力，建立工程实践的理念，适应现代电子技术的发展需求。

　　本书主要特点如下：

　　（1）结合课程教学目标组织内容

　　本书系统介绍了 EDA 技术自顶向下的层次化、模块化设计方法，大规模可编程器件CPLD、FPGA 的结构原理，IEEE 标准硬件描述语言的程序结构及其语法要素，常用 EDA开发工具平台的使用方法及开发过程等内容。这些内容紧密结合课程教学目标，章节层次清晰，方便初学者阅读学习。

　　（2）依据专业课程设置进行"双语"介绍

　　本书将集成电路、微电子、通信、电子专业可能学习的 2 种 IEEE 标准硬件描述语言VHDL、Verilog，以及 2 种常用的 EDA 开发工具平台 QuartusⅡ、ModelSim 结合在书中进行介绍，并分别应用 VHDL、Verilog 语言进行了 12 个常用功能模块的设计描述、逻辑建模与仿真验证，例证内容完整，方便不同专业的学生对照学习和练习参考。

　　（3）强化工程设计概念，提供实训案例

　　本书结合工程应用背景，介绍了 9 个集成数字系统实训案例，详细阐述了集成数字系统设计从任务分解、原理说明、系统结构方案，到程序设计与仿真、硬件下载与测试的完整开发过程。案例介绍深入浅出，不仅可作为配套课程的实践教材，也可作为相关专业课程设计的参考资料，为读者提供设计参考。

　　（4）突出 EDA 技术自顶向下的层次化、模块化设计理念

　　书中每个实训案例均围绕具体的设计任务指标展开。首先进行设计原理介绍，然后根据设计需求分析，提出 FPGA 系统设计方案及电路组成框图，接着详细说明各单元模块的功能及其设计思路，在此基础上运用 VHDL 编程或定制调用宏功能模块，进行底层单元电路的程序设计、仿真说明与模块封装，最后基于原理图输入方式，调用底层模块构建顶层电路，完成集成系统设计。为了验证设计方案，保证实训效果，每个案例均进行了硬件下载与实验

测试。

　　本书兼顾了理论教学与工程实践两方面的需求，共分为 16 章，主要包括集成数字系统 EDA 设计概述，可编程逻辑器件结构原理及其产品系列，硬件描述语言 VHDL、Verilog 程序结构及语法要素，EDA 设计开发工具的使用方法，常用功能模块的 HDL 设计描述与仿真验证，常用宏功能模块的定制调用与仿真研究，集成数字系统实训案例等内容。本书前 7 章可作为 EDA 技术相关课程的教学内容，建议 32～40 学时；后 9 章侧重于工程应用与实践，以具体实训案例为主线，详细介绍了集成数字系统设计从任务分解、原理说明、系统结构方案，到程序设计与仿真、硬件下载与测试的完整开发过程，可将此部分内容作为课程实验项目，也可将实训内容进行扩展，作为设计选题，引入电子技术课程设计或电类专业的毕业设计中。

　　本书由安徽工业大学电气与信息工程学院及微电子与数据科学学院的任课教师联合编写，是多年来教学讲义的归纳与总结，体现了长期课程建设的成果。全书共 16 章，第 1、2 章由王玲玲编写；第 3、4、5 章由汪婧、江平编写；第 6 章由武卫华、江平编写；第 7～16 章由武卫华编写。程木田、唐绪兵对图书内容进行把关，并提出宝贵意见，盛娜、唐静、严梅、王洪涛协助完成了本书的图文校核及案例实验工作。本书出版得到了安徽工业大学马鞍山产业学院的大力支持，在此一并表示最真挚的感谢！

编　者

2023 年 3 月

目　　录

第二部分　EDA 实训案例

第一部分

EDA设计基础

第 1 章　集成数字系统设计概述

现代电子技术的高速发展,特别是 EDA 技术的引入,使集成数字系统在设计理念和设计方法上发生了根本性的变化。EDA 技术应用自顶向下的设计方法,采用完全独立于目标芯片物理结构的硬件描述语言,进行顶层系统的行为或单元模块间连接关系的设计描述,并借助 EDA 软硬件工具平台对集成数字系统进行设计开发。

本章简要概述了集成数字系统设计的相关内容,包括其自顶向下的设计方法,EDA 技术设计流程,基于 CPLD/FPGA 的设计实现以及基于 VHDL 和 Verilog HDL 的设计描述。

1.1　集成数字系统设计方法

现代集成数字系统设计的核心是 EDA 技术。EDA 技术是在 CAD(Computer Aided Design)的基础上发展起来的计算机辅助设计系统,是以大规模可编程逻辑器件为设计载体,以硬件语言为主要设计描述,以计算机软、硬件开发系统为设计工具,能自动完成集成电路系统设计的一门新技术。

EDA 采用系统化、层次化的设计方法,将一个完整的硬件设计任务划分为若干个可操作的模块,编制出相应的模型(行为的或结构的),并完成仿真验证。这种自顶向下的全新的设计方法允许多个设计者同时设计一个硬件系统中的不同模块,其中每个设计者负责自己承担的部分。这是一种由抽象定义到具体实现,由高层次建模到低层次描述,逐步求精的设计方法。然后利用综合优化工具生成具体门电路的网表,其对应的物理实现级可以是印刷电路板或专用集成电路。由于设计的主要仿真和调试过程是在高层次上完成的,这不仅有利于早期发现结构上的错误,而且减少了逻辑功能仿真的工作量,提高了整体设计效率。自顶向下的设计方法如图 1.1 所示。

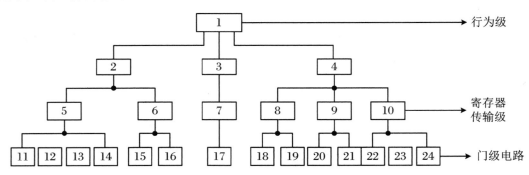

图 1.1　自顶向下的设计方法

图 1.1 中的最高层代表设计模块的顶层,通常采用行为描述方式建模,又称行为级;当设计系统功能较为复杂时,按照 EDA 技术自顶向下的层次化设计理念,可将整个系统划分为若干个主要功能模块,进行寄存器传输级(Register Transfer Level,RTL)描述,最后借助 EDA 综合工具依次分解,生成可物理实现的具体门级电路网表文件。

1.2　集成数字系统设计流程

面向目标器件 CPLD/FPGA 的集成数字系统 EDA 设计基本流程如图 1.2 所示。

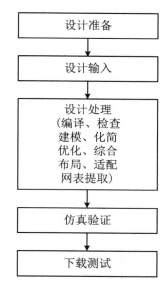

图 1.2　基于 CPLD/FPGA 的 EDA 设计基本流程

1.2.1　设计输入

基于 EDA 技术的集成数字系统设计描述采用人机交互的方式,常用的设计输入方式有以下 3 种:

1. 原理图输入方式

利用 EDA 工具提供的图形编辑器以原理图的方式进行输入。原理图输入方式比较容易掌握,直观且方便,所画的电路原理图与传统的器件连接方式相似,很容易被人接受,而且编辑器中有许多现成的单元器件可以利用,自己也可以根据需要设计元件。然而原理图输入方式有一定的局限性:

① 随着设计规模的增大,对于图中密密麻麻的电路连线,设计的易读性迅速下降,尤其是当规模达到一定程度时,这种输入方式将无法使用;

② 一旦输入完成,电路结构几乎无法改变。而且设计的原理图难以移植、存档、交流,因为不可能存在一个标准化的原理图编辑器。

2．状态图输入方式

以图形状态机的方式进行输入。当填好时钟信号名、状态转换条件、状态机类型等要素后,利用 EDA 编译器可以自动生成超高速集成电路硬件描述语言程序。这种设计方式简化了状态机的描述,在寄存器传输级(Register Transfer Level,RTL)设计中有一定的应用。

3．文本输入方式

利用 EDA 工具提供的文本编辑器以程序代码的方式进行输入。这是 EDA 技术的主流输入方法,也是最具 EDA 特色的设计描述方式,任何支持硬件描述语言(Hardware Description Language,HDL)的 EDA 工具都支持文本方式的编辑和编译,文本设计输入方法可以弥补原理图输入的不足。

1.2.2　设计处理——逻辑综合

逻辑综合需要综合器来完成。综合器的作用是把 HDL 描述的功能转化成具体的硬件电路,它可将某一特定系统的 HDL 行为描述转化为门级电路的结构描述,是 HDL 软件描述与门级网表硬件实现的桥梁,如图 1.3 所示。

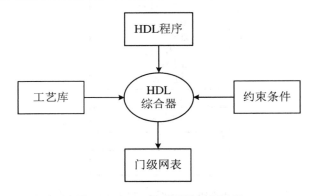

图 1.3　HDL 综合器的运行流程

图 1.3 中,HDL 综合器在接收 HDL 程序并准备对其综合前,必须获得与最终实现设计电路硬件特征相关的工艺库信息,以及获得优化综合的诸多约束条件。约束条件有多种,如设计规则、时间约束(包括速度约束)、面积约束等,通常时间约束的优先级高于面积约束。

HDL 行为描述时关注的是电路行为和功能模型,并不涉及电路的具体实现形式,而综合器的任务就是选择一种能充分满足各项约束条件且成本最低的门级电路实现方案。

综合过程可分为 3 个层次进行:

① 行为综合:从行为描述——RTL 描述;

② 结构综合:从 RTL 描述——门级描述;

③ 版图综合:从门级描述——版图描述。

因此综合工具分为 RTL 级综合与行为级综合两种,通常 Verilog 程序使用 RTL 级综合即可,而 VHDL 程序则需要使用行为级综合器。当 VHDL 描述过于抽象时,可能需要借助第三方提供的高效综合器。如 Synplify 就是一款典型的行为级综合工具。

从表面上看,HDL 综合器与软件程序编译器的功能相当,都是一种能把高层次设计描述转化成低层次设计表达的"翻译器",但两者在本质上却存在诸多区别,如图 1.4 所示。

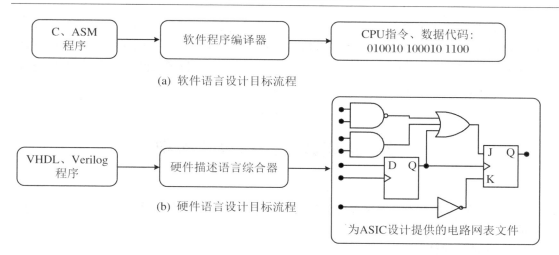

图 1.4　编译过程与综合过程的功能比较

由图 1.4 可以看出,编译器将软件程序翻译成基于某种特定中央处理器(Central Processing Unit,CPU)的二进制机器代码,这种代码仅限于某种 CPU 的执行指令,属于软件;而综合器对于类似的软件代码(如 VHDL 程序代码),其转化的结果是代表底层电路结构的网表文件,是一个可以独立存在的硬件电路。

1.2.3　设计处理——结构适配

结构适配又称结构综合或目标适配,在逻辑综合、功能仿真后可由 EDA 系列开发工具中的适配器完成。

适配器又称布局布线器,其功能是将由综合器产生的网表文件配置于指定的目标器件中,产生最终的下载文件,如 JEDEG 格式的文件。适配器选定的目标器件(FPGA、CPLD 芯片)必须是综合器指定的目标芯片。

通常 EDA 开发工具中的综合器可由芯片生产厂家或专业的第三方 EDA 公司提供(如 Synplicity 公司的 Synplify 综合器),而适配器则需由 FPGA、CPLD 供应商自己提供,因为适配器的适配对象直接与器件结构相对应。

1.2.4　目标器件的编程与下载

逻辑综合、结构适配(含引脚锁定)后即可生成工程下载文件,若时序仿真没有发现问题,即满足原定的设计要求,则可以将下载配置文件(.sof 或.pof)通过编程器和下载电缆载入目标芯片 FPGA 或 CPLD 中,连接外围电路就可以进行硬件测试了。

1.2.5　设计过程中的有关仿真

EDA 设计流程中一般要经历两次仿真,一次是结构综合前的 HDL 行为功能仿真,即对 HDL 所描述的内容进行模型功能仿真,由于 HDL 的行为仿真是面向高层次的系统级仿真,是根据 HDL 的语义进行的,只对 HDL 的系统描述作可行性评估测试,此时的仿真不针对任何硬件系统,只限于功能验证,是 EDA 工具自动进行的,与具体电路无关,也不考虑硬件延迟,称为前仿真。另一次是在结构综合后,HDL 综合器将生成一个 HDL 网表文件,该网表文件采用 HDL 结构描述方法,已经充分考虑了电路的硬件特征,此时的仿真称为后仿真,其时序仿真结果与实际电路的测试结果基本一致。

1.3　集成数字系统设计实现

数字系统的实现手段与数字器件的发展过程密切相关。数字器件从功能上可以分为以下 4 种:

1. 标准逻辑器件

包括逻辑门、触发器等小规模集成电路(Small Scale Integrated Circuit,SSIC)以及全加器、计数器等中等规模集成电路(Medium Scale Integrated Circuit,MSIC)。

2. 专用集成芯片

又称 ASIC(Application Specific Integrated Circuit)芯片,是有专门用途的器件。

3. 微处理器芯片

包括 CPU、DSP(Digital Signal Processor)、ARM(Acorn RISC Machine)等数字信号处理器。

4. 可编程逻辑器件

半定制的 PLD,可编程重构,故又被称作可编程的结构化 ASIC。

因此,数字系统可以在以下几个层次上进行构建(此处不含微处理器芯片):

(1) 使用标准逻辑器件搭建数字系统

利用标准逻辑器件构成数字系统,即根据系统的设计要求,采用 SSIC、MSIC 等标准逻辑器件,搭建所需的数字系统。早期的数字系统设计,都是在这个层次上进行的。这样搭建的系统电路,由于芯片之间的众多连接,使得其体积较大、集成度低、可靠性不高。当数字系统大到一定规模或系统复杂度进一步提高时,这种方式常常让人力不从心,搭建调试会变得非常困难甚至不可能实现。

(2) 采用 ASIC 芯片定制数字系统

专用集成电路 ASIC 可以弥补一些上述不足。ASIC 是专为某一数字系统设计制作的集成电路,是面向专门用途的芯片,一个复杂的数字系统可以用一个 ASIC 来实现,因其体小量轻、功耗小、集成度高、系统工作可靠,是数字系统设计的一个重要手段。但有两点局限了 ASIC 的进一步发展空间:一是 ASIC 的掩膜制作工艺和全定制制作方式使得产品的设计、面市周期拉长,开发成本增加,价格昂贵;二是 ASIC 功能单一、灵活性较差。随着科学技术发展的日新月异,电子系统的功能要求千差万别,ASIC 难以满足不断更新的设计需求。

(3) 选用可编程器件构建数字系统

采用大规模可编程器件 CPLD、FPGA 可实现可编程的片上系统设计(System on a Programmable Chip,SOPC)。高速发展的可编程逻辑器件为现代数字系统设计提供了一种新的实现手段,代表着数字系统设计领域的最新潮流与发展方向。这种设计方法以 EDA 设计软件为工具,用设计输入、逻辑综合与时序仿真取代了传统数字系统设计中的画图、搭建与调试,将整个系统下载在一块 PLD 芯片上,实现 SOPC 设计。图 1.5 为基于 CPLD、FPGA 的数字系统 SOPC 的实现流程。

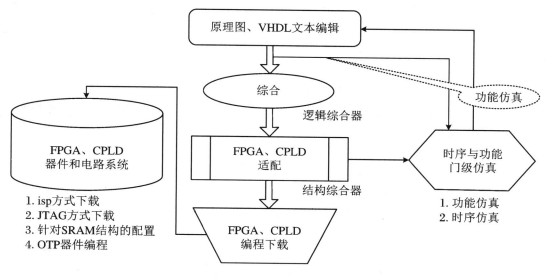

图 1.5　基于 CPLD、FPGA 的数字系统 SOPC 的实现流程

1.4　集成数字系统设计描述

　　传统的数字系统设计描述方法有:文字叙述、真值表列写、逻辑方程式、状态转换图、时序波形图和逻辑电路图等,这是一种门级结构描述方式,常被应用于中小规模的数字电路设计中。

　　基于 EDA 技术的数字系统设计描述是一种人机交互式输入方式,除了接收电路图、波形图设计输入外,还支持硬件描述语言 HDL 输入。HDL 是 EDA 技术最主要、最具特色的设计描述方法,它采用文本形式来描述数字电路的信号连接关系或行为逻辑功能,是一种系统级或 RTL 级的编程描述方式,特别适合于中大规模的数字系统设计。硬件描述语言发展至今已有 40 多年的历史,它既是 EDA 技术的重要组成部分,也是 EDA 技术发展到高级阶段的主要标志,已被成功应用于数字系统的设计描述、逻辑综合、仿真验证等各个开发阶段,使设计过程达到高度自动化。常用的 HDL 有 VHDL 和 Verilog HDL。

1.4.1　VHDL 简介

　　VHDL 是美国国防部(DOD)在 20 世纪 70 年代末和 80 年代初提出的 VHSIC(Very High Speed Integrated Circuit,超高速集成电路)计划的产物,并将其作为当时各合同厂商之间提交复杂电路设计文档的一种标准方案。VHDL 的语法格式类似于一般的计算机高级语言,含有丰富的仿真语句和库函数;不同的是其具有强大的系统级行为描述能力,对设计的描述具有相对独立性,且语法格式严谨,层次结构清晰。但初学者会感觉不够灵活,学习时间较长。

1. VHDL 的发展史

① 20 世纪 70 年代末和 80 年代初,美国国防部提出 VHSIC 计划;

② 1983 年 7 月,IBM、TI 和 Intermetrics 三大公司承担了联合开发语言版本(VHDL)及其软件开发环境的任务;

③ 1986 年,第一个 VHDL 公开版发表;

④ 1987 年 3 月,IEEE 开始致力于 VHDL 的标准化工作;

⑤ 1987 年 12 月,IEEE 发布 VHDL 标准版本 IEEE.std-1076/1987,DOD 要求所有数字电路用 VHDL 描述,并决定 F-22 战斗机项目采用 VHDL-87;

⑥ 1993 年,通过修改发布 IEEE.std-1076/1993,即 VHDL-93,增加了一些新的命令和属性;

⑦ 1996 年,基于 IEEE.std-1076/1993 的仿真和综合工具问世。

目前大多数教学使用的 VHDL 标准版本是 IEEE.std-1076/2002。

2. VHDL 的基本特点

① VHDL 是一种标准化语言,适用于各种 EDA 设计开发工具,具有很强的可移植性;

② VHDL 是一种设计输入语言,可以将系统的行为功能用文本代码描述,充分体现了硬件电路的软件实现方式;

③ VHDL 是一种网表语言,在基于计算机的设计环境中可以作为不同设计工具间相互通信的一种低级格式,可替换、可兼容;

④ VHDL 是一种测试语言,可在设计描述的同时建立测试基准(Test Bench),对设计进行功能模拟和行为仿真;

⑤ VHDL 是一种可读性语言,既可被计算机接受,也易被人们理解,既可作为设计输入,也是一份技术文档;

⑥ 与其他硬件描述语言相比,VHDL 具有更强的系统级行为描述能力和更长的生命周期,已成为集成数字系统设计领域中最佳的硬件描述语言。

1.4.2　Verilog HDL 简介

Verilog HDL 由 Gateway Design Automation(GDA)公司(该公司于 1989 年被 Cadence 公司收购)开发,是在 C 语言的基础上发展起来的硬件描述语言,句法格式比较灵活自由,易学易用,更适合于 RTL 级或门级描述。其最大的特点是便于综合,对开发工具要求较低。缺点是很多错误在编译时不易被发现。

1. Verilog HDL 的发展史

① 1983 年,Verilog 由 GDA 公司的 Phil Moorby 创建;

② 1984—1985 年,Moorby 设计出了第一个 Verilog-XL 仿真器;

③ 1986 年,Moorby 提出了用于快速门级仿真的 XL 算法;

④ 1989 年,Cadence 公司收购了 GDA 公司;

⑤ 1991 年,Cadence 公司公开发表 Verilog 语言,成立了 OVI(Open Verilog International)组织来负责 Verilog HDL 的发展;

⑥ 1995 年,Verilog HDL 的 IEEE 标准问世,即 IEEE 1364;

⑦ 2001 年，OVI 向 IEEE 提交了一个改善原始 Verilog-95 标准缺陷的新标准。这一扩展版本成为了 IEEE 1364-2001 标准，也就是 Verilog 2001。

2. Verilog HDL 的基本特点

① 既适合于可综合的电路设计，也可用于电路与系统的仿真；

② 能在多个层次上对所设计的系统加以描述，从开关级、门级、寄存器传输级到行为级，该语言不对设计规模加以限制；

③ 灵活多样的描述风格，包括行为描述和结构描述，支持混合建模，可以在一个设计的不同模块及不同层次上建模和描述；

④ Verilog 的行为描述语句，如条件语句、赋值语句和循环语句等，类似于高级语言，便于学习和使用；

⑤ 内置各种基本逻辑门，可以方便地进行门级结构描述，内置各种开关级元件，可以进行开关级建模；

⑥ 易学易用，功能强，可满足各个层次设计人员的需求。

1.5　集成数字系统设计工具

随着 EDA 技术的发展与计算机应用水平的提高，各大可编程逻辑器件生产厂家及 EDA 软件开发商相继推出界面友好、使用方便、功能强大的集成开发工具。EDA 工具软件可大致分为芯片设计辅助软件、可编程芯片辅助设计软件、系统设计辅助软件等三类。目前进入我国并具有广泛影响的 EDA 软件是系统设计辅助类软件和可编程芯片辅助设计软件。例如，Altera 公司的 Quartus Ⅱ，Xilinx 公司的 Vivado，Lattice 公司的 Diamond，Synplicity 公司的 Synplify 综合器，Model Technology 公司的 ModelSim 仿真器等。这些工具都有较强的功能，一般可同时用于几个方面，如很多软件既可以进行电路设计与仿真，还可以进行印刷电路板（Printed Circuit Board，PCB）自动布局布线，其输出的多种网表文件可与第三方软件兼容。下面将简单介绍一下 Quartus Ⅱ 和 ModelSim 两款 EDA 软件。

1.5.1　Quartus Ⅱ 开发平台

Quartus Ⅱ 可编程逻辑开发软件是美国 Altera 公司的 EDA 开发平台。它提供了一个与结构无关的设计环境，能满足大多数的设计需求。Quartus Ⅱ 设计软件是业界唯一提供 FPGA 和固定功能 HardCopy 器件统一设计流程的设计工具。Quartus Ⅱ 可以直接调用 Synplify Pro、LeonardoSpectrum 以及 ModelSim 等第三方 EDA 工具进行综合与仿真，能满足各种特定的设计需要，是进行 SOPC 设计的综合开发工具，可为 Altera DSP 开发包进行系统模型设计提供集成综合环境。Quartus Ⅱ 的设计环境完全支持 VHDL、Verilog 的设计流程，其内部嵌有 VHDL、Verilog 逻辑综合器。Quartus Ⅱ 9 系列及以前的版本具备门级仿真功能，可对门级网表文件进行各类仿真，非常适合初学者。随着 Quartus Ⅱ 版本的更新，器件库越来越丰富，功能也更加强大。此外，利用 MATLAB 和 DSP Builder 的联合设计还可以进行基于 FPGA 的 DSP 系统开发，是 DSP 系统硬件实现的关键工具。Quartus Ⅱ 作为一种可编程逻辑的设计环境,由于其强大的设计能力和直观易用的接口,受到越来越多的数字系统设计者欢迎。

目前 Quartus Ⅱ已更新到 15.0,各版本之间的主要差异如下:

① Quartus Ⅱ 9.1 之前的软件自带仿真组件,之后的软件不再包含此组件,因此需要安装 ModelSim 进行联合仿真;

② Quartus Ⅱ 9.1 之前的软件自带硬件库,不需要额外下载安装,而从 Quartus Ⅱ 10.0 开始需要额外下载硬件库,应根据需要选择安装;

③ Quartus Ⅱ 9.1 之前的软件自带 SOPC 组件,而 Quartus Ⅱ 10.0 自带 SOPC 和 Qsys 两个组件,但从 Quartus Ⅱ 10.1 开始,只包含 Qsys 组件;

④ Quartus Ⅱ 10.1 之前的软件,时序分析包含 TimeQuest Timing Analyzer 和 Classic Timing Analyzer 两种分析器,但 Quartus Ⅱ 10.1 以后的版本只包含 TimeQuset Timing Analyzer,因此需要 sdc 来约束时序;

⑤ Quartus Ⅱ 11.0 之前的软件需要额外下载 Nios Ⅱ组件,而从 Quartus Ⅱ 11.0 开始将自带 Nios Ⅱ组件。

1.5.2 ModelSim 仿真工具

Mentor 公司的 ModelSim 是业界最优秀的 HDL 语言仿真软件,它能提供友好的仿真环境,是业界唯一的单内核支持 VHDL 和 Verilog 混合仿真的仿真器。它采用直接优化的编译技术、Tcl/Tk 技术和单一内核仿真技术,编译仿真速度快,编译的代码与平台无关,便于保护知识产权(Intellectual Property,IP)核,其个性化的图形界面和用户接口为用户加快调试提供强有力的手段,是 FPGA、ASIC 设计的首选仿真软件。

ModelSim 有几种不同的版本:SE(System Edition)、DE(Deluxe Edition)、PE(Personal Edition)和 OEM(Original Equipment Manufacture,原始设备制造商),其中 SE 是最高级的版本,而集成在 Actel、Atmel、Altera、Xilinx 及 Lattice 等 FPGA 厂商设计工具中的均是 OEM 版本。一般选择使用的是 Altera 公司提供的 OEM 版本,也就是我们常说的 ModelSim AE,即 ModelSim-Altera Edition。ModelSim Altera 有两个版本:一个是免费版本(ModelSim-Altera Starter Edition),另一个是收费版本(ModelSim-Altera Edition)。

章 末 小 结

首先,本章从系统级的角度介绍了集成数字系统设计中自顶向下的设计方法,详细介绍了基于 EDA 技术的设计流程,包括设计输入、逻辑综合、结构适配、目标器件的编程与下载及设计过程中涉及的有关仿真。其次,介绍了集成数字系统设计实现的几种方式:① 使用标准逻辑器件搭建数字系统;② 采用 ASIC 芯片定制数字系统;③ 选用可编程器件构建数字系统。在此基础上,简要介绍了两种用于集成数字系统设计描述的 IEEE 标准语言:VHDL 和 Verilog HDL 硬件描述语言及其特点。最后,简要介绍了两款集成数字系统设计开发工具 Quartus Ⅱ和 ModelSim。

习　题

1. （多选）EDA 技术研究的内容包括（　　）。
   A. 设计载体　　　　　　　　　B. 硬件描述语言
   C. 集成开发环境　　　　　　　D. 大规模可编程器件

2. （多选）现代数字系统设计涉及以下几个方面的内容？（　　）
   A. 设计器材　　B. 设计描述　　C. 设计仿真　　D. 设计实现

3. （多选）EDA 技术的基本特征有（　　）。
   A. 硬件电路软件设计　　　　　B. 设计灵活
   C. 可构建 SOPC 系统　　　　　D. 成本较高

4. （多选）硬件描述语言 VHDL 具有哪些特点？（　　）
   A. 是 IEEE 标准化语言　　　　B. 与其他电路图网表文件兼容
   C. 编译后可生成 01 序列机器码　D. 可作为设计文档

5. （多选）下列说法正确的有（　　）。
   A. 集成电路产业是国家战略性产业，是各行业发展的基础
   B. 集成电路具有体积小、功耗低、功能强的特点
   C. 集成电路按集成密度可分为 LSIC、MSIC、SSIC
   D. 集成电路也有模拟与数字之分，如 LM 324 就是模拟集成电路

6. （多选）EDA 技术的设计输入方式包括（　　）。
   A. 逻辑电路图　　　　　　　　B. 逻辑波形图
   C. 时序仿真图　　　　　　　　D. HDL 编程建模

7. （多选）传统数字系统的设计过程包括（　　）。
   A. 器件选择　　B. 逻辑仿真　　C. 电路搭接　　D. 调试验证

8. （多选）EDA 技术的发展与下列哪些学科或技术有关？（　　）
   A. 集成电路制造工艺　　　　　B. C 语言软件编程技术
   C. 计算机辅助设计技术　　　　D. 计算机软硬件开发工具

9. （多选）下列说法不正确的有（　　）。
   A. EDA 技术是 CAD 技术发展的高级阶段
   B. 随着 EDA 技术的发展，所有的数字系统都应该采用大规模的 CPLD、FPGA 实现
   C. 大规模可编程器件 CPLD、FPGA 可以弥补专用集成电路 ASIC 的不足
   D. 硬件描述语言 HDL 只能用来描述数字电路的结构与信号连接的关系

10. （多选）EDA 开发流程中能自动完成的环节包括（　　）。
    A. 设计描述　　B. 逻辑综合　　C. 结构适配　　D. 设计仿真

11. 请简述自底向上设计方法的设计流程，并剖析其不足的地方。

12. 请简述自顶向下设计方法的设计流程，并分析这种设计方法的优点。

第2章 可编程逻辑器件概述

可编程逻辑器件(PLD)是大规模集成电路技术发展的产物。结合 EDA 技术,设计人员可以快速、方便地自行编程,将一个数字系统"集成"在一块 PLD 芯片上。PLD 基于可重写的存储器技术可使客户在设计阶段根据需要修改电路,直到对设计工作感到满意为止。由于本章英文缩写的专业术语较多,特将一些常用器件的英文全称及其缩写列入表2.1中,方便查阅。

表 2.1　常用器件的英文全称及其缩写

英文缩写	英文全称	中文名称
PLD	Programmable Logic Device	可编程逻辑器件
SPLD	Simple Programmable Logic Device	简单可编程逻辑器件
CPLD	Complex Programmable Logic Device	复杂可编程逻辑器件
LDPLD	Low Density Programmable Logic Device	低密度可编程逻辑器件
HDPLD	High Density Programmable Logic Device	高密度可编程逻辑器件
PROM	Programmable Read Only Memory	可编程只读存储器
EPROM	Erasable Programmable Read Only Memory	可擦除可编程只读存储器
UEPROM	Ultraviolet Erasable Programmable Read Only Memory	紫外可擦除可编程只读存储器
EEPROM	Electrically Erasable Programmable Read Only Memory	电可擦除可编程只读存储器
OTP-ROM	One Time Programming ROM	一次可编程只读存储器
SRAM	Static Random Access Memory	静态随机存取存储器
PLA	Programmable Logic Array	可编程逻辑阵列
PAL	Programmable Array Logic	可编程阵列逻辑
GAL	Generic Array Logic	通用阵列逻辑
PIA	Programmable Interconnect Array	可编程连线阵列
FPGA	Field Programmable Gate Array	现场可编程门阵列
ISP	In System Programmability	在线可编程技术
SOPC	System on a Programmable Chip	可编程片上系统
SOC	System on Chip	片上系统
OLMC	Output Logic Macro Cell	输出逻辑宏单元
LC	Logic Cell	逻辑单元
LUT	Look up Table	查找表

2.1　可编程逻辑器件分类

可编程逻辑器件的种类有很多,几乎各大可编程逻辑器件供应商都能提供具有自身结构特点的 PLD。下面将介绍几种 PLD 的分类方法。

2.1.1　按集成度分

从集成度来看,PLD 可分为简单 PLD 和复杂 PLD 两大类,如图 2.1 所示。

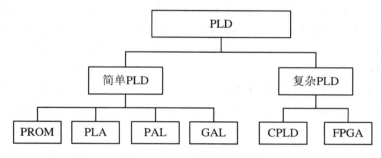

图 2.1　PLD 按集成度分类

① 简单 PLD,又称低密度 PLD(LDPLD)。一般而言,可重构使用的逻辑门数大约在 1000 门以下。早期生产的可编程逻辑器件,如 PROM、PLA、PAL、GAL 等,只能完成较小规模的逻辑电路,因此都属于低密度器件。

② 复杂 PLD,又称高密度 PLD(HDPLD)。集成度为 1000 门以上,目前流行的 CPLD 和 FPGA 等都属于高密度器件,可用于设计大规模数字系统,是集成数字系统设计的主要载体,可以实现 SOC 设计。

2.1.2　按编程工艺分

按照编程工艺,PLD 可分为熔丝(Fuse)型、反熔丝(Anti-Fuse)型、UEPROM 型、EEPROM 型、SRAM 型、Flash 型等。

1. 熔丝型器件

早期的 PROM 是采用熔丝结构的,熔丝过程即根据设计的熔丝图文件来烧断对应的熔丝达到编程的目的。可编程只读存储器只允许写入一次,所以也被称为一次可编程只读存储器。可编程只读存储器在出厂时,存储的内容全为 1,用户可根据需要将其中的某些单元写入数据 0(部分 PROM 在出厂时数据全为 0,用户可将其中的部分单元写入 1),以实现对其编程的目的。

2. 反熔丝型器件

反熔丝型器件是对熔丝技术的改进,在编程处通过击穿漏层介质使两点之间获得导通。其又称为反熔丝开关,与熔丝烧断获得开路正好相反。

3. UEPROM 型

最早研制成功并投入使用的 EPROM 是用紫外线(Ultraviolet Rays)照射进行擦除的。EPROM 采用 MOS 型电路结构,其存储单元通常由叠栅型 MOS 晶体管组成,而叠栅型 MOS 晶体管通常采用增强型场效应管结构。

4. EEPROM 型

EEPROM(也可写成 E^2PROM)是一种可用电信号擦除和改写的可编程 ROM。它不仅可以整体擦除存储单元的内容,还可以逐字擦除和逐字改写。EEPROM 的擦除和改写电流很小,在普通工作电源下即可进行,擦除时也不需要将器件从系统上拆卸下来。EEPROM 工艺的 PLD 密度小,多用于 5000 门以下的小规模设计,适合做复杂的组合逻辑,如编、译码设计。

5. SRAM 型

SRAM 查找表结构的器件。大部分 FPGA 都采用此种编程工艺,如 Xilinx 和 Altera 的 FPGA 采用的就是这种编程方式。SRAM 工艺的 PLD 密度高、触发器多,多用于 10000 门以上的大规模设计,适合进行复杂的时序逻辑算法控制,如数字信号采集及算法处理。

6. Flash 型

Actel 公司为了弥补反熔丝型器件的不足,推出了采用 Flash 工艺的 FPGA,可以实现多次编程,同时可以在掉电后保留编程信息,不需要重新配置。现在 Xilinx 和 Altera 的多个系列 CPLD 均采用 Flash 型编程工艺。

2.1.3 按器件结构分

按照器件结构,PLD 分成乘积项结构器件和查找表结构器件两大类。

1. 乘积项结构器件

采用"与阵列 + 或阵列"的基本结构形式,大部分简单 PLD 和 CPLD 都属于这个范畴。

2. 查找表结构器件

采用"四输入查找表 + 多触发器"的基本结构形式,大多数 FPGA 都属于此类结构。

另外,根据 PLD 编程在掉电后能否保留编程信息,又可将其分成 CPLD 和 FPGA 两大类。CPLD 在掉电后能够保留编程信息,而 FPGA 则不能!

2.2 可编程逻辑器件发展

目前,PLD 已被众多设计人员视为数字系统逻辑解决方案的首选,这得益于 40 多年来,PLD 在半导体制造工艺以及计算机软件开发技术方面取得的巨大进步。

2.2.1 可编程逻辑器件的发展历史

自 20 世纪 70 年代起,PLD 经历了一个漫长的发展阶段:

① 20 世纪 70 年代初,推出 PROM、EPROM、EEPROM 和 PLA;

② 20 世纪 70 年代末，推出 PAL，PLA 和 PAL 统称为第一代 PLD；

③ 20 世纪 80 年代初，Lattice 公司推出了一种新型的 PLD——GAL，即第二代 PLD；

④ 20 世纪 80 年代中期，Altera 和 Xilinx 公司分别推出世界上第一款 EPLD 和 FPGA；

⑤ 20 世纪 80 年代末，Lattice 公司提出了 ISP，即直接在用户设计的目标系统中或线路板上对 PLD 进行编程的技术，设计者可以在不修改系统硬件设计的条件下重构系统的功能，从而使硬件修改变得像软件修改一样方便，系统的可靠性因此得到提高；

⑥ 20 世纪 90 年代初，Altera 公司在 EPLD 的基础上，推出了世界上第一款 CPLD。EPLD、CPLD、FPGA 被称为第三代 PLD。

2.2.2　可编程逻辑器件的发展趋势

随着半导体制造工艺及大规模集成电路技术的不断突破，PLD 的发展势不可挡，具体体现在以下几个方面：

1．集成密度更高，低压、低功耗

由于当今社会对便携式应用产品的需求越来越大，对可编程逻辑器件的高密度及低压、低功耗要求越来越高，如 Xilinx 公司把越来越多的硬核加入 FPGA 中，进而改进性能、提高速度、降低功耗。该趋势也是其他厂商产品所追求的目标。

2．IP 内核库更完善，IP 内核的重用更加成熟

由于现代集成数字系统的功能越来越复杂，因此希望 PLD 具有丰富的片上资源。IP 内核库资源能够高效地完成复杂片上系统设计，因而 IP 内核的完善是一个发展趋势。而 IP 内核的重用又是 SOPC 发展的重要条件，可以预见，PLD 的 IP 内核丰富与重用也将成为众多厂商追求的目标。

3．ASIC 与 PLD 的相互融合

ASIC 与 PLD 的有机结合将大大提高复杂数字系统的开发效率，SOPC 就是 ASIC 与 PLD 相互融合的典型例子，其兼具了两者的优势，这也是未来 PLD 的一个发展方向。

2.3　简单可编程逻辑器件结构原理

阵列型复杂可编程逻辑器件（CPLD）是在 PAL 和 GAL 的基础上发展起来的，故先介绍阵列型简单可编程逻辑器件（SPLD）的基本结构。SPLD 包括 PROM、PLA、PAL 和 GAL 等。

2.3.1　SPLD 阵列型基本结构

SPLD 的基本结构如图 2.2 所示，由输入电路、与阵列、或阵列、输出及反馈电路几部分组成，各部分主要功能介绍如下。

① 输入电路：由输入缓冲器组成，它使输入信号具有足够的驱动能力，并产生一对互补输入信号（原变量、反变量）；

② 与阵列和或阵列：它们是 PLD 的主体，与阵列对输入变量进行与运算，产生乘积项，或阵列将与阵列产生的乘积项进行或运算，形成与或项，这样即可有效地产生"积之和"形式的组合逻辑电路表达式；

③ 输出及反馈电路：输出电路除了可以根据用户的需求提供不同的输出方式外，还可以根据功能要求向与阵列和或阵列提供反馈信息，满足时序逻辑电路设计的存储反馈需求。

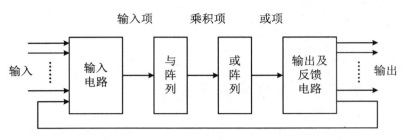

图 2.2　SPLD 的基本结构

众所周知，任何一个组合逻辑电路均可以用与或函数来表达，而任何一个时序电路又都可以由组合电路和存储反馈电路构成。因此，PLD 的这种"积之和"＋反馈的结构形式对实现数字系统设计具有普遍意义。

2.3.2　SPLD 的逻辑表示

应用传统方式进行数字电路设计时，常用的逻辑门符号与国标符号见表 2.2。

表 2.2　常用的逻辑门符号与国标符号

	非门	与门	或门	异或门
逻辑门符号	A —▷○— $\bar{A}$	A B —D— F	A B —▷— F	A B —▷— F
国标符号	A —[1]○— $\bar{A}$	A B —[&]— F	A B —[≥1]— F	A B —[=1]— F
逻辑表达式	$\bar{A} = \text{NOT } A$	$F = A \cdot B$	$F = A + B$	$F = A \oplus B$

因为 PLD 内部电路的连接规模较大，用传统的逻辑电路表示方法很难描述 PLD 的内部结构，所以对 PLD 内各部分进行描述时采用了一些特殊的简化方法。

1. PLD 内部的连接点

PLD 阵列中行线与列线的连接共有 3 种方式，如图 2.3 所示。

图 2.3　PLD 阵列中行线与列线的连接方式

若交叉处有"●"，则表示实体连接，是一个不可编程的固定连接。

若交叉处有"×",则表示编程连接,是一个可编程的单元,习惯上表示编程连通。

若交叉处无标记,则表示行线与列线不连接(或编程后被擦除)。

实际上,最初可编程的含义就是指在可编程的阵列区中留有一定的可编程"连线区",可通过编程来确定其连线方式。对于采用熔丝工艺的 PLD,在用户编程前,所有可编程点处的熔丝都处于接通状态,因此可编程点上处处都有"×";在用户编程后,可编程点上的熔丝有的被保留(接通),有的被擦除(熔断),行线与列线不再连接。对于采用无实体熔丝的 PLD,编程后有"×"的行线与列线交叉点等价于 CMOS 管的导通,无"×"的行线与列线交叉点等价于 CMOS 管的截止。

2. 输入、输出缓冲器

PLD 的输入、输出缓冲器是单输入、双输出的缓冲单元,采用了互补输出结构,一端是原变量输出,另一端是反变量输出,如图 2.4 所示。

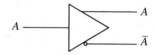

图 2.4　PLD 的互补缓冲器

3. 与阵列、或阵列

PLD 中的与门如图 2.5(a)所示。图中与门的输入线通常画成行(横)线,与门的所有输入变量都称为输入项,用与行线垂直的列线表示与门的输入。与门输出称为乘积项 P,图 2.5(a)中与门输出 $P = A \cdot B \cdot D$。类似地,PLD 中的或门如图 2.5(b)所示。

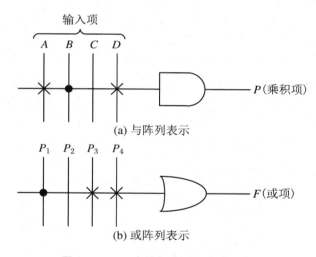

图 2.5　PLD 中的与阵列和或阵列表示

2.3.3　4 种 SPLD 简介

4 种 SPLD 的结构组成基本一致,差别主要在于它们与、或阵列的可编程情况不同,使得 PROM、PLA、PAL 和 GAL 各自的功能、作用不尽相同,表 2.3 列出了 4 种 SPLD 电路的结构特点。

表 2.3　4 种 SPLD 电路的结构特点

类型	与阵列	或阵列	输出方式
PROM	固定	可编程	固定
PLA	可编程	可编程	固定
PAL	可编程	固定	固定
GAL	可编程	固定	可编程组态

下面将介绍 PROM、PLA、PAL 和 GAL 4 种 SPLD 的编程原理。

1. PROM

PROM 除了只读存储器功能,利用其内部可编程的与阵列和固定的或阵列,还可以实现简单的组合逻辑运算功能。一个 2 输入变量的 PROM 阵列结构如图 2.6 所示。

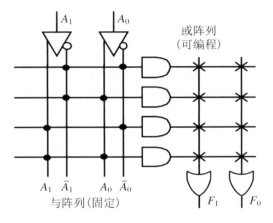

图 2.6　PROM 阵列结构图

【**例 2.1**】　试应用图 2.6 所示的 PROM 设计一个 2 输入变量的半加器,设 A_0、A_1 为两个加数输入;F_0 为加数和输出;F_1 为进位输出;2 输入变量半加器的逻辑与或函数表达式为

$$F_0 = A_0 \overline{A_1} + \overline{A_0} A_1$$

$$F_1 = A_1 A_0$$

编程后,可实现半加器功能的 PROM 逻辑阵列如图 2.7 所示。

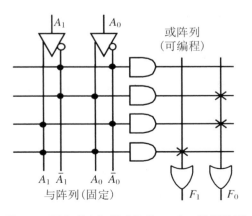

图 2.7　可实现半加器功能的 PROM 逻辑阵列

— 18 —

2. PLA

PLA 是为了弥补 PROM 的不足而研发的。PLA 的特点是同时具有可编程的与阵列和可编程的或阵列,以进一步提高其可编程的灵活性,但由于受到当时集成电路制造工艺、计算机技术水平以及开发工具的限制,PLA 并没有得到实际的应用,很快就被 PAL 取代了。图 2.8 为 PLA 的阵列结构图。

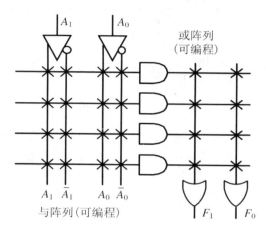

图 2.8　PLA 阵列结构图

3. PAL

PAL 是 20 世纪 70 年代后期推出的一款 PLD,具有可编程的与阵列和固定的或阵列结构,如图 2.9 所示。可编程的与阵列可以扩展参与编程的输入信号数量,而固定的或阵列使得器件体积小、速度快,因此面世后曾得到一定的应用。PAL 有几种固定的输出结构,选定芯片型号后,其输出结构也就确定了。例如,产品 PAL16L8 属于组合型 PAL,其芯片中每个可编程的 I/O 口结构如图 2.10 所示。

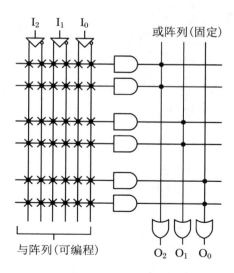

图 2.9　PAL 阵列结构图

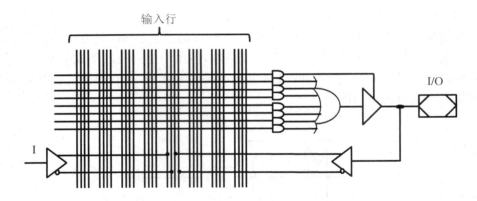

图 2.10　PAL16L8 芯片输出端结构

由图 2.10 可以看出，固定的或门输入端包含了来自可编程与阵列的 7 个乘积项，最上面的与门输出用来控制三态门的状态：当与门输出为"0"时，三态门禁止输出，这时 I/O 引脚作为输入端使用；当与门输出为"1"时，三态门使能选通，I/O 引脚作为输出端使用。PAL16L8 共有 8 个类似的可编程 I/O，由于 8 个端口相对独立、互不牵扯，因此也称为异步组合型 I/O 输出结构。

又如，产品 PAL16R8（R 代表 Register）属于寄存器型 PAL，其芯片中的每个输出结构如图 2.11 所示。当系统时钟（CK）的上升沿到来后，或门的输出被存入 D 触发器，然后通过选通三态缓冲器再将它送至输出端。同时 D 触发器的输出端 Q' 还可反馈至与阵列，从而可实现时序逻辑功能，故称为寄存器型输出结构。

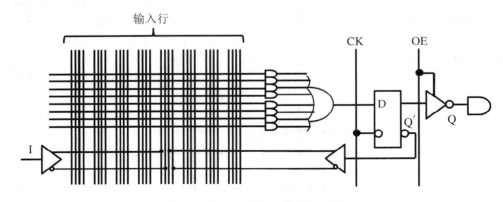

图 2.11　PAL16R8 芯片输出端结构

PAL 除了上述两种输出结构外，还有专用组合输出、异或输出和算术选通反馈输出结构，共有 20 多种不同的型号，给使用选择带来了不便。

4. GAL

20 世纪 80 年代中期诞生的 GAL 是在 PAL 的基础上发展起来的，沿用了与 PAL 相同的可编程与阵列以及固定或阵列的结构形式，但首次采用了 EECOMS 编程工艺，可重复编程擦写百次以上，同时，弥补了 PAL 输出方式单一的缺点。

GAL 与 PAL 的主要差别在于编程工艺的突破以及输出结构的改进。GAL 具有一种灵活可编程的输出结构，可替代数十种 PAL，因而称为通用可编程逻辑器件。图 2.12 为 GAL16V8 结构示意图。

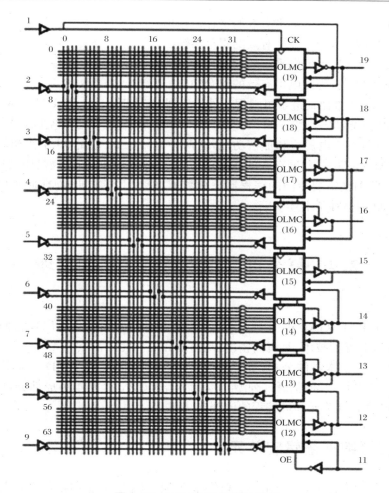

图 2.12　GAL16V8 结构示意图

GAL 灵活的可编程输出结构称为输出逻辑宏单元 OLMC,如图 2.13 所示。OLMC 中包含或阵列、D 触发器以及两个数据选择器(MUX)。其中,4 选 1 MUX 用来选择输出方式和输出极性;2 选 1 MUX 用来选择反馈信号(寄存器反馈或组合反馈)。可编程特征码 S_1、S_2 则控制着数据选择器的工作状态。

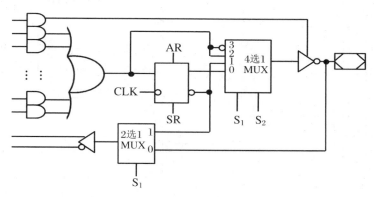

图 2.13　输出逻辑宏单元 OLMC

① 当 $S_1 S_2 = 00$ 时,为低电平有效的寄存器输出;
② 当 $S_1 S_2 = 01$ 时,为高电平有效的寄存器输出;
③ 当 $S_1 S_2 = 10$ 时,为低电平有效的组合输出;
④ 当 $S_1 S_2 = 11$ 时,为高电平有效的组合输出。

PAL 和 GAL 的推出促进了可编程器件的发展,在当时,一块 PAL 或 GAL 芯片可以代替4～12块 SSI 芯片或 2～4 块 MSI。一方面提高了集成密度,节省了空间,另一方面使用方便,设计灵活,且具有上电复位和加密功能;这两种产品在 20 世纪 90 年代初均得到了一定的应用。但 PAL 和 GAL 共同存在的问题如下:一是规模较小,不能满足中大规模电路的设计需求;二是编程时还需要专门的编程器下载数据,使用不够方便,而在此基础上发展起来的高密度 CPLD 则弥补了上述缺陷。

2.4　复杂可编程逻辑器件结构原理

CPLD 是在 PAL、GAL 的基础上发展起来的阵列型高密度 PLD,它们大多采用了 $E^2 PROM$ 和 Flash 编程技术,具有高密度、高速度和低功耗等特点。

目前主要的半导体器件公司,如 Xilinx、Altera、Lattice 和 AMD 等均推出了自己的 CPLD 产品,虽各有特点,但仍属阵列型结构,都包含以下 3 个基本组成部分:可编程的逻辑宏单元、可编程的 I/O 单元和可编程的内部连线区。

2.4.1　可编程逻辑宏单元

可编程逻辑宏单元内部主要由与、或阵列,可编程触发器和多路选择器等电路组成,每个宏单元均可独立地配置为时序或组合工作方式。图 2.14 为 MAX7000 系列单个宏单元结构示意图,其中包含 3 个特殊结构。

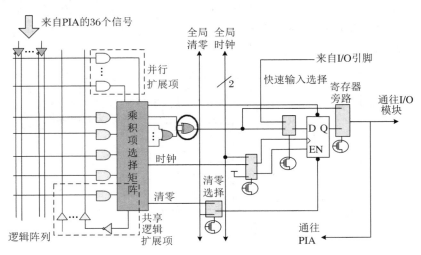

图 2.14　MAX7000 系列单个宏单元结构

1. 乘积项共享结构

在 GAL 的输出逻辑宏单元 OLMC 中,每个或门的输入乘积项最多为 7～8 个,不能满足复杂系统设计的需求,故在 CPLD 的宏单元中,引入了乘积项共享结构。如果输出表达式的与项较多,宏单元中的乘积项不够用时,可借助可编程矩阵开关将周边宏单元中的乘积项联合起来共享使用。利用乘积项共享结构最多可扩展达到 32 个与项,提高了资源利用率,可以实现更为复杂的逻辑设计。

2. "隐埋"触发器结构

GAL 的每个 OLMC 中有 1 个连接到输出端的触发器,而 CPLD 的宏单元内通常含两个或更多触发器,其中一个触发器与输出端相连,其余触发器则可以通过相应的缓冲电路反馈到与阵列,作为存储资源构成较为复杂的时序电路。这些不与输出端相连的触发器称为"隐埋"触发器。这种结构对于引脚数量有限的 CPLD 来说,可以通过增加触发器数目,提高其时序设计能力。

3. 异步时钟选择

早期的 GAL 中只有 1 个全局同步时钟信号,在 CPLD 的宏单元中引入异步时钟,可以通过数据选择器或时钟网络进行选择,因而使用更加灵活。

2.4.2 可编程 I/O 单元

可编程的输入/输出单元,简称 I/O 单元(或 IOC),它是内部信号到 I/O 引脚的接口部分。由于阵列型高密度 PLD 通常只有少数几个专用功能引脚,其余大部分端口均为用户自定义 I/O 口,因此 CPLD 的 I/O 接口常作为一个独立单元来处理。图 2.15 为 Lattice 公司 ispLSI1016 产品的 IOC 结构示意图,由三态输出缓冲器、输入缓冲器、输入寄存器与锁存器以及几个可编程的数据选择器组成。

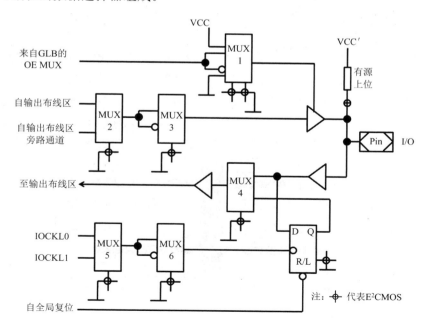

图 2.15 Lattice 公司 ispLSI1016 产品的 IOC 结构

图 2.15 中:

① MUX 1 用于控制三态输出缓冲器的工作状态;

② MUX 2 用于选择输出通道;

③ MUX 3 用于选择输出极性;

④ MUX 4 用于选择异步、同步输入方式;

⑤ MUX 5 用于选择时钟源;

⑥ MUX 6 用于选择时钟极性。

输入通道的 D 触发器有两种工作方式:当 R/L 为高电平时,它被设置为边沿触发器;当 R/L 为低电平时,它被设置为锁存器。

通过对图 2.15 中多个数据选择器编程状态的不同配置,可得到各种可能的 IOC 组态形式,见表 2.4。

表 2.4　各种可能的 IOC 组态

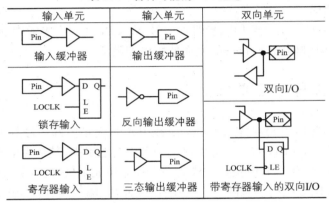

2.4.3　可编程连线阵列

PIA 的作用是在各逻辑宏单元之间以及逻辑宏单元和 I/O 单元之间提供互连网络,通过 PIA 可以接收特定端口的信号,如图 2.16 所示。CPLD 的连线阵列采用集总总线的快速互连通道,因此一般来说,输入端与输出端之间的传输延时是可预测的。

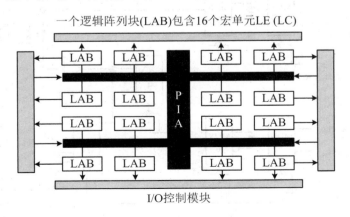

图 2.16　MAX7000S 的连线结构

2.5 现场可编程门阵列结构原理

FPGA 是 20 世纪 80 年代中期出现的高密度可编程逻辑器件。与阵列型 CPLD 的不同之处在于,它由许多独立的可编程逻辑模块组成,可以通过编程将这些模块连接起来,实现复杂的设计。目前国际上 FPGA 最大的供应商是美国的 Xilinx 公司(2022 年被 AMD 收购)和 Altera 公司(2015 年被 Intel 公司收购)。

2.5.1 FPGA 的基本结构

一般来说,每个 FPGA 生产厂商都有自己独特的结构,但基本组成大致相同,包括可编程逻辑模块、可配置 I/O 模块以及用在可编程逻辑模块和可配置 I/O 模块之间传递信号的可编程互连通道(布线资源)三大部分,如图 2.17 所示。

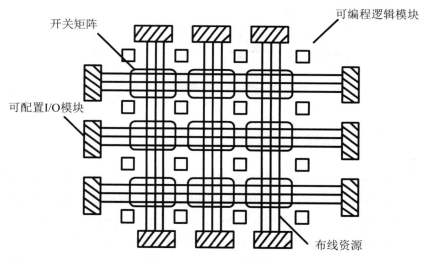

图 2.17 FPGA 的基本结构

2.5.2 查找表结构

不同于 GAL、CPLD 等基于乘积项的可编程结构,FPGA 采用基于 SRAM 的查找表来构建逻辑函数发生器。一个 4 输入变量的查找表单元结构如图 2.18 所示,可以实现 4 输入变量的组合逻辑功能。通常一个 N 输入端的查找表,需要用 2^N 个 SRAM 单元来存储 N 个输入变量构成的真值表,查找表单元的内部结构如图 2.19 所示。由于 FPGA 保存逻辑功能的物理结构多为 SRAM,掉电后将丢失原有的逻辑信息,所以要为 FPGA 配置一个专用 ROM,将设计信息烧至 ROM,以便重新上电时可自动重载。

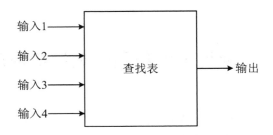

图 2.18　FPGA 查找表单元结构

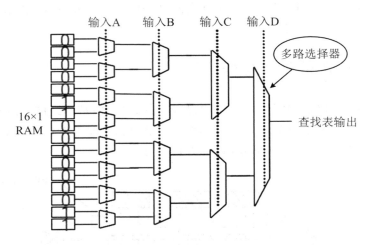

图 2.19　FPGA 查找表单元内部结构

2.5.3　逻辑模块结构

可编程逻辑模块是 FPGA 最基本的组成部分,类似于 CPLD 的逻辑宏单元,用以实现复杂的逻辑功能。Altera 公司的 Cyclone 系列 FPGA 是目前市场上性价比最优的 FPGA,其内部的可编程资源被称作逻辑阵列块 LAB(Logic Array Block),每个 LAB 由 10 个逻辑单元 LE(Logic Element)构成,LE 是 Cyclone 系列 FPGA 中最小的可编程单位,每个 LE 中包含 1 个 4 输入端的 LUT、1 个可编程的寄存器以及进位、反馈级连链等电路,LAB 和 LE 的内部结构如图 2.20 所示。

2.5.4　可配置 I/O 模块

可配置 I/O 模块可满足 FPGA 数据信号收录、传输的作业要求。从结构层次划分来说,I/O 模块是芯片与外界电路的接口部分,满足不同电气特性下对 I/O 信号的驱动与匹配要求。I/O 接口由多个单元组成,按照电路的相位、电阻、元控件等指标,严格控制门电路的运作流程。图 2.21 为 Xilinx 公司的 FPGA 可配置 I/O 模块,输出缓冲器 L1 有可编程的控制端,可以使缓冲器成为三态或集电开路状态,并且可以控制缓冲器的摆率。FPGA 的 I/O 输出接口可与大多数标准的 TTL 或 CMOS 器件相连接,这得益于输入缓冲器 L2 能够被编程为不同的输入阈值电压(典型的阈值电压为 TTL 或 CMOS 电平),以便和 TTL 或 CMOS

器件接口相连。这些输入、输出缓冲器的组合以及它们的可编程性,意味着每一个 I/O 模块都可以被配置为 1 个输入信号端、1 个输出信号端或者 1 个双向信号端。

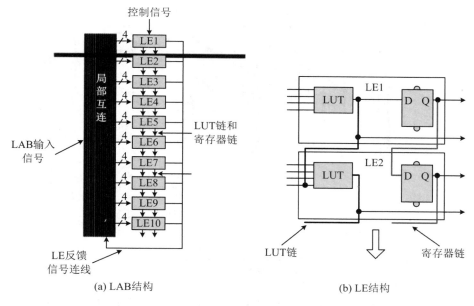

图 2.20　LAB 和 LE 的内部结构

2.5.5　可编程互连资源

　　FPGA 内部的可编程互连资源包括分段总线、长线、直接互连等,用以实现逻辑单元之间、逻辑单元内部、逻辑单元与 I/O 模块之间的连接。FPGA 因为单元小、互连关系复杂,所以使用的互连方式较多,对 FPGA 而言,实现同一个功能可能有不同的连线方案,也就是说其延时是不确定的。FPGA 内部的互连资源是按照行列形式排列的,所以连接通路也分为行通道和列通道,如图 2.22 所示。

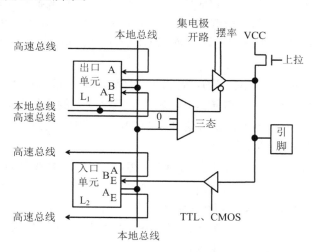

图 2.21　FPGA 的可配置 I/O 模块

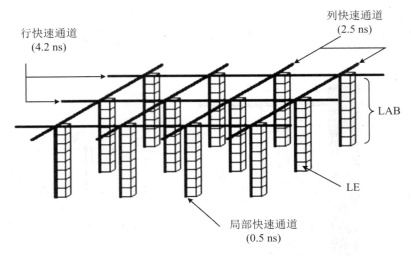

图 2.22 FPGA 的内部连接通路

2.5.6 FPGA 主要厂商及其产品系列

随着消费电子和通信等终端设备数量的增长，智能汽车、大数据、物联网的发展，促使 FPGA 的需求量逐渐增大，本节将介绍 FPGA 主要厂商及其产品系列。

1. Xilinx 公司的典型产品

Xilinx 公司创建于 1984 年，是全球领先的 FPGA 解决方案提供商。其产品系列包含以下几种：

① Virtex 系列：Xilinx 公司的高端产品，具有丰富的高速接口（10 G～100 G），主要用于高速联网、便携雷达、信号处理、IC 验证等高端领域，这些领域的特点是对资源数量和性能要求高，但是对功耗和成本不怎么敏感；

② Kintex 系列：Xilinx 公司的高端产品，相对于 Virtex 系列在成本和功耗上作出了一定程度的让步，但成本依旧很高，一般应用于 3G、4G 无线通信及显示等领域；

③ Artix 系列：作为低端和高端的过渡产品，在尽可能不降低性能和资源数量的情况下大幅降低了器件成本，尤其在通信接口方面，相比低端的 Spartan 系列有很大优势，该系列常用于医疗设备中；

④ Spartan 系列：定位于低端市场，器件的性能和资源数量都远不如前面 3 个系列，但是胜在价格便宜。该系列在消费电子、汽车电子和工业领域的应用相对比较广泛。目前最新器件为 Spartan 7，具有基于 28 nm 工艺的 800 Mb/s DDR3 支持。

2. Altera 公司的典型产品

Altera（被 Intel 公司收购）公司成立于 1968 年，其 FPGA 大致分为以下 3 个系列：

① Stratix 系列：高端系列，最新版本为 Stratix 10，应用于无线与有线通信、数据中心加速、军事等方面，与 Xilinx 公司的 Virtex 系列竞争；

② Arria 系列：中端系列，为 SOC 系列的 FPGA，内置 ARM Cotex-A9 的核，最新技术为 20 nm 工艺，对标 Kintex 系列的 FPGA；

③ Cyclone 系列：低端系列，初学者入门首选。最新版本为 Cyclone 10，定位于消费类

产品,和 Spartan 系列为"竞争对手",逻辑资源和接口资源都相对较少,特点为性价比高。

Cyclone Ⅳ E 系列器件命名规则(如 EP4CE40F29C8N)如图 2.23 所示。

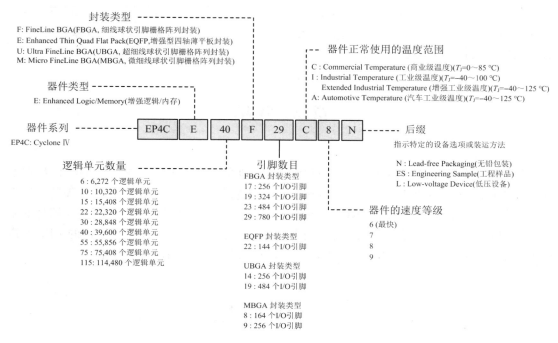

图 2.23 Cyclone Ⅳ E 系列器件命名规则

其中,EP4C 代表 Cyclone Ⅳ系列;E 代表逻辑资源增强版本;40 代表其拥有接近 4 万个逻辑单元;F29 代表使用 FBGA 封装类型,共 780 个 I/O 引脚;C 代表工作温度范围(0～85 ℃);8 代表速度等级(数字越小,速度越快);N 是后缀,表示无铅包装。

3. 国内主要 FPGA 厂商及其产品

国内 FPGA 厂商主要有 6 家:深圳紫光同创、上海复旦微电子、上海安路科技、成都华微电子、广州高云半导体和北京京微齐力。

深圳紫光同创(2013 年成立)有 10 余年可编程逻辑器件的研发经验,具有高、中、低端 FPGA 产品,2023 年推出 Logos-2 系列高性价比 FPGA,采用 28 nm CMOS 工艺,已量产发货。

上海复旦微电子(1998 年成立)在 FPGA 领域有近 20 年的研发经验,研制出的自主知识产权千万门级 FPGA 产品突破了在传统集成电路设计基础上的高可靠性设计,已成功应用于我国卫星导航、载人航天等重大工程项目中。在 2018 年 5 月第二届中国高校科技成果交易会上,复旦微电子发布新一代拥有自主知识产权的亿门级 FPGA 产品,填补了国内超大规模亿门级 FPGA 的空白。

上海安路科技(2011 年成立)从事现场可编程逻辑器件的研发,专攻中低密度 FPGA 市场。其中等性能 FPGA 芯片成功进入 LED 显示屏控制卡市场和高清电视 TCON 控制卡市场。

成都华微电子(2000 年成立)是国家"909"工程集成电路设计公司和国家首批认证的集成电路设计企业,主要从事可编程逻辑器件、系统级芯片、存储器、AD 和 DA 芯片、电源管理等器件的开发。

广州高云半导体（2014 年成立）推出中国首块 55 nm 嵌入式 Flash SRAM 非易失性 FPGA 芯片。

北京京微齐力（2017 年成立）不仅面向通信、工业、医疗等场景提供传统 FPGA 芯片，还瞄准云端服务器、消费类智能终端等新兴场景，研发新一代 AI 可编程芯片、边缘异构芯片、嵌入式可编程芯片三大系列产品。

章 末 小 结

作为集成数字系统的设计载体，本章较为详细地介绍了可编程逻辑器件的结构特点及其编程原理。首先，从器件的集成度、编程工艺及器件结构等不同的角度对可编程逻辑器件进行了分类；接着，详细介绍了 PROM、PLA、PAL 和 GAL 等 4 种简单可编程逻辑器件的基本结构和编程原理，并在此基础上，分别对阵列型结构的 CPLD 和查找表结构的 FPGA 进行了介绍；最后，结合市场应用，对 FPGA 主要厂商及其产品系列进行了介绍。

 习 题

1.（单选）欲设计一个 3 人投票表决器，合理的实现器件是（　　）。

A. 逻辑门　　　　　B. 计数器　　　　　C. 51 单片机　　　　　D. EP2C5Q208 芯片

2.（单选）欲设计一个 500 人投票表决器，合理的实现器件是（　　）。

A. 逻辑门　　　　　B. 计数器　　　　　C. 51 单片机　　　　　D. EP2C5Q208 芯片

3.（多选）简单 LDPLD 包括（　　）。

A. SSIC　　　　　B. PAL　　　　　C. GAL　　　　　D. PLA

4.（多选）CPLD 的基本结构包含（　　）。

A. 可编程的与、或阵列　　　　　　B. 可编程的触发器

C. 可编程的 I/O 口　　　　　　　　D. 可编程的连线区

5.（多选）PAL 与 GAL 的不同之处包括（　　）。

A. 输入结构不同　　　　　　　　　B. 输出结构不同

C. 编程工艺不同　　　　　　　　　D. 可编程阵列不同

6.（多选）CPLD 与 FPGA 的差别包括（　　）。

A. 编程工艺不同　　　　　　　　　B. 基本结构不同

C. 资源类型不同　　　　　　　　　D. 开发过程不同

7.（多选）下列说法不正确的是（　　）。

A. PROM 采用熔丝编程工艺，其或阵列可编程，与阵列固定连接

B. PROM 采用熔丝编程工艺，其与阵列可编程，或阵列固定连接

C. PLA 采用熔丝编程工艺，其或阵列可编程，与阵列固定连接

D. PLA 采用熔丝编程工艺，其与阵列可编程，或阵列固定连接

8.（多选）下列说法正确的是（　　　）。

A. 因为 CPLD 是 EEPROM 编程工艺，所以掉电后能够保留编程信息

B. 因为 CPLD 是乘积项结构，所以掉电后能够保留编程信息

C. 因为 FPGA 是查找表结构，所以掉电后不能保留编程信息

D. 因为 FPGA 是 SRAM 编程工艺，所以掉电后不能保留编程信息

9.（多选）复杂 HDPLD 包括（　　　）。

A. FPGA　　　　　B. PROM　　　　　C. ASIC　　　　　　D. CPLD

10.（多选）FPGA 的基本结构包含（　　　）。

A. 逻辑单元　　　　　　　　　　B. 乘积项共享结构

C. 查找表　　　　　　　　　　　D. 触发器

11. 简单、低密度的可编程逻辑器件有哪几种？请简述其基本结构，并比较 PAL 与 GAL 的共同点与不同点。

12. 何谓 CPLD、FPGA？请简述它们的基本组成及特点，并从基本结构、互连关系、编程方式、集成度及应用场合等几个方面对 CPLD 与 FPGA 进行比较。

13. 查阅资料，了解各主要 PLD 芯片厂家的代表系列产品有哪几种？各有何特点？

第 3 章　硬件描述语言 VHDL 基本语法

VHDL(Very High Speed Integrated Circuit Hardware Description Language,超高速集成电路硬件描述语言)是一种用于电路设计的高级描述语言,是美国国防部在 20 世纪 80 年代初提出的 VHSIC 计划的副产品,旨在提供一个高阶且快速的电路设计工具。

VHDL 语言拥有丰富的仿真语句和库函数,具有强大的系统级行为描述能力和多种描述风格,支持结构化分层和自顶向下的设计方法,其行为描述与工艺无关,涵盖电路建模、电路合成与电路模拟等电路设计工作,具有相对独立性。VHDL 语言采用工业标准的文本格式,支持仿真和综合。

VHDL 语言主要用于描述数字系统的结构、行为、功能和接口。除了含有许多具有硬件特征的语句外,VHDL 在语言形式、描述风格和语法上十分类似于一般的计算机高级语言。VHDL 的程序结构特点是将一项工程设计(或称设计实体,可以是一个元件、一个电路模块或一个系统)分成外部和内部两部分。外部为可视部分,它描述了此模块的端口,而内部为不可视部分,它涉及实体的功能实现和算法完成。在对一个设计实体定义了外部端口后,一旦其内部开发完成,其他的设计就可以直接调用这个实体。

应用 VHDL 语言进行工程设计具有以下优点:

1. 行为描述

与其他硬件描述语言相比,VHDL 具有更强的行为描述能力。强大的行为描述能力是避开具体的器件结构,从逻辑行为上描述和设计大规模电子系统的重要保证。

2. 仿真模拟

VHDL 丰富的仿真语句和库函数,使得在任何系统的设计早期就能查验设计系统的功能可行性,随时可对设计进行仿真模拟。

3. 大规模设计

一些大型 FPGA 设计项目必须有多人甚至多个开发组共同并行工作才能实现。VHDL 语句的行为描述能力和程序结构决定了它具有对大规模设计进行分解和对已有设计进行再利用的功能。

4. 门级网表

对于用 VHDL 完成的一个确定的设计,可以利用 EDA 工具进行逻辑综合和优化,并自动把 VHDL 描述设计转变成门级网表。

5. 独立性

VHDL 对设计的描述具有相对独立性,设计者可以不懂硬件的结构,也不必对最终设计实现的目标器件有深入了解。

3.1　VHDL 程序结构

一个完整的 VHDL 程序由 5 个部分组成,如图 3.1 所示,包括库(Library)、程序包(Package)、实体(Entity)、构造体(Architecture)和配置(Configuration)。实体和构造体是 VHDL 程序的两大基本单元,不可或缺;其余单元在特定情况下可以缺省。

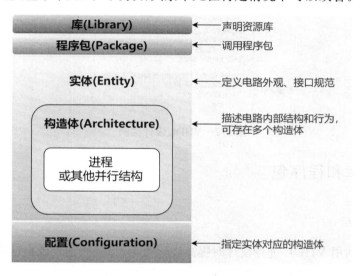

图 3.1　VHDL 基本结构图

各单元作用介绍如下:

① 库:提供当前设计的共享资源,包括一些常用代码文件和已编译过的设计单元;

② 程序包:分类存放设计模块能共享的文件集,包括数据类型、常数、子程序等;

③ 实体:定义当前设计的外部特性,包括模块名称及所有输入和输出的端口信息(如名称、数据类型);

④ 构造体:描述当前设计的内部结构或行为,一个实体可以包含多个构造体,但需要使用配置文件来说明;

⑤ 配置:指定实体所对应的构造体。

【例 3.1】　VHDL 程序基本结构示例。

图 3.2 给出了一个完整的 VHDL 设计实例(2 选 1 数据选择器),共由 5 个部分组成。LIBRARY 和 USE 分别是资源库和程序包说明及调用语句;ENTITY 和 PORT 语句对实体及其端口进行了描述;该设计实体包含两个 ARCHITECTURE,分别是 dataflow_MUX 和 behav_MUX,表示采用了两种不同的描述方法完成数据选择器电路功能;利用 CONFIGURATION 语句,将实体 MUX_2_1 与构造体 dataflow_MUX 进行了对应配置。如果程序只有一个构造体 ARCHITECTURE,则可省略配置语句。

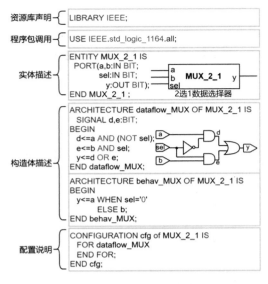

图 3.2 VHDL 设计实例

3.1.1 库和程序包

3.1.1.1 库

库的作用是利用 VHDL 进行设计时提高设计效率，将一些别人或自己设计的程序包汇集到一个或几个库中以供调用，实现资源共享，类似于 C 语言中的库。

VHDL 程序设计时常用的库有以下几种：

① WORK 库：用户设计库，对当前项目默认可视，无需调用说明语句；

② STD 库：资源库，是 VHDL 标准库，对用户开放，无需调用说明语句；

③ IEEE 库：资源库，含 std_logic_1164 等逻辑设计标准和设计单元，需调用说明语句；

④ ASIC 库：资源库，又称逻辑门库（各 IC 公司提供），含已通过编译的设计实体，需调用说明语句；

⑤ 用户自定义库：资源库，由用户开发的共用程序包，需调用说明语句。

设计时若使用资源库（除 STD 库）需要首先声明，库说明语句的一般格式为：

```
LIBRARY 库名；  --引用资源库
```

3.1.1.2 程序包

程序包是库的基本组成单元。VHDL 设计时，用户可以将已定义的常数、信号、函数、数据类型、元件和子程序等收集在一起分类打包，以便更多的设计实体利用和共享。

设计时若使用程序包，需要调用 USE 语句，调用前必须先进行相应的库说明。程序包调用语句的一般格式为：

```
LIBRARY 库名;     --引用资源库
USE 库名.程序包名.ALL;      --调用程序包内所有项目
USE 库名.程序包名.项目名;      --调用程序包内指定项目
```

【例 3.2】 库和程序包示例。

```
LIBRARY IEEE;    --引用 IEEE 资源库
USE IEEE.STD_LOGIC_ARITH.ALL;     --调用 STD_LOGIC_ARITH 程序包内所有项目
USE IEEE.STD_LOGIC_1164.STD_LOGIC;     --调用 STD_LOGIC_1164 程序包内 STD_LOGIC 项目
```

需要注意的是：如果一个程序包中有 10 个元件，设计时只用到最后一个，若用".ALL"编译，则会从第一个元件名开始查找，第 10 次才会找到需要的元件；若直接指定项目名，则可节省查找时间。

3.1.1.3 常用库和程序包

在 VHDL 中，常用的库和对应的程序包见表 3.1。

表 3.1　VHDL 常用的库和程序包

库名称	类别	包含的程序包或说明	特点
IEEE 库	资源库	STD_LOGIC_1164	IEEE 标准的最常用程序包。含有满足工业标准的数据类型（std_logic、std_logic_vector）以及这些类型的逻辑运算
		NUMERIC_STD	定义了一组基于 STD_LOGIC_1164 中定义类型的算数运算符，如 + 、−、移位等
		STD_LOGIC_ARITH	定义了有符号（signed）与无符号（unsigned）类型，以及这些类型的算术运算
		STD_LOGIC_SIGNED	定义了基于 std_logic 与 std_logic_vector 类型的有符号算数运算
		STD_LOGIC_UNSIGNED	定义了基于 std_logic 与 std_logic_vector 类型的无符号算数运算
STD 库	资源库（VHDL 标准库，无需调用说明语句）	STANDARD	定义了 VHDL 的基本数据类型，如 bit、bit_vector 等
		TEXTIO	定义了对文本文件的读写控制
ASIC 库	资源库	ASIC 矢量库，又称逻辑门库	各 IC 公司提供的逻辑门库。在该库中存放与逻辑门库对应的实体
WORK 库	设计库（无需调用说明语句）	现行作业库	存放用户设计和定义的设计单元以及程序包
用户自定义库	资源库	用户自编的资源库	由用户开发的共用程序包，设计者可将常用的非标准的、自我开发的程序包和实体等汇集在一起并定义成库。用户自定义库是对 VHDL 标准库的补充

3.1.2 实体

实体是设计的基本单元,可用来描述设计模块的外部信息,即为设计模块命名并进行端口定义,实体说明语句的一般格式为:

```
ENTITY <实体名> IS
    [GENERIC(类属参数说明);]
    PORT(<端口说明>);
END <实体名>;
```

在上述说明语句中,实体语句用关键字 ENTITY 开头,后面紧跟实体名为设计模块命名,并通过关键字 IS 说明端口;类属参数 GENERIC 在[]里,表示可选项,一般可用来定义某些全局参数值;关键字 PORT 引导端口说明语句,用来描述实体对外界连接的端口名称、端口模式和数据类型。

3.1.2.1 类属参数

类属参数是实体说明中的可选项,放在端口说明之前,易于模块化和通用化,其一般的书写格式为:

```
GENERIC(参数名:数据类型:=参数值;
    ...
        参数名:数据类型:=参数值);
```

【例 3.3】 类属参数示例。

```
GENERIC(wide:integer:= 32);       --类属参数 wide,整数类型,赋值 32
GENERIC(m:TIME:= 10 ns);        --类属参数 m,时间类型,赋值 10 ns
```

3.1.2.2 端口说明

实体描述中的端口指的是电路引脚,即外部端口信号,用关键字 PORT 开头。端口说明语句的一般格式为:

```
PORT(端口名{,端口名}:端口模式:= 数据类型;
    ...
        端口名{,端口名}:端口模式:= 数据类型);
```

端口名用来为外部端口信号命名,相同端口模式、数据类型的端口可以用逗号隔开连写;端口模式(MODE)共有 IN、OUT、BUFFER、INOUT 4 种类型,见表 3.2。表 3.2 端口图示中的方框表示当前设计模块。

表 3.2　端口类型说明

端口图示	端口模式	说明
IN	IN	输入端口,主要用于时钟、控制、单向数据输入
OUT	OUT	输出端口,单向赋值模式,不能用于反馈
BUFFER	BUFFER	缓冲端口,当允许数据流出该实体或作为内部反馈时使用,但不能作为双向端口使用
INOUT	INOUT	双向端口,既可流入,又可流出

【例 3.4】　4-7 译码器的端口描述示例。

```
ENTITY YMQ4_7 IS    --实体 YMQ4_7
    PORT (Q1,Q2,Q3,Q4:IN BIT;    --输入端口说明
         Y:OUT STD_LOGIC_VECTOR(7 DOWNTO 1));    --输出端口说明
END YMQ4_7;
```

实体(ENTITY)与电路图设计中的电路元件符号(Symbol)相对应。Symbol 规定了电路元件的符号名、接口关系和数据类型,而 ENTITY 也具有同样的功能。图 3.3 所示的 RS 触发器可以看出两者间一一对应的关系。

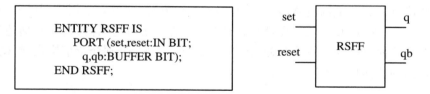

```
ENTITY RSFF IS
    PORT (set,reset:IN BIT;
         q,qb:BUFFER BIT);
END RSFF;
```

图 3.3　RS 触发器的 VHDL 实体描述和符号

图 3.3 中,左边是 RS 触发器的 VHDL 设计实体描述,右边是传统设计中的符号 Symbol 图描述。实体语句用关键字 ENTITY 开头,实体名 RSFF 对应于电路元件的符号名 RSFF,端口说明语句用关键字 PORT 开头,用来描述实体对外界连接的端口名称、端口模式和数据类型。可以看出实体 RSFF 有 4 个端口,set、reset 是 IN 模式,q、qb 是 BUFFER 模式,其都为 BIT 类型,与电路元件符号的端口一一对应。

3.1.3　构造体

构造体(或称结构体)是 VHDL 中不可或缺的设计单元,用来描述设计实体的行为或其内部的连接关系,即定义设计实体的具体功能。

构造体说明语句的一般格式为:

```
ARCHITECTURE <构造体名> OF <实体名> IS
    [<参数说明语句>];
BEGIN
    <功能说明语句>;
END[<构造体名>];
```

关键字 ARCHITECTURE 是构造体的开头,OF 后面是构造体所属的实体名;关键字 IS 和 BEGIN 之间是构造体的参数说明语句,可对构造体内部所使用的常数、信号、数据类型、元件例化(底层元件)和子程序(包含函数和过程)等进行定义与声明。

BEGIN 和 END 之间是构造体的功能说明语句段,由多种 VHDL 并行描述语句组成,包括块语句、进程语句、信号赋值语句、元件例化语句、子程序调用语句等,如图 3.4 所示。

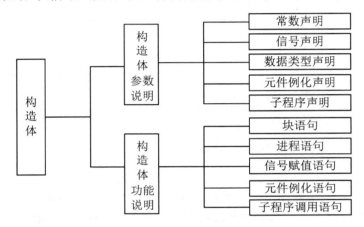

图 3.4　构造体组织结构图

一个实体可以有多个构造体,表示其有多种实现方案,即可以采用不同的并行语句进行设计描述,体现了 VHDL 灵活的设计描述风格,如结构化描述风格、数据流描述风格、行为描述风格等。下面以图 3.3 所示的触发器实体 RSFF 为例,分别介绍结构化、数据流、行为 3 种描述风格的构造体程序编写方法。

3.1.3.1　结构化描述

结构化描述时,需要了解实体的内部电路结构及其连接,用低层次元件的互连关系来描述实体。编程描述时,首先要在构造体的参数说明区对底层元件进行定义声明,然后在功能说明区利用元件例化语句进行底层元件之间连接关系的描述,完成结构化设计。结构化描述语句由元件说明和元件例化两部分组成:

(1) 元件说明

在参数说明区事先说明底层元件的名称及接口信息,以关键字 COMPONENT 开头,后跟元件名称,接着用关键字 PORT 进一步说明元件端口。

(2) 元件例化

由关键字 PORT MAP 指定元件的安放位置,确定与其他元件的连接关系。

【例 3.5】　结构化描述示例(结构如图 3.5 所示)。

```
--yufei2.vhd 底层元件两输入端与非门设计
LIBRARY IEEE;
USE IEEE.STD_LOGIC_1164.ALL;
ENTITY yufei2 IS
PORT(
    a,b:IN BIT;
    c:OUT BIT);
END yufei2;
ARCHITECTURE behave_yufei2 OF yufei2 IS
BEGIN
    c<=a NAND b;
END behave_yufei2;
```

图 3.5　基本 RS 触发器

```
--RSFF.vhd 基本 RS 触发器设计
LIBRARY IEEE;
USE IEEE.std_logic_1164.all;
ENTITY RSFF IS        --RSFF 实体
PORT (set,reset:IN BIT;
    q,qb:BUFFER BIT);
END ENTITY;
ARCHITECTURE structural_rsff OF RSFF IS      --RSFF 结构化描述的构造体
  COMPONENT yufei2     --底层元件 yufei2 调用声明
    PORT (a,b:IN BIT;
      c:OUT BIT);
  END COMPONENT;
BEGIN
  U1:yufei2 PORT MAP (set,qb,q);      --U1 元件例化
  U2:yufei2 PORT MAP (reset,q,qb);       --U2 元件例化
END structural_rsff;
```

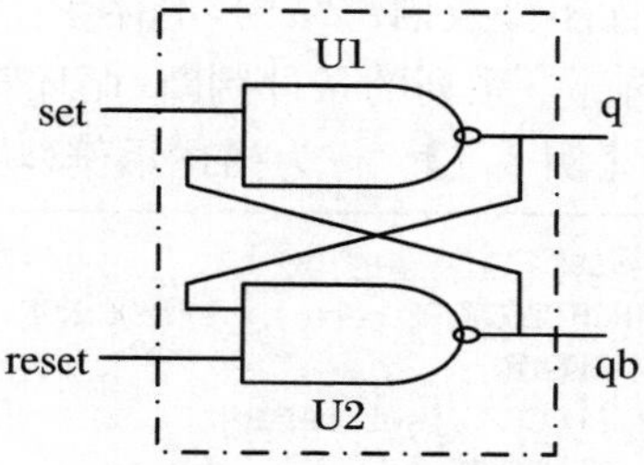

🔗 **小贴士：**

　　使用结构化描述方式时，底层元件要提前设计编译，并和顶层设计保存在同一文件夹中。

3.1.3.2　数据流描述

　　数据流描述时需要了解实体的数据流程及其运动路径、方向和结果。数据流描述方法以并行赋值语句为基础，当任一输入信号值发生变化时，赋值语句被激活，使信息从所描述的结构体中"流出"，因此又被称为寄存器传输级（RTL）描述。

　　【例 3.6】　数据流描述示例（数据流程如图 3.5 所示）。

```
--RSFF 数据流描述的构造体
ARCHITECTURE dataflow_rsff OF RSFF IS
    BEGIN
      q<=NOT (qb AND set);
      qb<=NOT (q AND reset);
END dataflow_rsff;
```

3.1.3.3　行为描述

行为描述是系统级设计的主要方式，它无需了解实体内部的电路结构或数据流程，其特点是通过实体模块端口的输入、输出响应关系来描述器件的模型，只描述电路的行为和功能，而不涉及内部结构，不存在任何与硬件选择和连接相关的语句，行为描述主要是通过进程内部一系列的条件判断、循环转移、算数运算、逻辑运算和传输赋值等语句来实现的。

【例 3.7】　行为描述示例（功能见表 3.3）。

```
--RSFF 行为描述的构造体
ARCHITECTURE behave_rsff OF RSFF IS
  BEGIN
  PROCESS (set,reset)
    BEGIN
    IF set = '1' AND reset = '0' THEN      --触发器 q 置 0
     q<='0';qb<='1';
    ELSIF set = '0' AND reset = '1' THEN      --触发器 q 置 1
     q<='1';qb<='0';
    END IF;
  END PROCESS;
END behave_rsff;
```

表 3.3　基本 RS 触发器功能表

输入		输出		说明
set	reset	q	qb(q 取反)	
0	0	x	x	触发器 q 状态不稳定
0	1	1	0	触发器 q 置 1
1	0	0	1	触发器 q 置 0
1	1	保持	保持	触发器 q 保持原态

当一个实体包含多个构造体时，需要通过配置语句将实体与具体的构造体进行配置。

3.1.4　配置

配置语句用于指定设计实体和具体构造体之间的连接关系。设计者可以利用配置语句来选择不同的构造体，使其与当前的设计实体相对应。这种方法的好处是，可以利用配置来选择不同的构造体进行仿真研究及性能评估，以得到综合效果最佳的构造体。

配置语句的一般书写格式为：

```
CONFIGURATION <配置名> OF <实体名> IS
    FOR <选配构造体名>
    END FOR;
END[<配置名>];
```

如上述 RSFF 触发器的例子，可以利用配置语句实现对 3 种不同构造体的选择，若将行为描述构造体与实体相联系，可通过以下语句进行配置。

【例 3.8】 配置语句示例。

```
--设计实体 RSFF 的配置文件,选择行为描述构造体
CONFIGURATION cfg_rsff OF RSFF IS
    FOR behave_rsff      --选择构造体 behave_rsff,可换成 structural_rsff、dataflow_rsff
    END FOR;
END cfg_rsff;
```

3.2 VHDL 语法要素

VHDL 语法要素是编程语言的基本单元,反映了 VHDL 重要的语言特征,主要包括标识符、数据对象、数据类型及运算符等内容。

3.2.1 VHDL 的标识符

标识符(Identifiers)主要用来为设计实体、构造体、端口及内部信号、变量、常量等参数命名,由英文字母、数字、下划线组成,书写规则如下:

① 标识符中首字母必须是英文字母;

② 标识符中末尾字母不能是下划线;

③ 标识符中不允许出现两个连续的下划线;

④ 标识符中不区分字母、数字的大小写;

⑤ VHDL 的保留字(关键字)不能作标识符,如 ENTITY、ARCHITECTURE、END、BUS、USE、WHEN、WAIT、IS 等;

⑥ VHDL 语言中的分隔符由分号";"构成;

⑦ VHDL 语言中的注释符由双横线"--"构成。

【例 3.9】 合法标识符示例。

```
Decoder_1,FFT3,Sig_N_8,State0,I2d_8le6
```

【例 3.10】 非法标识符示例。

```
_Decoder_1     --起始为非英文字母
2FFT,74HC245     --起始为数字
Sig_♯N,CLR/RST     --符号"♯""/"不能成为标识符的构成
Not-Ack,D10%     --符号"-""%"不能成为标识符的构成
RyY_RST_     --标识符的最后不能是下划线"_"
data__BUS     --标识符中不能有双下划线"__"
return,BLOCK     --标识符不能为关键字
```

【例 3.11】 标识符应用示例。其中,斜体加下划线的文字都是合法标识符,用来为实体、端口、内部信号、内部变量等命名。

```
library ieee;
use ieee.std_logic_1164.all;
use ieee.std_logic_unsigned.all;
entity rglight_cotrl is
port(clk1,clk2:in std_logic;
    timh,timl:out std_logic_vector(3 downto 0);
    r,g,y:out std_logic);
end rglight_cotrl;
architecture rtl of rglight_cotrl is
signal yy:std_logic;
begin
process(clk1)
variable a:std_logic;
variable state:rgy;
variable th,tl:std_logic_vector(3 downto 0);
…
```

3.2.2　VHDL 的数据对象

VHDL 语言中的数据对象(Data Objects)是一个可以赋值的客体,类似于一种容器,可以接受各种数据类型的赋值。常用的数据对象有常量、变量、信号 3 种。顾名思义,常量是指在设计实体中不会发生变化的值;变量的值在设计过程中可能会发生更新变换;信号具有更多硬件特征,是硬件描述系统中最基本的数据对象,类似于电路中的连线。其中,信号是VHDL 中最具特色的语法要素。

3.2.2.1　常量

常量(关键字 CONSTANT)是指仿真、综合过程中的不变值,如数电中电源、地等常数。其定义和设置主要是为了使设计更容易阅读和修改。例如,将逻辑矢量的宽度定义为一个常量,只要修改这个常量就能很容易地改变宽度,从而改变硬件结构。

常量在设计描述中保持某一规定类型的特定值不变,因而具有全局性意义。常量赋值前必须在实体、构造体或进程的说明区域首先加以说明。在定义说明后即可赋初值,常量赋值符为":=",一旦赋值就保持不变。

常量说明、赋值语句的一般格式为:

<关键字> constant <常量名> name:<数据类型> := <值> value;

【例 3.12】　常量定义及赋值示例。

```
constant allis:std_logic_vector(2 downto 0):="111";　--定义 allis 为常量,赋值是位宽为 3 的逻辑矢量 "111"
constant buswidth:integer:=8;　　--定义 buswidth 为常量,赋值是大小为 8 的整数
```

3.2.2.2　变量

变量(关键字 VARIABLE)位于进程(Process)和子程序[包括过程(Procedure)和函数(Function)]内部,主要用来暂时存放中间数据,即对中间计算结果或临时数据进行局部

储存。

变量是一个局部量,必须在进程和子程序的说明区域进行说明,其赋值是一种理想化的数据传输,是立即发生不存在任何延时的行为,不能代表底层单元之间的连线。变量赋值符与常量相同,也为":=",赋值前需要先说明变量名称及其数据类型。

变量说明、赋值语句的一般格式为:

```
<关键字> variable <变量名> name:<数据类型>;        --首先进行变量说明
…
<变量名> name:=<值> value;        --将与定义数据类型相同的值赋给变量
```

【例 3.13】　变量定义及赋值示例。

```
PROCESS
VARIABLE temp:STD_LOGIC_VECTOR(7 downto 0);        --定义变量 temp
BEGIN
…
temp:= "10101010";        --将 8 位逻辑矢量整体赋值给 temp
…
temp:= x "AA";        --也可将 8 位逻辑矢量使用十六进制数表示
…
temp(7 downto 4):= "1010";        --也可分段进行多位赋值
…
temp(7):= '1';        --还可逐位赋值
…
```

从例 3.13 可以看出:

① 变量赋值前必须先进行说明,变量说明语句在进程 PROCESS 与 BEGIN 之间;

② 变量只能接受在说明语句中定义的数据类型的赋值;

③ 变量赋值的方式可以是整体赋值、多位赋值或逐位赋值。整体或多位赋值用双引号,逐位赋值用单引号。

3.2.2.3　信号

信号(关键字 SIGNAL)是 VHDL 中最具硬件特色的语法要素,是内部硬件相互连接的主要机制,代表底层单元之间的某一条硬件连线。信号与实体的端口相似,区别在于内部信号可以双向流动,无需定义传输方向。

信号可在整个构造体内部存放数据、传递信息,是全局量。信号的使用和定义范围为实体、结构体、程序包,在进程和子程序中不允许定义信号。

信号作为一种数值容器,不但可以容纳当前值,还可以保持历史值。这一属性与触发器的记忆功能有很好的对应关系,信号赋值符与常量、变量不同,为"<=",赋值前需要先说明信号名称及其数据类型。

信号说明、赋值语句的一般格式为:

```
<关键字> signal <信号名> name:<数据类型>;        --首先进行信号说明
…
<信号名> name<=<值> value;        --将与定义数据类型相同的值赋给信号
```

与变量相比,信号的硬件特征更为明显,它具有全局性,如在实体中定义的信号,在其对应的构造体中也是可见的,即在整个构造体中的任何位置、任何语句结构中都能获得同一信号的赋值。

【例 3.14】 信号定义及赋值示例。

```
ARCHITECTURE test_bhv OF test IS
signal x,y:integer range 0 to 100;      --定义信号 x 和 y,整数类型,范围为 0~100
signal s:std_logic:='0';    --定义信号 s,标准逻辑位类型,初值为低电平 '0'
signal halfsum:std_logic_vector(7 downto 0);    --定义信号 halfsum,8 位逻辑矢量
BEGIN
…
x<=15;y<=x+2;
s<='1';halfsum<="11001010";
halfsum(5 downto 1)<="00101";
…
```

从例 3.14 可以看出:

① 信号赋值前必须先进行说明,信号说明语句在 ARCHITECTURE 与 BEGIN 之间;

② 信号只能接受在说明语句中定义的数据类型的赋值;

③ 信号赋值的方式可以是整体赋值、多位赋值或逐位赋值。整体或多位赋值用双引号,逐位赋值用单引号。

3.2.2.4 常量、变量及信号的比较

常量、变量及信号是 VHDL 中最重要的语法现象,三者之间既有联系,也有区别,具体总结如下:

① 从硬件电路系统来看,常量相当于电路中的恒定参数值,是针对特定数据类型赋予的一个确定数值;变量代表电路单元内部的操作,可以暂存临时数据;信号可实现电路单元或功能模块间的互连,代表实际的硬件连线。

② 信号和变量的区别见表 3.4。首先,两者的赋值符不同,信号采用"<="赋值,而变量采用":="赋值。其次,两者的综合效果不同,信号代表电路的内部连接,综合后可以在 RTL 版图上看到信号连线;变量主要进行电路单元内部的数据交换操作,代表暂存的临时数据,综合后在 RTL 版图上看不到变量信息。再次,两者的作用范围不同,信号是全局量,一般在构造体的参数说明区进行定义,可以完成进程间的数据通信;而变量是局部量,只能在进程、函数和过程中定义,代表进程内部的数据传送。最后,两者的赋值行为不同,信号是在进程结束时延时赋值更新数值,一般生成时序电路;而变量则是立即赋值更新数值,一般生成组合电路。

表 3.4　信号和变量的区别

类别	信号	变量
赋值符号	<=	:=
综合功能	电路的内部连接	内部数据交换
作用范围	全局量,进程和进程之间的数据通信	局部量,进程内部的数据传送
定义位置	构造体	进程、函数、过程
赋值行为	延迟赋值,进程结束时赋值	立即赋值

下面将举例说明信号与变量的区别。

【例 3.15】　信号与变量的区别示例。

```
--信号综合示例
LIBRARY IEEE;
USE IEEE.STD_LOGIC_1164.ALL;
ENTITY DFF_use_signal IS
   PORT (D1,CLK:IN STD_LOGIC;
            Q1:OUT STD_LOGIC);
END;
ARCHITECTURE bhv OF DFF_use_signal IS
SIGNAL A,B:STD_LOGIC;
BEGIN
   PROCESS (CLK)
   BEGIN
   IF CLK'EVENT AND CLK = '1' THEN
   A <= D1;
   B <= A;
   Q1<=B;
   END IF;
   END PROCESS;
END;
```

```
--变量综合示例
LIBRARY IEEE;
USE IEEE.STD_LOGIC_1164.ALL;
ENTITY DFF_use_var IS
   PORT (D1,CLK:IN STD_LOGIC;
            Q1:OUT STD_LOGIC);
END;
ARCHITECTURE bhv OF DFF_use_var IS
BEGIN
   PROCESS (CLK)
   VARIABLE A,B:STD_LOGIC;
   BEGIN
   IF CLK'EVENT AND CLK = '1' THEN
   A := D1;
   B := A;
   Q1<=B;
   END IF;
   END PROCESS;
END;
```

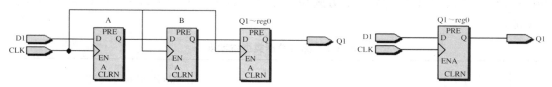

图 3.6　信号综合后的 RTL 图　　　　　图 3.7　变量综合后的 RTL 图

例 3.15 左、右侧程序的区别在于对进程中的 A、B 定义了不同的数据对象,左侧定义为信号,而右侧定义为变量。可以看出,综合后的 RTL 图明显不同,图 3.6 是信号综合后的 RTL 图,图 3.7 是变量综合后的 RTL 图。

另外,进程中信号与变量的赋值行为是不同的:

① 例 3.15 右侧程序的两条变量赋值语句"A:= D1;B:= A;"具有变量赋值立即更新的特点。当第一个 CLK 上升沿到来时,启动进程,变量 A 接受 D1 的赋值后立即更新并赋值给变量 B,变量 B 更新后接着就送到 Q1 端输出,即 1 个 CLK 上升沿到来后,D1 的状态就能传输到 Q1 端输出,与其综合后的 RTL 图相对应。

② 例 3.15 左侧程序的两条信号赋值语句"A<=D1;B<=A;"具有信号赋值延迟更新的特点。当第一个 CLK 上升沿到来时,启动进程,信号 A 接受 D1 的赋值后不能立即更新,所以赋值给信号 B 的是信号 A 的现态;当第一个 CLK 进程结束时,信号 A 才能更新为 D1。当第二个 CLK 上升沿到来时,再次启动进程,更新后的信号 A 状态(D1)赋值给信号 B,但并未立即更新,要等到第二个 CLK 进程结束时,信号 B 才能更新为 D1。当第三个 CLK 上升沿到来时,再次启动进程,更新后的信号 B 状态(D1)送到 Q1 端输出;当第三个 CLK 进程结束时,Q1 端才输出 D1。也就是说,等 3 个 CLK 到来后,D1 的状态才能传输到 Q1 端输出,与其综合后的 RTL 图相对应。

3.2.3　VHDL 的数据类型

VHDL 是与数据类型高度相关的语言,要求设计实体中的每一个常数、信号、变量、函数及设定的各种参量都必须具有确定的数据类型,只有数据类型相同的量才能互相传递和作用,若对不同类型的信号进行赋值则需使用类型转换函数。VHDL 作为强类型语言的好处是能使 VHDL 编译或综合工具很容易地找出设计中的各种常见错误。

VHDL 含有很宽泛的数据类型,常用数据类型分为:

① 标准数据类型:INTEGER(整数)、REAL(实数)、BIT(位)、BIT_VECTOR(位矢量)、BOOLEAN(布尔)、CHARACTER(字符)、STRING(字符串)、TIME(时间)、SEVERITY LEVEL(错误等级)等;

② IEEE 定义的常用类型:std_logic(逻辑数据)、std_logic_vector(逻辑矢量)及 signed(有符号)和 unsigned(无符号)类型;

③ 用户定义类型:TYPE(枚举)、ARRAY(数组)、RECORD(记录)等。

3.2.3.1　标准数据类型

标准数据类型定义语句见 Quartus Ⅱ 安装路径的 quartus\libraries\vhdl\std\standard.vhd 标准程序包,表 3.5 通过列表的方式说明了标准数据类型的关键字、定义等,书写及使用示例见表 3.6。

表 3.5　标准数据类型说明表

数据类型	关键字	说明	在 standard 标准程序包中定义
整数	INTEGER	32 位整数 $-214748647 \sim 214748647$ $(2^{31}-1)$	type integer is range -2147483647 to 2147483647;
自然数	NATURAL	非负的整数 $0 \sim 214783647(2^{31}-1)$	subtype natural is integer range 0 to integer'high;
正整数	POSITIVE	正的整数 $1 \sim 214783647(2^{31}-1)$	subtype positive is integer range 1 to integer'high;
实数	REAL	浮点数 $-1.0E38 \sim +1.0E38$	type real is range $-1.0E38$ to 1.0E38;
位	BIT	逻辑值 0 或 1,0 可表示数电中的低电平,1 可表示数电中的高电平。可参与逻辑运算,结果仍是位类型	type bit is ('0','1');
位矢量	BIT_VECTOR	位类型数组,双引号标记,如 "1011"	ype bit_vector is array (natural range < >) of bit;
布尔类型	BOOLEAN	布尔值 true(真)或 false(假)	type boolean is (false,true);
字符	CHARACTER	ASCII 字符,单引号标记,区分大小写	type character is (nul,…,'8',…);

续表

数据类型	关键字	说明	在 standard 标准程序包中定义
字符串	STRING	字符类型的数组,双引号标记,区分大小写,如"Hi"和"hi"不同	type string is array(positive range < >) of character;
时间类型	TIME	一般用来指定延时时间和标定仿真时刻。 格式:整数 单位,中间有空格。 单位:fs(飞秒)、ps(皮秒)、ns(纳秒)、μs(微秒)、ms(毫秒)、sec(秒)、min(分钟)、hr(时)。如 100 ms、10 ns	type time is range − 2147483647 to 2147483647 　units 　fs;　　　　　　--飞秒 　ps = 1000 fs;　--皮秒 　ns = 1000 ps;　--纳秒 　μs = 1000 ns;　--微秒 　ms = 1000 μs;　--毫秒 　sec = 1000 ms;　--秒 　min = 60 sec;　--分 　hr = 60 min;　　--时 　end units;
错误等级	SEVERITY LEVEL	用于提示系统当前的工作状态及严重等级:NOTE(注意)、WARNING(警告)、ERROR(出错)、FAILURE(失败)	type severity_level is (note, warning, error, failure);

表 3.6　标准数据类型书写及使用表

数据类型	书写示例及说明	声明赋值示例
整数（INTEGER）	5,678　　--十进制整数 5678,逗号为了提高可读性 156E2　　--十进制整数 15600,E 后面表示指数部分 10^2 45_234_287　--十进制整数 45234287,下划线为了提高可读性 ◇数制基数表示:基数♯数字文字♯E 指数 16♯E♯E1　--十六进制整数,转成十进制 = $14×16^1 = 224$,转成二进制 = 2♯11100000 ♯10♯170♯　--十进制整数 170 2♯1111_1110♯　--二进制整数 11111110,转成十进制 = $2^1 + 2^2 + 2^3 + 2^4 + 2^5 + 2^6 + 2^7 = 254$ 8♯12♯　--八进制整数 12,转成十进制 = $2×8^0 + 1×8^1 = 10$ 16♯F.01♯E + 2　--十六进制整数,转成十进制 = $\left(15×16^0 + \dfrac{0}{16} + \dfrac{1}{16^2}\right)×16^2 = 3841$	constant data_bus:integer:= 8;　　--整数常量 data_bus,赋值 8 signal tmp:integer;　--整数信号 tmp ◇使用 RANGE 指定取值范围: VARIABLE sel: INTEGER RANGE 0 TO 3;　--整数变量 sel,取值范围为 0~3

数据类型	书写示例及说明	声明赋值示例
实数 （REAL）	6971.333333；　　--十进制浮点数 8♯43.6♯E＋4；　　--八进制浮点数，转成十 进制＝$\left(4\times8^1+3\times8^0+\dfrac{6}{8}\right)\times8^4=146432$ 88_67_551.23_909　　--十进制浮点数 88675 51.23909 44.99E－2；　　--十进制浮点数＝$44.99\times10^{-2}=$ 0.4499	constant data_bus：real：＝0.8；　　--实 数常量 data_bus，赋值 0.8 signal tmp：real：＝1.3；　　--实数信号 tmp，赋初值 1.3 variable vsum：real；　　--实数变量 vsum
位 （BIT）	'0'　'1'	signal a：bit；
位矢量 （BIT_VECTOR）	◇位矢量前可加符号标记进制： B：英文全称 Binary，二进制基数符号，默认 选项。 O：英文全称 Octal，八进制基数符号，每个数代 表 3 位二进制数。 X：英文全称 Hexadecimal，十六进制基数符号， 每个数代表 4 位二进制数。 B''1011_1111''　　--表示二进制位矢量，B 可 省略，长度是 8 O''143''　　--表示八进制数位矢量，长度是 9 X''2B''　　--表示十六进制位矢量，长度是 8	◇位矢量声明时必须注明位宽和下标 排列顺序（TO、DOWNTO）： SIGNAL　a，b：BIT_VECTOR（3 DOWNTO 0）；　　--4 位位宽的位 矢量 ◇位矢量可分段操作： a(3 DOWNTO 2)＝b(2 DOWNTO 1)； a(1 DOWNTO 0)＝'10'； a(3 DOWNTO 0)＝'10'&'01'；--并置
布尔类型 （BOOLEAN）	当 num1 大于 num2 时，判断语句 IF num1＞ num2 的结果是布尔量为真，反之为假。	variable res：boolean：＝true；
字符 （CHARA- CTER）	'A'　'a'　　--区分大小写 ' '　　--空字符	constant mychar：character：＝'♯'；
字符串 STRING	''OK''　''ok''　　--区分大小写 '' ''　　--空字符串 ''Yum'' & ''my''　　--并置连接	constant myString：string：＝''Yummy''；

3.2.3.2　IEEE 定义的常用类型

在 IEEE 的程序包 std_logic_1164（见 Quartus Ⅱ安装路径的 quartus\libraries\vhdl\ieee\std_1164.vhd）中定义了两个常用数据类型：工业标准逻辑类型（std_logic）和逻辑矢量类型（std_logic_vector），其定义及示例见表 3.7，使用时必须声明库及程序包说明语句。

```
LIBRARY IEEE;
USE IEEE.STD_LOGIC_1164.ALL;
```

表 3.7　IEEE 定义的逻辑位与矢量说明表

数据类型	关键字	说明	在 ieee\std_1164 程序包中定义	示例
工业标准逻辑类型	std_logic	std_logic 是 std_ulogic 的子类型。std_ulogic 是一个 9 值的逻辑枚举类型	Type std_ulogic is ('U',　　--Uninialized 未初始化态 'X',　　--Forcing Unknown 亚稳不定态 '0',　　--Forcing 0 低电平态 '1',　　--Forcing 1 高电平态 'Z',　　--High Impedance 高阻态 'W',　　--Weak Unknown 弱浮接不定态 'L',　　--Weak 0 弱低电平态 'H',　　--Weak 1 弱高电平态 '−'　　--Don't Care 不关心态)； SUBTYPE std_logic IS resolved std_ulogic；	signal ain：std_logic； ain<='1'；
工业标准逻辑矢量类型	std_logic_vector	std_logic_vector 是 std_logic 的数组	TYPE std_logic_vector IS ARRAY（NATURAL RANGE < >）OF std_logic；	◇ SIGNAL A, C: STD_LOGIC_VECTOR (3 DOWNTO 0)； SIGNAL B：STD_LOGIC_VECTOR (2 DOWNTO 0)； … B<=A(3 DOWNTO 1)；　　--分解 A(3~1)序列信号传递给 B C<=A(0)& B；　　--合并了 A(0)、B 信号传递给 C ◇signal a,b,c：std_logic_vector(2 downto 0)； c <=a and b；　　--按位与 ◇ data：in std_logic_vector (7 downto 0)；　　--data 表示 8 根数据线 --给 data 赋值 5AH 可写为 data< = ''01011010''；或 data< = X''5A''(X 表示十六进制)

　　在 IEEE 的程序包 std_logic_arith 中声明了 signed 和 unsigned 两种数据类型。其定义语句在 std_logic_arith.vhd 程序包中，使用时必须声明库及程序包说明语句。

```
LIBRARY IEEE;
USE IEEE.STD_LOGIC_ARITH.ALL;
```

signed 表示有符号数,包括 0、正整数和负数;unsigned 表示无符号数,即 0 或者整数。这两种数据类型的定义为:

```
Type UNSIGNED is array (NATURAL range < > ) of STD_LOGIC;
type SIGNED is array (NATURAL range < > ) of STD_LOGIC;
```

signed 和 unsigned 与 std_logic_vector 的定义完全相同,不同的是表示的含义不同。如"1001"的含义对这三者而言是不同的:

① std_logic_vector:代表简单的四个二进制位;

② unsigned:代表数字 9;

③ signed:代表数字 -7(补码表示,1001 取反加 1 为 0111,故为 -7)。

3.2.3.3　用户定义类型

1. 枚举类型

枚举类型(关键字 TYPE)常用于定义状态机的状态。

一般格式为:

```
TYPE 数据类型名 IS(元素 1,元素 2,…);
```

【例 3.16】 枚举类型示例。

```
TYPE States IS (S1,S2,S3,S4);
type traffic is (red,green,yellow);
signal st1,st2:States;
signal present_state,next_state:traffic;
```

2. 数组类型

数组类型(关键字 ARRAY)是同类型数据的集合。前述的位矢量(BIT_VECTOR)、字符串(STRING)、标准逻辑矢量(std_logic_vector)都是系统预定义的数组类型。用户也可以自行定义数组类型,定义格式如下:

```
TYPE 数据类型名 IS ARRAY 范围 OF 原数据类型名;
```

【例 3.17】 数组类型示例。

```
TYPE myArray1 IS ARRAY (1 DOWN 8) OF STD_LOGIC;        --限定数组
TYPE myArray2 IS ARRAY (INTEGER RANGE < > ) OF STD_LOGIC;        --非限定数组
```

例 3.17 第一行声明定义了一个由 8 个元素构成的数组 myArray1,其索引范围由低到高(1~8),限定了数组的索引范围,在声明该类型的信号或变量时需要用同样的索引范围,这种数组称为限定数组。而不限定索引范围,只将数组索引范围定义为一个类型,称为非限定数组,如第二行所示。

3. 记录类型

记录类型(关键字 RECORD)记录各种类型数据的集合,类似于 C/C++ 中的结构体

struct,其定义格式如下:

```
TYPE 记录类型名 IS RECORD
元素名:数据类型名;
元素名:数据类型名;
...
END RECORD[记录类型名];
```

例 3.18 定义了一个具有多种类型元素的记录类型 Person。

【例 3.18】　记录类型示例。

```
TYPE Person is record
    Name:string (1 to 20);     --姓名
    Sex:string (1 to 5);       --性别
    Age:natural;      --年龄
    Married:boolean;      --是否已婚
    Children:natural;      --孩子数量
end record;

variable V1,V2:Person;
V1.Children:= 1;
V2:= ("Chris",' 女 ',18,false,0);
```

3.2.3.4　数据类型的转换

VHDL 具有丰富的类型定义,但是有些类型不具备硬件对应物或者实现相当复杂,不易被综合,如大多数综合器不支持实数类型,因为其实现相当复杂,目前电路规模难以承受,仅能在 VHDL 仿真器中使用。通常,可综合类型包括整数(INTEGER)、自然数(NATURAL)、正整数(POSITIVE)、位(BIT)、布尔(BOOLEAN)、字符(CHARACTER)、数组、枚举类型,而实数(REAL)、时间(TIME)、错误等级(SEVERITY LEVEL)等几种类型暂不被支持。

VHDL 对数据类型有着极为严格的分类和定义,不同类型的数据、对象不能随意赋值、代入,必要时,应进行类型转换。通常,可使用两种方法进行不同类型间的数据转换:类型标记法和函数转换法。

1. 用类型标记法进行数据类型转换

类型标记法用于关系密切的数据类型之间的转换,如整数和实数的类型转换。格式如下:

```
数据类型标识符 (表达式)
```

【例 3.19】　用类型标记法进行数据类型转换示例。

```
...
variable a,b:integer;
variable c,d:real;
...
a:= integer(c);
d:= real(b);
```

在例 3.19 中,实数类型 c 通过类型标记法强制转换为整数类型后才能赋值给 a;而整数类型 b 也必须通过类型标记法强制转换为实数类型后才能赋值给 d。

2. 用函数法进行数据类型转换

VHDL 语言程序包提供的变换函数可进行不同类型间的数据转换,见表 3.8。

表 3.8　VHDL 数据类型转换函数表

程序包	函数及作用	含义
std_logic_1164	TO_STDLOGICVECTOR(A)	将 bit_vector 转换为 std_logic_vector
	TO_BITVECTOR(A)	将 std_logic_vector 转换为 bit_vector
	TO_STDLOGIC (A)	将 bit 转换为 std_logic
	TO_BIT(A)	将 std_logic 转换为 bit
std_logic_arith	CONV_STD_LOGIC_VECTOR (A,位长)	将 integer、unsigned、signed 转换成 std_logic_vector
	CONV_INTEGER(A)	将 unsigned、signed 转换为 integer
	CONV_UNSIGNED(A,位长)	将 unsigned、signed、integer 转换为指定位长的 unsigned 类型
	CONV_SIGNED(A)	将 unsigned、signed、integer 转换为指定位长的 signed 类型
std_logic_ unsigned	CONV_INTEGER(A)	将 std_logic_vector 转换为 integer

在进行 VHDL 行为描述设计时,利用转换函数进行数据类型变换可以减小设计难度,提高工作效率。下面以如图 3.8 所示的 4 位二进制全加器为例介绍转换函数的应用。

【例 3.20】　用函数法进行数据类型转换示例(4 位二进制全加器)。

```
LIBRARY ieee;
USE ieee.std_logic_1164.all;      --使用标准逻辑类型 std_logic
USE ieee.std_logic_arith.all;     --使用 conv_std_logic_vector 转换函数
USE ieee.std_logic_unsigned.all;  --使用 conv_integer 转换函数
ENTITY add_arith_4 IS
PORT (A,B:IN std_logic_vector(3 downto 0);    --4 位加数和被加数输入
      cin:IN std_logic;     --来自低位的进位输入
      S:OUT std_logic_vector(3 downto 0);    --4 位全加器和输出
      cout:OUT std_logic);    --4 位全加器进位输出
END add_arith_4;
ARCHITECTURE behave OF add_arith_4 IS
begin
    process(a,b,cin)
    variable a_v,b_v:integer range 0 to 15;
    variable s_v:integer range 0 to 31;
    variable cin_v:integer range 0 to 1;
        begin
        if(cin = '1') then
          cin_v:= 1;
        else
          cin_v:= 0;    --将 cin 转换为 integer 类型
        end if;
```

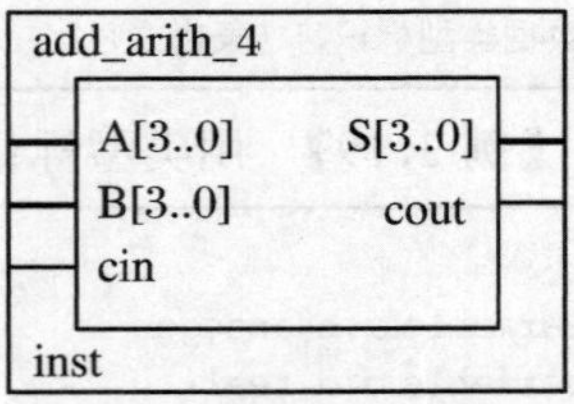

add_arith_4

A[3..0]　　S[3..0]
B[3..0]　　cout
cin

inst

图 3.8　4 位二进制全加器
电路符号

```
        a_v:= conv_integer(A);      --将加数 A 转换为 integer 类型
        b_v:= conv_integer(B);      --将加数 B 转换为 integer 类型
        s_v:= a_v + b_v + cin_v;      --integer 类型变量直接进行加法运算
        if(s_v>=16) then   --判断是否有进位输出
            s_v:= s_v - 16;
            cout <='1';
        else
            cout <='0';
        end if;
      S<=conv_std_logic_vector(s_v,4);      --将 s_v 转换为 4 位 std_logic_vector 类型
   end process;
END behave;
```

在例 3.20 中,为采用行为描述方式设计实现 4 位二进制全加器功能,首先使用数据包 std_logic_unsigned 中的 CONV_INTEGER 函数将 std_logic_vector 类型的两个加数 A 和 B 转换成 integer 类型的 a_v 和 b_v,以便能直接进行加法运算;然后再使用数据包 std_logic_arith 中的 conv_std_logic_vector 函数将 integer 类型的全加和 s_v 转换成 4 位 std_logic_vector 类型,赋值给 S 输出。需要强调的是,借助转换函数进行数据类型转换时,必须事先声明与调用相应的库及程序包。

3.2.4　VHDL 的运算操作符

VHDL 的运算操作符是为构造计算数值的表达式提供的预定义算符。预定义算符可分为 4 种类型:算术运算符、关系运算符、逻辑运算符和其他运算符。

表 3.9　VHDL 运算操作符表

类别	运算符	功能	操作数的数据类型
算术运算符	+	加	整数
	−	减	整数
	*	乘	整数和实数(包括浮点数)
	/	除	整数和实数(包括浮点数)
	**	乘方	整数
	MOD	取模(Module)	整数
	REM	取余(Remainder)	整数
	ABS	取绝对值(Absolute Value)	整数
	SLL	逻辑左移(Shift Left Logical)	位或布尔型一维数组
	SRL	逻辑右移(Shift Right Logical)	位或布尔型一维数组
	SLA	算数左移(Shift Left Arithmetic)	位或布尔型一维数组
	SRA	算数右移(Shift Right Arithmetic)	位或布尔型一维数组
	ROL	逻辑循环左移(Rotate Left)	位或布尔型一维数组
	ROR	逻辑循环右移(Rotate Right)	位或布尔型一维数组

续表

类别	运算符	功能	操作数的数据类型
关系运算符	=	等于	任意数据类型
	/ =	不等于	任意数据类型
	<	小于	整数、枚举及对应的一维数组
	>	大于	整数、枚举及对应的一维数组
	<=	小于等于	整数、枚举及对应的一维数组
	>=	大于等于	整数、枚举及对应的一维数组
逻辑运算符	AND	与	位、布尔或标准逻辑类型
	OR	或	位、布尔或标准逻辑类型
	NAND	与非	位、布尔或标准逻辑类型
	NOR	或非	位、布尔或标准逻辑类型
	XOR	异或	位、布尔或标准逻辑类型
	XNOR	同或(也称异或非)	位、布尔或标准逻辑类型
	NOT	非(也称取反)	位、布尔或标准逻辑类型
其他运算符	+	正	整数
	−	负	整数
	&	并置	一维数组

当操作数的数据类型不符合时,除了前述的数据类型转换方法,还可以通过 VHDL 设计库中的操作符重载函数,如在 Quartus Ⅱ 安装路径的 quartus\libraries\vhdl\ieee\numeric_bit.vhd 程序包中,对"−"操作符进行重载。

```
function "−" (L,R:UNSIGNED) return UNSIGNED;
function "−" (L,R:SIGNED) return SIGNED;
function "−" (L:UNSIGNED;R:NATURAL) return UNSIGNED;
function "−" (L:NATURAL;R:UNSIGNED) return UNSIGNED;
function "−" (L:SIGNED;R:INTEGER) return SIGNED;
function "−" (L:INTEGER;R:SIGNED) return SIGNED;
```

这样,就可以使用操作符"−"对不同的数据类型进行减法运算了。

需要注意的是,使用重载函数时必须声明库并调用相应的程序包。

```
LIBRARY IEEE;
USE IEEE.NUMERIC_BIT.ALL;
```

VHDL 语言操作符各有不同的优先级,在表达式中出现两个以上操作符时,建议使用小括号进行分组,方便理解。VHDL 语言中运算操作符的优先级(由高到低)见表3.10。

表 3.10　VHDL 运算操作符优先级

操作符	优先级
小括号( )	高
非(也称取反)(NOT)、取绝对值(ABS)、乘方(＊＊)	
乘(＊)、除(/)、取模(MOD)、取余(REM)	
一元正负运算:正(＋)、负(－)	
加减并置运算:加(＋)、减(－)、并置(&)	
逻辑运算:逻辑左移(SLL)、逻辑右移(SRL)、算术左移(SLA)、算术右移(SRA)、逻辑循环左移(ROL)、逻辑循环右移(ROR)	
关系运算:等于(＝)、不等于(/ ＝)、小于(<)、大于(>)、小于等于(<＝)、大于等于(>＝)	
逻辑运算:与(AND)、或(OR)、与非(NAND)、或非(NOR)、异或(XOR)、同或(也称异或非)(XNOR)	低

逻辑运算是 VHDL 中最基本的操作,运算时是按位进行的,如例 3.21 所示。

【例 3.21】　逻辑运算示例。

```
设 A = "10101";
   B = "10011";
则 A and B = "10001";      --与
   A or B = "10111";      --或
   not A = "01010";       --非
```

利用并置连接符(&)可将几个逻辑量或短小矢量连接成维数更大的矢量,可给代码书写带来方便,如例 3.22 所示。

【例 3.22】　并置运算示例。

```
设 variable a,b,c:std_logic;      --a,b,c 为 1 位逻辑量
   variable v_abc:std_logic_vector(2 downto 0);      --v_abc 为 3 位逻辑矢量
为使 a = '1' and b = '0' and c = '1',
   v_abc:= a & b & c;   --先将 a,b,c 并置连接
然后 v_abc:= "101";      --整体赋值
```

3.2.5　VHDL 的关键字

关键字是 VHDL 中具有特别含义的词,它有固定的用途,用户不能将其作为标识符。常用关键字见表 3.11。

表 3.11　VHDL 常用关键字一览表

关键字	含义	关键字	含义
ABS	取绝对值	NULL	空
ACCESS	用户自定义类型的存取	ON	信号等待
AFTER	表延时,在……之后	OR	或

关键字	含义	关键字	含义
ALL	所有	OTHERS	其他的,用于未列出的其他条件
AND	与(逻辑乘)	OUT	输出端口(端口类型之一)
ARCHITECTURE	构造体(又称结构体)	PACKAGE	程序包
ARRAY	数组	NOT	非,取反
ASSERT	断言	PORT	端口说明
BEGIN	开始	PROCEDURE	过程
BLOCK	块	PROCESS	进程
BUFFER	缓冲端口(端口类型之一)	RANGE	范围
BUS	总线	RECORD	记录
CASE	CASE 循环语句	REGISTER	寄存
COMPONENT	元件	REM	取余数
CONFIGURATION	配置	RETURN	返回
CONSTANT	常量	ROL、ROR	逻辑循环左移、右移
DOWNTO	从左至右依次递减	SELECT	选择
ELSE	否则	SEVERITY	错误严重级别
ELSIF	否则如果	SIGNAL	信号
END	结束	SLA、SRA	算术左移、算术右移
ENTITY	实体	SLL、SRL	逻辑左移、逻辑右移
EXIT	终止本次循环,开始下一次循环	SUBTYPE	子类型定义语句
FOR	FOR 循环语句	THEN	则
FUNCTION	函数	TO	从左至右依次递增
GENERIC	类属	TRANSPORT	传送
IF	条件语句,如果	TYPE	类型定义语句
IN	输入端口(端口类型之一)	UNITS	基本单位
INOUT	双向端口(端口类型之一)	UNTIL	直到
IS	是,描述实体、构造体的关键字	VARIABLE	变量
LIBRARY	库	WAIT	WAIT 语句,无限等待
LOOP	LOOP 顺序语句	WHILE	当……时,WHILE 语句,循环条件
MAP	映射	WITH	随着,用于选择赋值语句的开头
NAND	与非	XNOR	同或(又称异或非)
NEXT	下一个,跳出本次循环	XOR	异或

3.3　VHDL 并行语句

VHDL 分顺序(Sequential)语句和并行(Concurrent)语句两大类。

（1）顺序语句

顺序语句总是处于进程(Process)或子程序(Subprograms)的内部,逐条顺序执行,与书写的先后次序有关。

（2）并行语句

并行语句之间值的更新是同时进行的,与语句所在的位置和顺序无关。这是由于 VHDL 所描述的实际系统的很多操作都是并行执行的。并行语句总是处于进程的外部。

本节先介绍并行语句。常用的并行语句包括信号赋值(Signal Assignment)语句、进程 (Process)语句、元件(Component)例化语句、生成(Generate)语句等。

3.3.1　信号赋值语句

信号赋值语句是 VHDL 最基本的描述形式,其赋值目标为信号或端口,并发执行;赋值目标与赋值源数据类型必须严格统一。并行信号赋值语句包括简单信号赋值、条件信号赋值和选择信号赋值语句。

1. 简单信号赋值语句(Simple Signal Assignment)

简单信号赋值语句是最简单且常用的并行语句,格式如下:

```
目标信号<=值或表达式;
```

"<="是信号赋值语句操作符,表示将右侧的值(或表达式)赋给目标信号。

【例 3.23】　简单信号赋值示例 1。

```
signal a,b,c:bit;
b<='1' AFTER 10 ns;     --10 ns 后将 b 赋值 '1'
a<=NOT(b);    --b 取反赋给 a
c<=a xor b;    --a 异或 b 赋给 c
```

【例 3.24】　简单信号赋值示例 2(图 3.9)。

```
Entity test1 is
port (a,b,e:in bit;
        c,d:out bit);
end test1;
architecture test1_body of test1 is
begin
  c<=a and b;    --a 与 b 赋给 c
  d<=e;    --e 赋给 d
end test1_body;
```

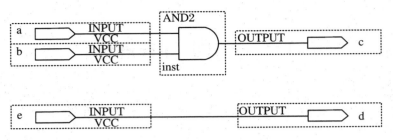

图 3.9　简单信号赋值示例 2 电路

例 3.24 利用两条简单信号赋值语句描述了一个并行信号传输电路,如图 3.9 所示。从电路结构中可以看出,两个输出端口 c、d(目标信号)的状态更新只与输入端口 a、b、e 值的变化有关,如果输入端口 a、b、e 的值同时变化,那么两个输出端口 c、d 的状态一定会同时更新! d 的状态不会因为写在"c<=a and b"语句的后面而延迟改变! 换句话说,如若将这两条简单信号赋值语句书写顺序对调也不会影响电路结构及其执行结果。

2. 条件信号赋值语句(Conditional Signal Assignment)

条件信号赋值语句根据条件的不同,将不同的值或表达式赋值给目标信号,格式如下:

```
信号<=表达式 1 WHEN 赋值条件 1 ELSE
     表达式 2 WHEN 赋值条件 2 ELSE
     ...
     表达式 n;      --最后一行是分号,表示一条语句结束
```

条件信号赋值语句中,当 WHEN 后面的赋值条件为真时,将 WHEN 前面的值或表达式赋给目标信号。执行时,从第一个条件开始依次判断并完成赋值。最后一项表达式不跟WHEN 条件子句,表示当以上条件都不满足时的赋值行为。通常,为避免因条件不全出现死锁现象,建议赋值条件尽量要全面覆盖。条件信号赋值语句具有优先选择的特点,根据赋值条件的书写顺序逐项测试,一旦发现某一赋值条件得到满足,即将相应的值或表达式赋给信号,并且不再测试后面的赋值条件。也就是说,条件信号赋值语句之间有优先级顺序,将按照书写的先后顺序从高到低排列优先级,适用于具有优先级控制要求的组合电路(如优先编码器等)设计。

【例 3.25】　条件信号赋值示例(图 3.10)。

```
q<=c WHEN selb = '0' ELSE
    b WHEN sela = '0' ELSE
    a;      --最后一行是分号,表示一条语句结束
```

图 3.10　条件信号赋值示例电路

例 3.25 利用一条条件赋值语句描述了一个选择器电路,如图 3.10 所示。当数据选择端 selb 为 0 时,输出 q 选择 c;当 sela 为 0 时,输出选择 b;否则,输出选择 a。可见 selb 的优先级高于 sela。

3. 选择信号赋值语句(Selected Signal Assignment)

选择信号赋值语句根据同一个选择表达式取值的不同,赋予目标信号不同的值或表达

式。其与条件信号赋值语句的区别在于赋值条件表达式之间没有优先级,书写时可以不用在意先后顺序,但 WHEN OTHERS 必须放在最后。格式如下:

```
WITH 选择表达式 SELECT
目标信号<=赋值表达式 1 WHEN 选择值 1,
         赋值表达式 2 WHEN 选择值 2,
         …
         表达式 n WHEN OTHERS;      --最后一行是分号,其余行是逗号
```

WITH-SELECT 语句表示当"选择表达式"的值等于 WHEN 后面的选择值时,将 WHEN 前面的表达式值赋给目标信号。需要指出的是,选择信号赋值语句与条件信号赋值语句不同,选择信号赋值语句要求可能出现的选择值必须全部枚举;当取值范围太大、不便或不可能全部列写出来时,可以在最后加上 WHEN OTHERS 语句来替代。

应用条件信号赋值语句和选择信号赋值语句可以方便地进行选择器电路设计。

【例 3.26】 2 选 1 数据选择器示例(图 3.11)。

```
--使用条件信号赋值语句
Entity test_2_1 is
port (in1,in2,sel: in bit;
             d: out bit);
end test_2_;
architecture test_2_1_body of test_2_1 is
begin
  d <= in1 when sel = '0'
  else in2;

end test_2_1_body;
```

```
--使用选择信号赋值语句
Entity test_2_1 is
port (in1,in2,sel: in bit;
             d: out bit);
end test_2_1;
architecture test_2_1_body of test_2_1 is
begin
  with sel select
    d <= in1 when '0',
         in2 when '1';
end test_2_1_body;
```

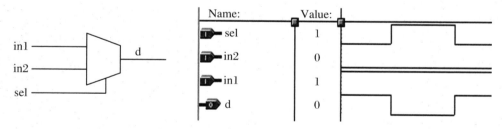

图 3.11　2 选 1 数据选择器及其仿真图

例 3.26 分别使用条件信号赋值语句和选择信号赋值语句描述了 2 选 1 数据选择器,综合后的电路模型及仿真波形完全一致:当数据选择端 sel 为 0 时,输出 d 选择 in1;否则,选择 in2。

利用 VHDL 的行为描述特点,可以非常方便地扩展数据选择器电路的规模。

【例 3.27】 4 选 1 数据选择器示例(图 3.12)。

```
--使用条件信号赋值语句
Entity test_4_1 is
port (in1,in2,in3,in4:in bit;
        sel1,sel2:in bit;
        d:out bit);
endtest_4_1;
architecture test_4_1_body of test_4_1 is
begin
d <= in1 when sel2 = '0' and sel1 = '0' else
    in2 when sel2 = '0' and sel1 = '1' else
    in3 when sel2 = '1' and sel1 = '0' else
    in4;
end test_4_1_body;
```

```
--使用选择信号赋值语句
Entity test_4_1 is
port (in1,in2,in3,in4:in bit;
        sel:in std_logic_vector(2 downto 1);
        d:out bit);
end test_4_1;
architecture test_4_1_body of test_4_1 is
begin
WITH sel SELECT
  d <=in1 WHEN "00",
      in2 WHEN "01",
      in3 WHEN "10",
      in4 WHEN Others;
end test_4_1_body;
```

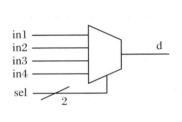 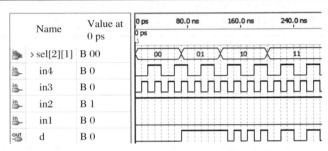

图 3.12 4 选 1 数据选择器及其仿真图

例 3.27 中，输入端扩展为 4 路，所以选择信号相应需要两个逻辑量的组合。当选择信号 sel[2][1] 为 "00" 时，选择 in1；当选择信号 sel[2][1] 为 "01" 时选择 in2；当选择信号 sel[2][1] 为 "10" 时选择 in3；否则选择 in4。

需要注意的是，由于 sel 的数据类型为 std_logic_vector，取值组合除了 00,01,10,11 外还有 0X,0Z,X1,… 等。虽然这些取值组合在实际电路中不一定出现，但选择信号赋值语句中要求必须列出，因此在右侧选择信号赋值语句的最后用"WHEN Others"来替代余下的各种组合情况。

3.3.2 进程语句

进程语句是 VHDL 中最重要的语句。在构造体中，进程与进程之间是并行的。但在进程内部，却定义了一组连续执行的顺序语句，即进程内部是顺序执行的。进程需要由敏感信号或 WAIT 条件来触发启动，只有在满足 WAIT 条件或敏感信号发生变化时才会从 BEGIN 开始顺序执行。由敏感信号启动的进程语句格式如下：

```
[进程标号:] PROCESS [(敏感信号列表)]    --进程标号可省略
        [内部变量说明区];    --定义进程内部使用的变量
        BEGIN    --进程开始
        <顺序语句段>    --进程内部一系列的顺序语句
        END PROCESS[进程标号];    --进程执行结束,等待下一次启动
```

进程语句使用相关说明：

①　关键字 PROCESS 后括号中的信号清单称为敏感信号表,其中列举可激活进程语句的敏感信号,当列表中任意一个敏感信号发生变化时,PROCESS 语句将被激活,从 BEGIN 开始顺序执行;

②　关键字 BEGIN 把进程语句分为内部变量说明区和顺序语句段两部分,内部变量说明区在敏感信号表和 BEGIN 之间,进程内部的局部变量或参数在此进行声明;

③　进程内变量声明后即可进行赋值操作,且赋值行为立即生效,目标变量立即更新;

④　进程内不能进行信号声明,但声明过的信号在进程内可以进行赋值操作,且赋值行为要等执行到 END PROCESS 时才能生效,以更新目标信号的值;

⑤　因为构造体中的多个进程是并发的,所以不同进程中不能对同一个信号进行赋值,否则会出现多个驱动源的错误;

⑥　因为进程中信号赋值的延迟生效性,所以对同一个信号的多次迭代赋值可能无法生效,仿真结果会出现不定状态;

⑦　在一个进程中,不能同时对时钟上升沿、下降沿敏感,如若需要,可用两个进程分别表达。

在进行时序电路设计时,常将时钟作为进程启动的敏感信号,如使用时钟信号的上升沿或下降沿来启动进程。当时钟信号 clk 是 STD_LOGIC 类型时,在 VHDL 中上升沿与下降沿的描述方法如下:

```
上升沿描述:clk'EVENT AND clk = '1';
下降沿描述:clk'EVENT AND clk = '0';
```

此外,也可以使用 VHDL 语言预定义的两个函数来描述上升沿和下降沿:

```
上升沿描述:rising_edge(clk);
下降沿描述:falling_edge(clk);
```

时钟是最常用的进程敏感信号,使用不正确将会影响程序的行为功能,甚至编译报错。例 3.28 中列举了两种常见的错误。

【例 3.28】 进程中敏感信号错误使用示例。

```
--错误示例 1
PROCESS(clk1)
BEGIN
IF rising_edge(clk1) THEN    --捕获上升沿
...
IF falling_edge(clk1) THEN    --捕获下降沿
...
END IF;
END PROCESS;

--错误示例 2
PROCESS(clk2)
BEGIN
IF clk2'EVENT AND clk2 = '1' THEN    --捕获上升沿
...
ELSE    --暗指下降沿也可被捕获
...
END IF;
END PROCESS;
```

错误示例 1 中,在同一个进程里捕获时钟 clk1 的上升沿和下降沿,相当于施加了双重驱动,进程中不能同时对时钟上升沿和下降沿敏感,否则编译会报错;错误示例 2 中,先捕获 clk2 的上升沿,后面用了 ELSE,暗指也对下降沿敏感,这有可能会偏离最初的设计意图。

在进行复杂系统设计时,一个构造体可能会包含多个进程,如图 3.13 所示。进程与进程之间的数据交换通过信号完成,因为对构造体而言,信号具有全局性,是进程之间联络的有效手段。另外,这些进程是并行的,依赖各自的敏感信号来触发启动,当两个进程的敏感信号完全相同时,则可以同时并发运行。如例 3.29 所示。

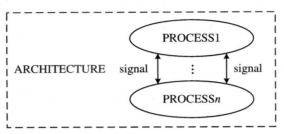

图 3.13　多进程结构关系图

【例 3.29】　多进程并发示例。

```
              LIBRARY ieee;
              USE ieee.std_logic_1164.all;
              ENTITY if_case IS
              PORT(a,b,c,d:IN Std_Logic;
                   sel:IN Std_Logic_Vector(1 downto 0);
                   y,z:OUT Std_Logic);
              END if_case;
              ARCHITECTURE if_case_arc OF if_case IS
              BEGIN
if_label:PROCESS(a,b,c,d,sel)      --if_label 进程
              BEGIN
                IF sel = "00" THEN y<=a;
              ELSIF sel = "01" THEN y<=b;
              ELSIF sel = "10" THEN y<=c;
                ELSE y<=d;
                END IF;
              END PROCESS if_label;
case_label:PROCESS(a,b,c,d,sel)      --case_label 进程
                BEGIN
                CASE sel IS
                  WHEN "00" => z<=a;
                  WHEN "01" => z<=b;
                  WHEN "10" => z<=c;
                  WHEN "11" => z<=d;
                  WHEN OTHERS => z<='0';
                END CASE;
                END PROCESS case_label;
                END if_case_arc;
```

例 3.29 的构造体中包含 if_label 和 case_label 两个进程,由于它们的敏感信号表内容相同,无论两个进程书写的先后顺序如何,都一定是并发运行的。当输入信号变化时,两个输出端 y、z 将会同时更新输出结果。

如前所述,进程依赖敏感信号来触发启动,敏感信号的选择需要根据设计意图仔细分析、谨慎对待,否则可能达不到设计功能的要求。如例 3.30 所示。

【例 3.30】　敏感信号启动示例(图 3.14 和图 3.15)。

<table>
<tr><td>

```
--CLK,D 都是敏感信号
Entity test is
port (D,CLK:in bit;
        Q:out bit);
end test;
architecture test_body of test is
begin
PROCESS (CLK,D)
    BEGIN
      IF CLK = '1'
      THEN Q <=D;
      END IF;
END PROCESS;
END test_body;
```

</td><td>

```
--只有 CLK 是敏感信号
Entity test is
port (D,CLK:in bit;
        Q:out bit);
end test;
architecture test_body of test is
begin
PROCESS(CLK)
    BEGIN
      IF CLK = '1'
      THEN Q <=D;
      END IF;
END PROCESS;
END test_body;
```

</td></tr>
</table>

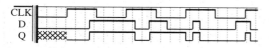

图 3.14　两个敏感信号的仿真图

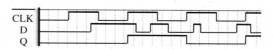

图 3.15　一个敏感信号的仿真图

对比例 3.30 中左、右两个程序段,除了进程敏感信号不同,其余代码基本一致,然而,编译综合后得到的两个仿真波形却完全不同!仔细分析不难发现,由于左侧程序包含 2 个敏感参数,CLK 和 D 任何一个发生变化都会启动进程,然后按照 IF 条件判断、执行,得到如图 3.14 所示的仿真结果(高电平触发的 D 触发器);而右侧程序包含 1 个敏感参数,只有当 CLK 发生变化时才会启动进程,然后按照 IF 条件判断、执行,得到如图 3.15 所示的仿真结果(上升沿触发的 D 触发器)。所以,设计时一定要根据具体的设计功能要求,正确选择进程的敏感信号。

前面提到,VHDL 具有结构化、数据流和行为 3 种描述方式,其中使用最为广泛的行为描述方式主要是通过进程语句来实现的,这种描述的特点是无需了解电路底层的内部结构,只需根据电路顶层输入、输出的激励与响应关系进行功能建模和行为描述。一个二十四进制计数器的行为描述如例 3.31 所示。

【例 3.31】　进程语句行为描述示例。

```
library ieee;    --资源库声明
use ieee.std_logic_1164.all;
use ieee.std_logic_arith.all;        --运算程序包调用
ENTITY cnt IS    --cnt 实体描述
PORT(clr,en,clk:in std_logic;        --清除,使能,计数脉冲输入
    qh,ql:out std_logic_vector(3 downto 0);    --高、低位 BCD 码计数输出
    co:out std_logic);      --进位信号输出
END cnt;
ARCHITECTURE behave_cnt OF cnt IS      --构造体
BEGIN
process(clk)      --敏感信号计数脉冲
```

```
variable qh_v,ql_v:integer;          --内部信号(整数类型)
begin
   if clk'event and clk = '1' then       --捕获计数脉冲上升沿
      if clr = '0' then   --清零信号有效
         qh_v:= 0;
         ql_v:= 0;
         co <='0';
      elsif en = '1' then     --使能端 EN = 1,可以计数
         if qh_v = 2 and ql_v = 3 then     --计数到终值 23
            co <='1';     --产生进位
            qh_v:= 0;
            ql_v:= 0;     --初值置为 0
         elsif ql_v = 9 then     --个位到 9
            qh_v:= qh_v + 1;      --十位加 1
            ql_v:= 0;     --个位回 0
         else ql_v:= ql_v + 1;     --个位加 1
            co <='0';     --进位为 0
         end if;
      end if;
   end if;
qh<=conv_std_logic_vector(qh_v,4);      --类型转换,输出信号
ql<=conv_std_logic_vector(ql_v,4);
end process;
end behave_cnt;
```

例 3.31 中,采用行为描述方式,使用进程语句进行了二十四进制加计数器(初值为 0,终值为 23)设计,仿真结果如图 3.16 所示,功能正确。

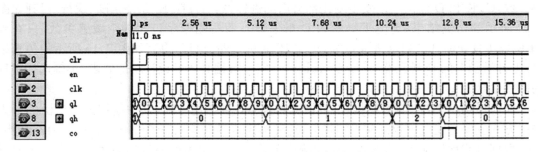

图 3.16   二十四进制计数器仿真图

3.3.3   元件例化语句

元件例化语句具有结构化描述风格,可将资源库中或当前项目中已编译通过的底层单元模块作为顶层设计的一个元件,声明后利用端口映射语句将底层元件与当前设计实体的内部信号或外部端口相连,完成当前项目的顶层设计。元件例化语句由两部分组成,一是元件定义声明,在构造体的元素说明区域进行;二是元件映射例化,在构造体的功能说明区域进行。使用端口映射语句描述底层元件间的连接关系,如图 3.17 所示。

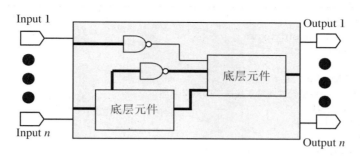

图 3.17   元件例化示意图

元件例化是使 VHDL 设计实体构成自上而下层次化设计的一种重要途径。元件例化由元件定义和元件映射两部分构成,一般格式如下:

```
--元件定义部分(构造体元素说明区)
COMPONENT 元件名 IS
    [GENERIC(类属表)];
    PORT(端口列表);
END COMPONENT 元件名;
--元件映射部分(构造体功能说明区)
例化名 1:元件名 1    PORT MAP(元件端口名 => 连接端口名,…);
…
例化名 n:元件名 n    PORT MAP(元件端口名 => 连接端口名,…);
```

元件例化时,端口映射包括名称关联法和位置关联法两种方式。

(1) 名称关联法

映射时,要求顶层设计实体的端口或信号名称与底层元件的端口名称一一对应,这种方法与位置无关,不易弄错。上述一般格式采用的就是名称关联法。

(2) 位置关联法

映射时,要求顶层设计实体的端口或信号位置与底层元件的端口排列顺序完全一致,这样书写时可以省略底层元件端口名,可将上述格式中的"元件端口名 =>"省略,但要求端口位置排列严格对应,故称为位置关联法。具体设计时,这两种映射方法可以交叉混合使用。

下面举例说明元件例化语句的应用。

【例 3.32】   例化语句示例 1(底层结构如图 3.18 所示)。

```
--底层元件两输入端与非门 ND2 设计
library ieee;
use ieee.std_logic_1164.all;
entity ND2 is
port (A,B:in std_logic;
        C:out std_logic);
end ND2;
architecture ARTND2 of ND2 is
begin
C<=A nand B;
end ARTND2;
-------------------------------------------------------------
--顶层项目 XX 设计
library ieee;
use ieee.std_logic_1164.all;
```

```
entity XX is
    port(A1,B1,C1,D1:in std_logic;
         Z1:out std_logic);
end XX;
architecture arc_AA of XX is
  component ND2     --底层元件两输入端与非门 ND2 声明
  port(a,b:in std_logic;
          c:OUT std_logic);
  end component;
  signal S1,S2:std_logic;     --内部信号 S1、S2 声明
begin
u1:ND2 port map(A1,B1,S1);     --元件例化,位置关联映射
u2:ND2 port map(A => C1,C => S2,B => D1);     --元件例化,名称关联映射
u3:ND2 port map(S1,S2,C => Z1);     --元件例化,混合关联映射
end arc_AA;
```

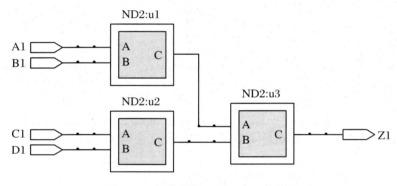

图 3.18　例化语句示例 1 底层结构图

　　例 3.32 中,利用端口映射语句 PORT MAP 将 3 个已编译通过的底层元件 ND2 与当前顶层设计中的外部端口及内部信号进行了映射连接,完成顶层实体设计。其间,元件 u1 的例化采用位置关联法,书写位置顺序与底层元件一一对应;元件 u2 的例化采用名称关联法,底层元件端口名与连接端口名一一对应;元件 u3 的例化采用混合关联映射,结合了两种例化方法。

　　【例 3.33】　例化语句示例 2(8 位二进制全加器底层结构如图 3.19 所示)。

```
library ieee;
USE ieee.std_logic_1164.all;
USE ieee.std_logic_arith.all;
USE ieee.std_logic_unsigned.all;
ENTITY add_8 IS     --顶层设计 8 位全加器 add_8 声明
PORT(A8,B8:IN std_logic_vector(7 downto 0);     --加数输入
    cin0:IN std_logic;     --来自低位的进位输入
    S8:OUT std_logic_vector(7 downto 0);     --和数输出
    cout8:OUT std_logic);     --进位输出
END add_8;
ARCHITECTURE behave_add_8 OF add_8 IS
signal cout_s:std_logic;     --内部进位信号 cout_s 声明
COMPONENT add_arith_4     --底层元件 4 位全加器 add_arith_4 声明
PORT(A,B:IN std_logic_vector(3 downto 0);
    cin:IN std_logic;
```

```
        S:OUT std_logic_vector(3 downto 0);
        cout:OUT std_logic);
END COMPONENT;
Begin
U1:add_arith_4 PORT MAP(A8(3 downto 0),B8(3 downto 0),      --位置关联映射例化
        cin0,S8(3 downto 0),cout_s);
U2:add_arith_4 PORT MAP(A8(7 downto 4),B8(7 downto 4),      --位置关联映射例化
        cout_s,S8(7 downto 4),cout8);
END behave_add_8;
```

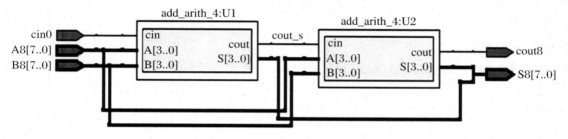

图 3.19　例化语句示例 2 底层结构图

例 3.33 中,利用端口映射语句 PORT MAP 将两个已编译通过的底层元件 add_arith_4 (4 位全加器,如例 3.20 所示)与当前顶层设计中的外部端口及内部信号进行了映射连接,完成了顶层实体(8 位全加器 add_8)的设计。程序中采用位置关联法对元件 U1、U2 进行例化,实现了 8 位二进制全加器的功能,仿真波形如图 3.20 所示。

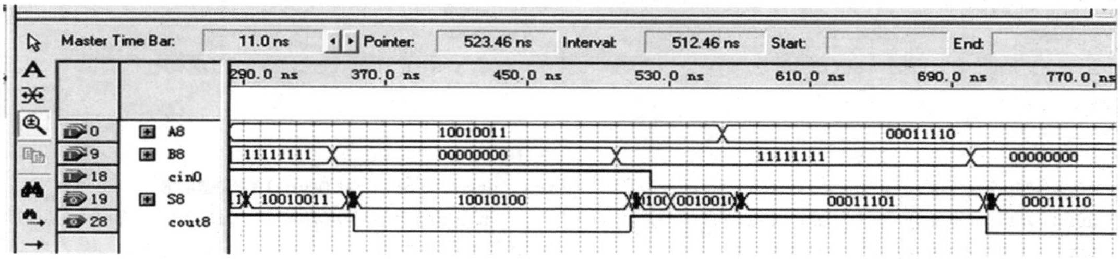

图 3.20　例化语句示例 2 仿真波形图

从图 3.20 中可以看出,当 A8 为 "10010011"、B8 为 "00000000"、cin0 为 '1' 时,全加器的和数为 "10010100",进位 cout8 为 0;当 A8 为 "00011110"、B8 为 "11111111"、cin0 为 '0' 时,全加器的和数为 "00011101",进位 cout8 为 1。其余数值经验证也都满足全加器功能,仿真结果正确。

3.3.4　生成语句

生成语句在设计中常用来复制多个相同的并行元件或设计单元电路结构。一般有以下两种格式。

（1）FOR 生成语句

用于描述多重模式,结构中所列举的是并发处理语句。这些语句并发执行而不是顺序执行,因此结构中不能用 EXIT 和 NEXT 语句,格式如下:

```
标号:FOR 循环变量 IN 取值范围 GENERATE
    <并发处理的生成语句>
    END GENERATE [标号名];
```

（2）IF 生成语句

用于描述结构的例外情况,如边界处发生的特殊情况,格式如下:

```
标号:IF 条件 GENERATE
    <并发处理的生成语句>
    END GENERATE [标号名];
```

生成语句在进行移位寄存器等时序电路设计时非常有用,它可以使元件例化语句得到简化,如例 3.34 所示。

【例 3.34】 生成语句示例(4 位移位寄存器)。

```
--利用元件例化语句
library ieee;
use ieee.std_logic_1164.all;
entity shift_register is
port(a,clk:in std_logic;b:out std_logic);
end shift_register;

architecture four_bit_shift_register of
shift_register is
component dff
port(D1,CLK:in std_logic;Q1:out std_logic);
end component;

signal x:std_logic_vector(0 to 4);
begin

x(0)<=a;
dff1:dff port map(x(0),clk,x(1));
dff2:dff port map(x(1),clk,x(2));
dff3:dff port map(x(2),clk,x(3));
dff4:dff port map(x(3),clk,x(4));
B<=x(4);
end architecture four_bit_shift_register;
```

```
--利用生成语句
library ieee;
use ieee.std_logic_1164.all;
entity shift_register is
port(a,clk:in std_logic;b:out std_logic);
end shift_register;

architecture four_bit_shift_register of
shift_register is
component dff
port(D1,CLK:in std_logic;Q1:out std_logic);
end component;

signal x:std_logic_vector(0 to 4);
begin

x(0)<=a;
register1:for i in 0 to 3 GENERATE
    dff:dff port map(x(i),clk,x(i+1));
end GENERATE;

B<=x(4);
END architecture four_shift_register;
```

例 3.34 分别使用了元件例化语句和生成语句实现了 4 位移位寄存器功能描述,底层元件 dff 参考例 3.15 右侧的 DFF_use_var。可以看出,例 3.34 右侧的生成语句与左侧的元件例化语句相比,代码效率更高;寄存器位数越多,生成语句的优势越显著。

3.4 VHDL 顺序语句

顺序语句与并行语句相比,其特点是程序的执行过程与代码书写顺序相关。这里的顺序是指在仿真意义上具有一定的顺序性,并不意味着这些语句对应的硬件结构也有相同的顺序性。顺序语句只出现在进程和子程序中,换言之,进程内部的语句全部都是顺序语句。

VHDL 中常用的顺序描述语句包括:变量赋值语句(Variable Assignment)、信号赋值语句(Signal Assignment)、IF 语句、CASE 语句、LOOP 语句、NEXT 语句、EXIT 语句、RETURN 语句等。

3.4.1　顺序赋值语句

顺序赋值语句是出现在进程或子程序中的赋值语句,包括信号赋值和变量赋值两种,赋值语句格式如下:

```
信号<=表达式;
变量名:=表达式;
```

信号与变量在赋值行为上是有区别的,信号赋值有延时,而变量的赋值是立即执行的(参见第 3.2.2 节中的介绍)。进程中的信号与变量赋值行为差异见表 3.12。

表 3.12　进程中的信号与变量赋值行为差异

分类	信号	变量
综合功能基本用法	对应于电路中的信号连线,可用于构造体内的信息传递	对应于模块中的存储单元,可用于进程中的内部数据交换
定义适用范围	整个构造体内都能使用	只能在所定义的进程中使用
赋值行为特性	进程结束时信号赋值才生效	立即赋值,立即生效

由于进程中的信号赋值不能立即生效,所以使用不当可能会无结果输出。如例 3.35 所示。

【例 3.35】　进程中的信号与变量赋值示例(4 选 1 电路)。

```
--使用进程中的信号赋值
LIBRARY IEEE;
USE IEEE.STD_LOGIC_1164.ALL;
ENTITY mux4 IS
PORT (I0,I1,I2,I3,a,b:IN STD_LOGIC;
      Q:OUT STD_LOGIC);
END mux4;
ARCHITECTURE body_mux4 OF mux4 IS
signal muxval:integer range 7 downto 0;
BEGIN
process(I0,I1,I2,I3,a,b)
begin
muxval<=0;
if(a='1') then muxval <= muxval + 1;end if;
if(b='1') then muxval <= muxval + 2;end if;
case muxval is
    when 0 =>Q<=I0;
    when 1 =>Q<=I1;
    when 2 =>Q<=I2;
    when 3 =>Q<=I3;
    when others =>Q<='X';
end case;
end process;
end body_mux4;
```

```
--使用进程中的变量赋值
LIBRARY IEEE;
USE IEEE.STD_LOGIC_1164.ALL;
ENTITY mux4 IS
PORT (I0,I1,I2,I3,a,b:IN STD_LOGIC;
      Q:OUT STD_LOGIC);
END mux4;
ARCHITECTURE body_mux4 OF mux4 IS
BEGIN
process(I0,I1,I2,I3,a,b)
variable muxval:integer range 7 downto 0;
begin
muxval:= 0;
if(a='1') then muxval:= muxval + 1;end if;
if(b='1') then muxval:= muxval + 2;end if;
case muxval is
    when 0 =>Q<=I0;
    when 1 =>Q<=I1;
    when 2 =>Q<=I2;
    when 3 =>Q<=I3;
    when others =>Q<='X';
end case;
end process;
end body_mux4;
```

将上述两段 VHDL 程序分别编译后进行仿真,结果如图 3.21 和 3.22 所示。

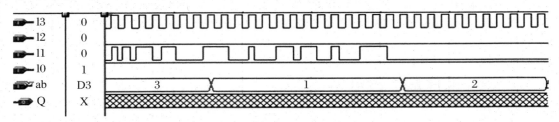

图 3.21 信号赋值时仿真图

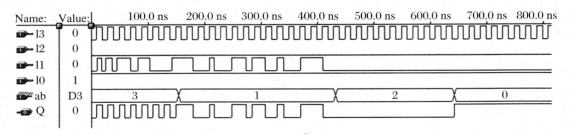

图 3.22 变量赋值时仿真图

通过对比可以看出,使用变量赋值的仿真结果正确(图 3.22),可以实现 4 选 1 电路功能;而使用信号赋值的仿真没有输出结果(图 3.21),无法实现 4 选 1 电路功能。仔细分析不难发现,使用变量赋值方式时,进程内部变量 muxval 赋值后立刻生效,进程内 CASE 语句根据变量 muxval 的值,选择不同的数据赋给输出端 Q,可以得到正确的数据选择输出结果,如图 3.22 所示;而使用信号赋值方式时,由于信号 muxval 赋值后不能立即生效,故接下来的 CASE 语句无法对应执行,所以输出端 Q 无正确结果输出,如图 3.21 所示。

3.4.2 IF 语句

IF 语句是通过对分支条件的判断来进行分支转移控制的,是进程内最常用的语句。一般有以下 3 种形式:

(1) 单分支 IF 语句

如果 IF 的判断条件为真,则执行下面的相关语句;否则,不做任何操作。基本格式如下:

```
IF 布尔条件表达式 THEN
    顺序语句;
END IF;
```

(2) 两分支 IF 语句

如果 IF 的判断条件为真,则执行分支 1 中的顺序语句;否则执行分支 2 中的顺序语句。基本格式如下:

```
IF 布尔条件表达式 THEN
    顺序语句 1；      --分支 1
ELSE
    顺序语句 2；      --分支 2
END IF；
```

（3）多分支 IF 语句

如果第一个条件判断为真，则执行分支 1 中的顺序语句；否则，通过 ELSIF 判断第二个条件是否为真，以此类推，最后执行 ELSE 分支中的顺序语句。基本格式如下：

```
[IF 标号:] IF 布尔条件表达式 1 THEN
          顺序语句 1；      --分支 1
          [ELSIF 布尔条件表达式 2 THEN
          顺序语句 2；]     --分支 2
          …
          [ELSE
          顺序语句 n；]     --分支 n
          END IF [IF 标号];
```

IF 语句按照书写顺序进行条件的有序判断，可实现优先级逻辑控制。IF 语句常常在需要进行条件判断与控制的复杂逻辑电路设计中使用。

【例 3.36】　IF 语句示例（偶数分频电路设计）。

```
--偶数分频电路(计数分频方法)
library ieee;      --库
use ieee.std_logic_1164.all;
use ieee.std_logic_unsigned.all;      --程序包

entity FP_even is      --实体
generic(div_times:integer:= 4    --分频系数);     --类属参数
port(clk_in:in std_logic;      --输入时钟
    clk_out:out std_logic      --分频输出);
end FP_even;

architecture behav of FP_even is      --构造体
constant half:integer:= div_times/2;      --半分频系数 = 分频系数/2
signal cnt:integer:= 0;      --计数寄存器
signal clk_tmp:std_logic:= '0';      --输出暂存寄存器
begin
process(clk_in)
Begin
IF rising_edge(clk_in) then      --条件 1:捕获输入脉冲上升沿
    cnt <=cnt + 1;      --对输入脉冲进行计数
    IF cnt < half - 1 then      --条件 2:当计数值<半分频系数 - 1 时,输出为 0
        clk_out <='0';
    ELSIF cnt < div_times - 1 then      --条件 3:当计数值<分频系数 - 1 时,输出为 1
        clk_out <='1';
    ELSE      --否则,清计数器,输出为 0
        cnt <=0;
        clk_out <='0';
    END IF;
```

```
END IF;
end process;
end behav;
```

例 3.36 使用 IF 语句设计了 4 分频电路（分频系数 div_times＝4），条件 1 为单分支 IF 语句，捕获到输入时钟 clk_in 的上升沿后，对上升沿计数；接着内嵌多分支 IF 语句（条件 2 和条件 3）。当通过条件 2 的 IF 语句判断计数值（cnt）＜半分频系数－1 时，输出为 0；当通过条件 3 的 ELSIF 语句判断计数值（cnt）＜分频系数－1 时，输出为 1；其余情况清零处理。仿真波形如图 3.23 所示，高低电平分别持续半个分频系数（div_times/2＝2）的输入时钟周期。

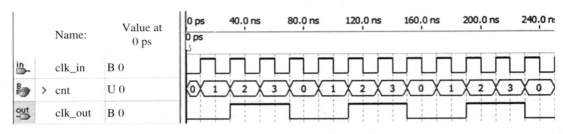

图 3.23　IF 语句示例波形图

3.4.3　CASE 语句

CASE 语句是另一种形式的条件控制语句。通过对分支条件的判断来进行分支转移控制。其基本格式如下：

```
[CASE 标号:] CASE 表达式 IS
        WHEN 表达式之值 1 =>
            顺序语句 1;
        WHEN 表达式之值 2 =>
            顺序语句 2;
            …
        [WHEN OTHERS =>
            顺序语句 n＋1;]
        END CASE[CASE 标号];
```

CASE 语句执行时，将根据表达式的取值进行分支转移，但没有优先级控制功能。CASE 语句使用时需要注意以下几点：

① CASE 语句表达式的取值要求全部枚举，当取值范围太大、不便或不可能全部列写出来时，可在最后加上 WHEN OTHERS 语句来替代，这点与选择信号赋值语句类似；

② CASE 语句中表达式值的列写可以是任意无序的，这点与 IF 语句不同，IF 语句中判断次序的颠倒可能会使逻辑关系发生变化，但 WHEN OTHERS 须置最后；

③ 一般情况下，能用 CASE 语句描述的功能均可用 IF 语句替代，反之则不然，如优先编码器只能用 IF 语句来描述，另外，相同的逻辑功能用 CASE 语句描述时将比 IF 语句占用更多的芯片资源；

④ CASE 语句表达式的取值可以是一个值，也可以是多个值，可用"|"相连，也可用 TO

或 DOWNTO 约束一个范围。

【例 3.37】　CASE 语句取值范围示例。

```
variable x:integer range 0 to 20;
CASE x IS
WHEN 1 TO 9 =>Y<=A;
WHEN 10|15 =>Y<=B;
WHEN OTHERS =>Y<=C;
```

例 3.37 中,当 x 的取值为 1～9 时,A 值赋给 Y;当 x 的取值是 10 或 15 时,B 值赋给 Y;其余情况下,C 值赋给 Y。

使用 CASE 语句进行查找表功能设计非常方便,如例 3.38 所示。

【例 3.38】　CASE 语句查找表设计示例(4-7 段共阴译码器设计)。共阴数码管如图 3.24 所示。

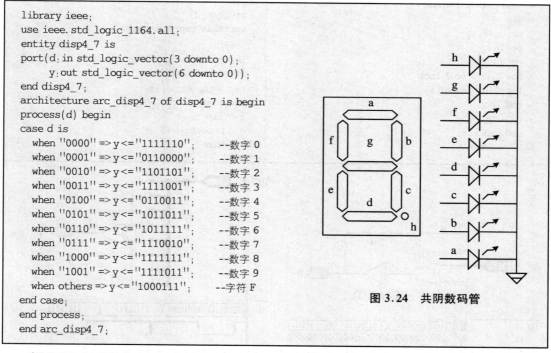

```
library ieee;
use ieee.std_logic_1164.all;
entity disp4_7 is
port(d:in std_logic_vector(3 downto 0);
     y:out std_logic_vector(6 downto 0));
end disp4_7;
architecture arc_disp4_7 of disp4_7 is begin
process(d) begin
case d is
   when "0000" => y<="1111110";    --数字 0
   when "0001" => y<="0110000";    --数字 1
   when "0010" => y<="1101101";    --数字 2
   when "0011" => y<="1111001";    --数字 3
   when "0100" => y<="0110011";    --数字 4
   when "0101" => y<="1011011";    --数字 5
   when "0110" => y<="1011111";    --数字 6
   when "0111" => y<="1110010";    --数字 7
   when "1000" => y<="1111111";    --数字 8
   when "1001" => y<="1111011";    --数字 9
   when others => y<="1000111";    --字符 F
end case;
end process;
end arc_disp4_7;
```

图 3.24　共阴数码管

例 3.38 中,通过 CASE 语句用 4-7 段译码驱动共阴数码管。程序执行时,根据 4 位 BCD 码输入值,通过查表的方式选择输出相应的 7 段码(按 a～g 排序)。例如,当输入的 BCD 码为 "0100" 时,查表输出对应的 7 段码为 "0110011",按 a～g 排序,与如图 3.24 所示的共阴数码管连接后,将会显示十进制数 4,余者类推。输入其余数值,作出错处理,显示 F。

3.4.4　LOOP 语句

LOOP 语句的功能是循环执行一条或多条顺序语句,主要有两种基本形式:

(1) FOR 循环形式

FOR 循环是限定周期次数的循环方式,其循环变量不用显式声明,每次循环后将自动更新循环次数,并判断是否符合指定的取值范围。其基本格式如下:

```
FOR <循环变量> IN <范围> LOOP
    顺序语句段
END LOOP;
```

当循环语句中存在迭代赋值运算时,不能使用信号赋值。如例 3.39 所示。

【例 3.39】 FOR 循环示例(图 3.25 和图 3.26)(奇校验功能)。

```
--FOR 循环语句中的信号迭代赋值(不可完成奇校验)
LIBRARY ieee;
USE ieee.std_logic_1164.all;
ENTITY p_check_8 IS
  PORT(d:IN std_logic_vector(7 downto 0);
       q:OUT std_logic);
END p_check_8;
ARCHITECTURE behave OF p_check_8 IS
signal tmp:std_logic;
begin
  process(d)
  begin
  tmp<='0';
  for i in 0 to 7 loop
  tmp <=tmp xor d(i);
  end loop;
  q<=tmp;
  end process;
END behave;
```

```
--FOR 循环语句中的变量迭代赋值(可完成奇校验)
LIBRARY ieee;
USE ieee.std_logic_1164.all;
ENTITY p_check_8 IS
  PORT(d:IN std_logic_vector(7 downto 0);
       q:OUT std_logic);
END p_check_8;
ARCHITECTURE behave OF p_check_8 IS
begin
  process(d)
  variable tmp:std_logic;
  begin
  tmp:= '0';
  for i in 0 to 7 loop
  tmp:= tmp xor d(i);
  end loop;
  q<=tmp;
  end process;
END behave;
```

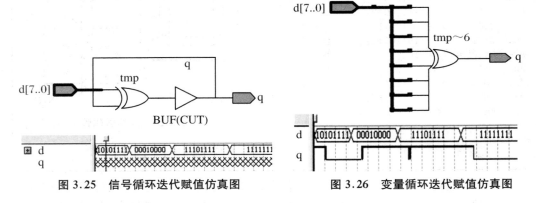

图 3.25　信号循环迭代赋值仿真图　　　　图 3.26　变量循环迭代赋值仿真图

例 3.39 中,右侧程序定义了 1 个内部变量 tmp,通过 8 次循环迭代运算,完成对 8 个输入端上"1"数量的奇偶性检测,实现了奇校验功能,仿真结果正确;而左侧程序设计思路与右侧一样,但由于定义了 1 个内部信号 tmp 参与循环迭代运算,仿真没有结果,这是因为进程中的信号赋值必须在进程结束时才能生效。

(2) WHILE 循环形式

基本格式如下:

```
标号:WHILE <条件表达式> LOOP
    顺序语句段
    END LOOP 标号;
```

　　WHILE 循环形式的 LOOP 语句中,没有给出循环次数的范围,而是给出了循环执行顺序语句的条件。循环控制条件为布尔表达式,当条件为真时,进行循环,如果条件为假,则结束循环。其没有自动递增循环变量的功能,可以在顺序处理语句中增加一条循环次数计算语句,用于循环语句的控制,如例 3.40 所示。

【例 3.40】 WHILE 循环示例(使用变量迭代赋值)。

```
--WHILE 循环语句中的变量迭代赋值
ARCHITECTURE behave OF p_check_8 IS
begin
    process(d)
    variable tmp:std_logic;
    variable i:integer;       --循环变量
    begin
        tmp:= '0';
        i:= 0;
        while (i < 8) loop
            tmp:= tmp xor d(i);
            i:= i + 1;        --循环变量加 1
        end loop;
        y <= tmp;
    end process;
end behave;
```

3.4.5　NEXT 语句

　　NEXT 语句主要用在 LOOP 语句中进行有条件或无条件的转向控制。需要注意的是,一般来说这种情况下循环标号不可省略。NEXT 语句基本格式有以下 3 种:

　　(1) NEXT

　　当 LOOP 内的顺序语句执行到 NEXT 语句时,将无条件终止当前循环,并跳回本次循环的开始处,进行下一次循环。

　　(2) NEXT LOOP 标号

　　在 NEXT 旁边加 LOOP 标号后的语句功能与未加 LOOP 标号的功能相同,只是有多重 LOOP 语句嵌套时,前者可跳转到指定标号的 LOOP 语句处重新开始执行循环操作。

　　(3) NEXT LOOP 标号 WHEN 条件表达式

　　分句"WHEN 条件表达式"是执行语句的条件,如果条件表达式的值为真,则执行 NEXT 语句跳转到 LOOP 标号操作(无 LOOP 标号则直接跳出循环);否则,继续向下执行。

【例 3.41】 NEXT 循环形式示例。

```
WHILE data > 1 LOOP
    data:= data + 1;
NEXT WHEN
    data = 3      --条件成立且无 LOOP 标号,直接跳出循环
    data:= data * data;
END LOOP;
```

3.4.6　EXIT 语句

EXIT 语句也是用来控制 LOOP 的内部循环的,与 NEXT 语句不同的是,EXIT 语句跳向 LOOP 终点,结束 LOOP 语句;而 NEXT 语句是跳向 LOOP 语句的起始点,结束本次循环,开始下一次循环。

EXIT 语句有以下 3 种格式:

```
EXIT      --第一种
EXIT LOOP 标号      --第二种
EXIT LOOP 标号 WHEN 条件表达式      --第三种
```

当 EXIT 语句含有标号时,表明立即从循环标号指明的循环体中退出;

当 EXIT 语句含[WHEN 条件语句]时,如果条件为真,跳出循环标号指定的循环体,如果条件为假,则继续执行 LOOP 循环;

当 EXIT 语句不含标号和条件时,表明无条件退出 EXIT 所在的循环体。

【例 3.42】　EXIT 语句示例。

```
--2 位二进制比较器
SIGNAL a,b:STD_LOGIC_VECTOR (1 DOWNTO 0);
SIGNAL a_less_then_b:Boolean;      --a 小于 b 的标志位
...
a_less_then_b<=FALSE;   --标志位初始为假
FOR i IN 1 DOWNTO 0 LOOP      --从高位开始比较
  IF (a(i) = '1' AND b(i) = '0') THEN
    a_less_then_b<=FALSE;      --标志位为假
    EXIT;      --比较结束,跳出循环
  ELSIF (a(i) = '0' AND b(i) = '1') THEN
    a_less_then_b<=TRUE;      --标志位为真
    EXIT;      --比较结束,跳出循环
  ELSE NULL;
  END IF;
END LOOP;
```

3.4.7　RETURN 语句

RETURN 语句用在一段子程序中返回,子程序包括过程和函数,一般情况下,有两种书写格式,分别如下:

```
RETURN;      --只能用于过程返回,不返回任何值
RETURN 表达式;      --只能用于函数返回,且必须有返回值
```

【例 3.43】　过程中的 RETURN 语句。

```
PROCEDURE rs (SIGNAL set,reset:IN STD_LOGIC;
            SIGNAL q,qb:INOUT STD_LOGIC) IS
BEGIN
  IF (set = '0' AND reset = '0') THEN
   REPORT ''Forbidden state:set and reset are equal to '0''';
```

```
RETURN ;
    ELSE
    q<=NOT(set AND qb);
    qb<=NOT(reset AND q);
    END IF;
END PROCEDURE rs;
```

例 3.43 展示了过程中 RETURN 语句的使用,实现前述图 3.5 和表 3.3 描述的基本 RS 触发器的功能。当 set 和 reset 都等于 0 时,用 REPORT 函数打印出禁止状态的提示信息,然后用 RETURN 直接返回,不带返回值。

【例 3.44】　函数中的 RETURN 语句。

```
FUNCTION opt (a,b,sel:STD_LOGIC) RETURN STD_LOGIC IS
    BEGIN
    IF (sel = '1') THEN RETURN (a AND b);
        ELSE RETURN (a OR b);
    END IF;
END FUNCTION opt;
```

例 3.44 展示了函数中 RETURN 语句的使用,当 sel 等于 1 时,用 RETURN 语句返回 a 与 b 值;否则返回 a 或 b 值。

章 末 小 结

本章主要介绍了硬件描述语言 VHDL 的基本语法,包含 VHDL 程序结构、语法要素以及常用语句。一个完整的 VHDL 程序由库、程序包、实体、构造体及配置等单元组成,实体和构造体是不可或缺的两大部分。VHDL 标识符、数据对象(常量、变量和信号)、数据类型、运算操作符及关键字构成 VHDL 重要的语法要素。VHDL 语句分为并行语句和顺序语句两大类。常用的并行语句包括信号赋值语句、进程语句、元件例化语句、生成语句。顺序语句只出现在进程、过程和函数中,包括顺序赋值语句、IF 语句、CASE 语句、LOOP 语句、NEXT 语句、EXIT 语句和 RETURN 语句等。为方便读者理解与学习,本章针对各种语法现象均给出了示例及说明。

通过本章的学习,读者可基本掌握 VHDL 的程序结构、语法要素及各种 VHDL 语句的基本格式与编程方法,为后续章节的实战练习打下基础。

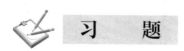 习 题

1. VHDL 程序由哪几个部分组成? 试画出其结构示意图。
2. 什么是设计实体? 其作用是什么?

3. 设计实体有哪几种端口模式?端口说明语句的一般格式是怎样的?

4. 什么是设计构造体?请简述其功能与结构组成。

5. 设计实体中的库有哪几类?其作用是什么?如何调用库资源?

6. 设计一个双 4 选 1 或四 2 选 1 的多路选择器(共用选择信号)。

7. 正确编写 VHDL 程序需要注意哪几大要素?

8. VHDL 中标识符的书写规则是什么?其作用是什么?

9. VHDL 包括哪几种数据对象?其赋值语句的一般格式是什么?

10. VHDL 中常用的数据类型有哪几种?分别被定义在哪几个程序包中?

11. VHDL 支持哪几种运算操作?哪一种运算优先级最高?

12. 常用的 VHDL 关键字及 EDA 术语有哪些?请解释其含义。

13. VHDL 的常用语句有哪些?各有什么特点?

14. VHDL 常用的并行语句有哪几种?

15. 简单信号、条件信号、选择信号赋值语句的一般格式是什么?

16. 进程语句由哪几个部分组成?其一般格式是什么?

17. 元件例化是什么描述风格?由哪几个部分组成?

18. 元件例化语句的端口映射有哪两种方式?其一般格式是什么?

19. 应用 VHDL 设计四十二进制减计数器。

20. VHDL 常用的顺序语句有哪几种?

21. IF 语句、CASE 语句在构造体中的位置是什么?其一般格式是什么?

22. LOOP 语句支持哪两种重复模式?其一般格式是什么?

23. NEXT 语句、EXIT 语句的作用是什么?其一般格式是什么?

24. 根据 VHDL 语法规则和语法要素,应用 VHDL 顺序描述语句设计:

① 带使能控制的 3-8 译码器;

② 驱动共阳数码管的 4-7 译码器;

③ 8 位并行数据中 "0" 个数检测电路;

④ 二十四进制计数器、24 分频电路;

⑤ 七人表决器。

25. 阅读下面的 VHDL 源程序,修改其中的语法错误并分析其功能。

```
--library ieee
--use ieee.std_logic_1164.all;
entity 3_8ymq is
port(a,b,c,g1,g2,g3:in std_logic;
      y:out std_logic_vector(7 downto 0);
end 3_8ymq;
architecture rtl of 3_8 ymq is
signal cba:std_logic_vector(2 to 0);
begin
cba:= c&b&a;
process(cba,g1,g2,g3)
begin
if(g1 = '1' and g2 = '0' and g3 = '0') then
case cba is
when '000' => y<="11111110";
when '001' => y<="11111101";
```

```
when '010'' => y <= ''11111011'';
when '011'' => y <= ''11110111'';
when '100'' => y <= ''11101111'';
when '101'' => y <= ''11011111'';
when '110'' => y <= ''10111111'';
when '111'' => y <= ''01111111'';
when others' => y <= ''xxx'';
end case;
else
y <= ''11111''
end if;
end process;
end;
```

第 4 章　硬件描述语言 Verilog 基本语法

Verilog HDL 是一种常用的电路设计高级语言。它可以从系统级、算法级、RTL 级（寄存器传输级）、门级和开关级等抽象层次自顶向下地进行数字电路的设计、仿真和验证等工作。

1983 年，Verilog HDL 由 GDA 公司首次提出并为其模拟器产品开发硬件建模语言。

1989 年，GDA 公司被 Cadence 公司收购，因此 Verilog HDL 的版权属于 Cadence 公司。

1990 年，Cadence 公司公开了 Verilog HDL，将 Verilog HDL 的全部权利交给了 OVI（Open Verilog International）组织，由该组织负责促进 Verilog HDL 的发展。

1995 年，IEEE 制定了 Verilog HDL 的 IEEE 标准，即 Verilog IEEE 1364-1995。

2001 年，IEEE 制定了 Verilog IEEE 1364-2001 标准，并公开发表。该版本在 1995 版的基础上增加了部分功能。这使 Verilog HDL 在综合、仿真验证和模块重用等方面有大幅提高。目前，Verilog HDL 在数字集成电路设计中主要采用的就是这两个标准所规定的程序语法和设计规范。

4.1　Verilog 程序结构

模块是 Verilog HDL 程序的基本设计单元。每个模块都描述了特定的电路功能和它的外部端口。每个硬件数字电路设计都是由很多模块层次嵌套组合而成的。

Verilog HDL 的模块包含开始与结束，输入、输出端口说明，数据类型说明，逻辑功能描述等部分。程序模板如图 4.1 所示。

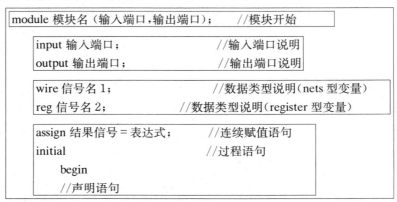

图 4.1　HDL 程序模板

```
        end
always@（敏感触发事件）                //过程语句
    begin
    //声明语句
    end
    模块名 实例化元件名（端口列表）；      //模块实例化
endmodule                              //模块结束
```

图 4.1　HDL 程序模板(续)

1．模块的开始与结束

模块都以关键词 module 开始，以关键词 endmodule 结束。其中，模块的开始语句末尾用分号隔开，且模块的开始包含模块的名称和端口列表。模块的名称是模块的唯一标识符，端口列表包含输入端口列表、输出端口列表和双向端口列表。

模块开始的举例如下：

```
module name(a,b,c);
```

2．输入、输出端口说明

端口说明是指对端口列表中的变量进行说明，其形式如下：

```
input [n-1:0] a;       //定义了一个位宽为 n 的输入端口 a
output [n-1:0] b;      //定义了一个位宽为 n 的输出端口 b
inout [n-1:0] c;       //定义了一个位宽为 n 的双向端口 c
```

[n-1:0]表示数据的位宽为 n。当数据位宽为 1 时，[n-1:0]可以省略，其形式如下：

```
input a;      //定义了一个位宽为 1 的输入端口
```

端口的说明也可以直接写在模块开始的语句中，例如：

```
module ex(input a,output b,inout c);
```

3．数据类型说明

信号的数据类型有常量和变量。常量有整数型常量和参数型常量。变量的数据类型有连线(Nets)型、寄存器(Register)型和存储器(Memory)型。连线型变量有 wire 型、tri(三态线)型等，寄存器型变量有 reg 型、integer 型。通常模块中 input 的数据类型默认为 wire 型，而 output 的数据类型可能是 wire 型也可能是 reg 型。当输出是通过连续赋值语句 assign 赋值时，须定义为 wire 型，当输出在 always 或 initial 语句中被赋值时，须定义为 reg 型。对于 inout 端口，一般定义为 tri 型，表示有多个驱动源。

4．逻辑功能描述

逻辑功能是模块中最重要的部分，它主要描述各输入变量、输出变量和中间变量之间的逻辑关系。主要的逻辑功能包含组合逻辑、时序逻辑，一般使用连续赋值语句 assign 来描述组合逻辑，而时序逻辑一般通过 always 语句来描述。描述逻辑功能的语句还有 initial 语句、子模块的实例化、任务(Task)和函数(Function)等。

我们可以通过下面的例子来理解 Verilog 的程序结构。

【例 4.1】 通过组合逻辑和时序逻辑实现 4 位与逻辑。

```
module and4(a,b,c,d,clk);
  input [3:0]a,b;
  input clk;
  output[3:0] c,d;
  reg [3:0]d;
  assign c = a&b;
  always@(posedge clk)
    begin
        d<=a&b;
    end
endmodule
```

其中,"module and4(a,b,c,d,clk);"标志着模块的开始,"endmodule"标志着模块的结束。"input [3:0]a,b;""input clk;""output[3:0] c,d;"为输入、输出端口说明。"reg [3:0] d;"为数据类型说明,由于输出端 c 是在 assign 连续赋值语句中赋值的,默认为 wire 型变量,因此 c 的类型说明可以省略,而 d 是在 always 语句中赋值的,因此必须声明其为 reg 型变量。"assign c = a&b;"通过组合电路连续赋值语句实现输入端 a 和 b 之间的 4 位与逻辑;"always@(posedge clk) begin d<=a&b;end"通过时序电路 always 语句实现输入端 a 和 b 之间的 4 位与逻辑。

4.2 Verilog 语法要素

Verilog HDL 语法要素与 C 语言类似,由符号、数据类型、运算符和表达式构成。

4.2.1 空白符和注释符

空白符包括空格符(\b)、制表符(\t)、换行符和换页符,其作用主要是使设计的代码阅读起来结构清晰明朗,在编译和综合时均被忽略。

空白符使用实例:

```
语句一:reg A,B;initial begin A = 2'b11;B = 2'b01;end
语句二:
reg A,B;
initial
    begin
        A = 2'b11;
        B = 2'b01;
    end
```

对比语句一和语句二,可以发现语句二更容易阅读。

为了方便代码的阅读和理解,Verilog HDL 中还允许插入注释符,通过注释符标明代码的功能、版本等信息以增强代码的可读性。注释符可分为以下两种形式:

① 单行注释符是以"//"开始,一直到行尾结束,在"//"之后的内容都是注释内容,在编

译和综合时忽略这部分内容；

　　② 多行注释符是以"/ ＊"开始,以" ＊ /"结束,在"/ ＊"和" ＊ /"之间的内容为注释内容,在编译和综合时忽略这部分内容。多行注释不允许嵌套使用。

　　单行注释举例：

```
assign A = B|C;    //单行注释内容
```

　　多行注释举例：

```
assign A = B|C;    / ＊ 多行注释内容 1
                   多行注释内容 2 ＊ /
```

4.2.2　标识符与转义标识符

　　Verilog HDL 中标识符(Identifier)可用来为模块、端口及内部信号、变量、常量等参数命名,由英文字母、数字、$ 符号和下划线组成。在 Verilog HDL 中,标识符需区分大小写,且第一个字符必须以英文字母或者下划线开始。对于模块或信号的命名最好能体现模块的功能或信号的含义,满足简洁、清晰、易懂的特征。对于普通内部信号的命名建议全部用小写。

　　书写规则：

　　① 标识符中的首字母必须是英文字母或者下划线；

　　② 标识符中的末尾字母可以是下划线；

　　③ 标识符中需区分字母、数字的大小写；

　　④ 标识符中不允许包含图形符号、空格符；

　　⑥ Verilog HDL 的保留字(关键字)不能作为标识符,如 always、initial、parameter、case、if、else、and、not 等。

　　合法标识符举例如下：

```
_decoder_1、always_、_ig_N_8、State $、Four_if
```

　　非法标识符举例如下：

```
20_Decoder    //起始字符不允许为数字
Sig_ ＃ N,CLR/R ＊ ST      //符号"＃""","""/"" ＊ "不能成为标识符的构成
A ＋ B － C    //标识符中不能有" ＋ "" － "
initial       //标识符不能为关键字
```

　　在 Verilog HDL 中,为了能够使用标识符集合之外的字符和符号,定义了转义标识符(Escaped Identifier)。转义标识符中可以包含任何可以打印的字符。转义标识符以"\"符号开始,以空白符结尾。

　　合法转义标识符举例如下：

```
\20_Decoder、\Sig_ ＃ N、\CLR/R ＊ ST、\A ＋ B － C
```

4.2.3　关键字

Verilog HDL 语法内部保留下来用于端口定义、数据类型定义和赋值标识等特殊的标识符称为关键字。这些关键字必须由小写字母构成,如 module、input、output、wire、reg 等,而 Reg 与 reg 的区别是只有字母 r 变成大写,但 Reg 不具有关键字的功能。表 4.1 为 Verilog HDL 中常见的关键字。

表 4.1　Verilog HDL 中的常见关键字

always	and	assign	begin	buf
bufif0	bufif1	ase	casex	casez
cmos	deassign	default	defparam	disable
edge	else	end	encase	endfunction
endmodule	endprimitive	endspecify	endtable	endtask
event	for	force	forever	fork
function	highz0	highz1	if	ifnone
initial	inout	input	integer	jion
large	macromodule	medium	module	nand
negedge	nor	not	notif0	notif1
nmos	or	output	parameter	pmos
posedge	primitive	pulldown	pullup	pull0
pull1	rcoms	real	realtime	reg
release	repeat	rnmos	rpmos	rtran
rtranif0	rtranif1	scalared	small	specify
specparam	strentgh	strong0	strong1	supply1
table	task	time	tran	tranif0
tranif1	tri	tri0	tri1	triand
trior	trireg	unsigned	vectored	wait
wand	weak0	weak1	while	wire
wor	xnor	xor		

4.2.4　常量

在 Verilog HDL 中的常量是指在程序运行中数值不可以被改变的量。下面将介绍几种常用的常量:

1. 逻辑值

在 Verilog HDL 中有 4 种基本逻辑状态,用 0、1、x 和 z 表达电路中传递的逻辑值,其中 x 和 z 不区分大小写,即 x 和 X 相同,z 和 Z 相同。其逻辑值和含义见表 4.2。

表 4.2　4 个电平逻辑值

状态	含义
0	低电平、逻辑假,对应电路中的 GND
1	高电平、逻辑真,对应电路中的 VCC
x 或 X	表示未知态,不确定其逻辑值,既可能是高电平,也可能是低电平
z 或 Z	高阻态,即外部没有激励信号,为信号悬空的状态

2. 数字

在 Verilog HDL 中有整型常量、实数和字符串,其中整型常量有 4 种进制形式,包括二进制(B 或 b)、八进制(O 或 o)、十进制(D 或 d)和十六进制(H 或 h)。

整型常量的表示格式:<位宽>'<进制><数字>。

其中,"位宽"指的是转换成二进制数时,二进制数的宽度;"'"是基数表示的固有字符,不可以省略;"进制"指的是基数符号,如 B、O、D 和 H;"数字"指的是可以使用的数字字符集,具体见表 4.3。

表 4.3　不同进制的基数符号和数字字符集

进制	基数符号	数字字符集
二进制	B 或 b	0、1、x、z、?、_
八进制	O 或 o	0~7、x、z、?、_
十进制	D 或 d	0~9、_
十六进制	H 或 h	0~9、a~f、x、z、?、_

整数的表示具体如下:

```
8'b10010001      //位宽为 8 的二进制数 10010001
9'o741      //位宽为 9 的八进制数 741
4'd7      //位宽为 4 的十进制数 7
16'h6a9f      //位宽为 16 的十六进制数 6a9f
```

使用整数时应该注意:

① 当数字较长时,可以用下划线符号"_"来对数字进行分隔,从而增加数值的可读性,如 16'b1110_1010_1010_1000,需要注意的是下划线本身没有意义,并且不能作为首字符,如 8'b_1010_1000 为非法格式;

② 如果数字未说明位宽但已说明进制,则数据的位宽为其对应值对应的二进制数的位宽,如 'hac 表示 8 位十六进制数,'o63 表示 6 位八进制数;

③ 如果数字位宽比实际数字位宽大,则在数字左边补 0,如 8'b1000 = 8'b0000_1000;

④ 如果数字未说明位宽和进制,则其位宽默认为 32 位,进制为十进制,如 1 = 32'd1 = 32'b1,15 = 32'hf = 32'd15 = 32'b1111;

⑤ 在数字中出现"?",其含义与"Z"相同,表示高阻值。如果最左边一位为 x 或 z,则在其左边相应地用 x 或 z 补齐,如 8'dz = 8'd? = 8'bzzzz_zzzz。

3. 参数

在 Verilog HDL 中,可用 parameter 来定义一个标识符,使其代表一个常量。采用这种定义参数的方法可以提高程序的可读性和可维护性。参数常量一般用于定义延迟时间和变量的位宽。

格式 1:

```
parameter 参数名 1 = 表达式 1;
parameter 参数名 2 = 表达式 2;
...
parameter 参数名 n = 表达式 n;
```

格式 2:

```
parameter 参数名 1 = 表达式 1,参数名 2 = 表达式 2,…,参数名 n = 表达式 n;
```

在右边的表达式必须是常数表达式,因此该表达式中只能包含数字或已经定义好的参数。如下例:

```
parameter size = 8;
parameter PI = 3.14,a = 10;
parameter c = 5,d = 7,s = a + b;
```

在 Verilog HDL 中,参数的修改方式除了在参数定义的模块中修改外,还可以通过参数传递的方式修改已定义的参数。利用参数传递的方式修改参数有两种形式。

第一种形式:在实例化模块的同时修改参数。

```
module AND(a,b,c);
  parameter length = 8,weight = 32;
...
endmodule

module TOP_tb;
...
  AND #(16,18) U1(a1,b1,c1);
  AND #(12) U2(a2,b2,c2);
endmodule
```

在上例中,AND 模块定义了 length 和 weight 两个常量,分别为 8 和 32。在 TOP_tb 模块中例化了 AND 模块,在实例 U1 中,实际引用的参数 length 和 weight 分别为 16 和 18。在实例 U2 中,实际引用的参数 length 和 weight 分别为 12 和 32。

第二种形式:通过 defparam 命令,在顶层模块中修改任意子模块中的参数。可以通过这种方法将布线工具生成的延迟参数文件反标注到门级 Verilog 网表上。

```
module OR(a,b,c);
  parameter length = 5,weight = 7;
...
endmodule

module OR_1(d,e,f);
...
  parameter size = 5;
  OR U1(a2,b2,c2);
  OR U2(a3,b3,c3);
endmodule
```

```
module TOP_tb;
...
defparam  U1.size = 7,      //对 OR_1 的实例化模块 U1 中的 size 参数值进行修改
          U1.U1.length = 10,    /* 对 OR_1 的实例化模块 U1 中 OR 的实例化模块 U1 中的 length 参数
                                值进行修改 */
          U1.U2.length = 8,     /* 对 OR_1 的实例化模块 U1 中 OR 的实例化模块 U2 中的 length 参数值
                                进行修改 */
          U1.U2.weight = 9;     /* 对 OR_1 的实例化模块 U1 中 OR 的实例化模块 U2 中的 weight 参数值
                                进行修改 */
          OR_1 U1(a3,b3,c3);
endmodule
```

4.2.5　变量

在 Verilog HDL 中,变量是在程序运行中数值可以被改变的量。下面将介绍几种常见的变量:

1. wire 型和 tri 型

wire 型和 tri 型变量表示的是模块或门之间的物理连接,也叫作网络数据类型变量。这种变量不能存储值,且必须受到驱动器的驱动。在没有驱动的情况下默认为高阻状态,即它们的值为 Z。因此,wire 型和 tri 型变量一般与连续赋值语句 assign 一起使用。wire 型和 tri 型变量的语法格式和功能都相同,但 wire 型变量通常用来表示单个门驱动或连续赋值语句 assign 驱动的网络型数据,而 tri 型变量则通常用来表示多驱动的网络型数据。当用两个驱动强度相同的驱动源来驱动 wire 型或 tri 型变量时,输出结果见表 4.4。

表 4.4　wire、tri 的真值表

wire、tri	0	1	x	z
0	0	x	x	0
1	x	1	x	1
x	x	x	x	x
z	0	1	x	z

wire 型变量的定义格式如下:

```
wire[n-1:0] 变量名 1,变量名 2,…,变量名 i;     //表示有 i 个 wire 型变量,它们的位宽为 n
```

wire 型变量示例:

```
wire A;     //定义了一个位宽为 1 的 wire 型数据 A
wire[3:0] B;    //定义了一个位宽为 4 的 wire 型数据 B
wire[7:0] C,D;    //定义了两个位宽为 8 的 wire 型数据 C 和 D
```

2. reg 型

寄存器是数据存储单元的抽象化,reg 型变量是最常用的寄存器数据类型。reg 型变量对应于具有状态保持作用且能够存储数据的硬件电路元件,如锁存器、触发器等。reg 型变量的默认初始值为不定值 x。

reg 型变量通常表示在 always 模块内使用的变量。因此,在 always 模块内赋值的变量必须定义为 reg 型。

reg 型变量的定义格式如下:

```
reg [n-1:0] 变量名 1,变量名 2,…,变量名 i;    //表示有 i 个 reg 型变量,它们的位宽为 n
```

reg 型变量示例:

```
reg a;      //定义了一个位宽为 1 的 reg 型数据 a
reg [3:0] b;      //定义了一个位宽为 4 的 reg 型数据 b
reg [7:0] c,d;      //定义了两个位宽为 8 的 reg 型数据 c 和 d
```

3. memory 型

memory 型数据是指由 reg 型数据建立的数组阵列,即通过扩展 reg 型数据的地址范围来实现 memory 型数据。memory 型变量可以描述 RAM 型存储器、ROM 型存储器和 reg 文件。

memory 型变量的定义格式如下:

```
reg [n-1:0] 存储器变量名 [m-1:0];      //表示一个有 n 位寄存器的存储器,地址范围是 0~m-1
```

memory 型变量示例:

```
reg [15:0] mema [63:0];    //定义一个有 16 位寄存器的存储器 mema,地址范围是 0~64
reg [7:0] memb [255:0],rega,regb;      /* 定义一个有 8 位寄存器的存储器,地址范围是 0~255。同时
                                          还定义了两个 8 位的寄存器 rega 和 regb */
```

4.2.6 运算符

在 Verilog HDL 中,运算符都可以综合成数字电路中的逻辑电路。Verilog HDL 中常见的运算符和优先级见表 4.5。

表 4.5   Verilog HDL 中常见的运算符和优先级

类别	运算符	功能	优先级
逻辑、位运算符	!、~	反逻辑、位反相	高
算术运算符	*、/、%	乘、除、取模	
	+、-	加、减	
移位运算符	≪、≫	左移、右移	
关系运算符	<、<=、>、>=	小于、小于等于、大于、大于等于	
等式运算符	==、!=、===、!==	等、不等、全等、非全等	
缩减、位运算符	&、~&	按位与、按位与非	
	^、^~	按位异或、按位同或	
	|、~|	按位或、按位或非	
逻辑运算符	&&	逻辑与	
	||	逻辑或	低
条件运算符	?:	等同于 if-else	

在 Verilog HDL 中,根据运算符操作数的不同,还可以分为单目运算符、双目运算符和三目运算符。

① 单目运算符只有 1 个操作数,操作数置于运算符的右边;

② 双目运算符有 2 个操作数,操作数置于运算符的两边;

③ 三目运算符有 3 个操作数,操作数用三目运算符分隔开。

下面将介绍几种常用的运算符。

1. 算数运算符

在 Verilog HDL 中,算数运算符又称二进制运算符,它包含 2 个操作数,因此属于双目运算符。算数运算符包含加法(+)、减法(−)、乘法(*)、除法(/)、取模(%)。

在使用算数运算符时,应注意:

① 算术表达式结果的长度由最长的操作数决定,在赋值语句下,算术操作结果的长度由操作左端的目标长度决定;

② 在进行除法运算时,计算结果只取整数,需要略去小数部分。在进行取模运算时,结果的符号位与取模运算中的第一个操作数相同。

算数运算符程序示例:

```
module examp_tb;
reg[3:0]a;
reg[2:0]b;
initial begin
    a = 4'b1110;      //14
    b = 3'b011;       //3
    $ display("%b",a * b);      //结果为 4'b1010,取 42 的二进制数(101010)的低 4 位
    $ display("%b",a/b);     //结果为 4'b0100
    $ display("%b",a + b);     //结果为 4'b0001
    $ display("%b",a − b);     //结果为 4'b1011
    $ display("%b",a % b);     //结果为 4'b0010
    end
endmodule
```

2. 相等关系运算符

在 Verilog HDL 中,相等关系运算符包含 2 个操作数,因此它们属于双目运算符。相等关系运算符包含等于(= =)、不等于(! =)、全等(= = =)、非全等(! = =)4 个运算符。它们比较的结果有 3 种,即真(1)、假(0)和未知态(x)。

等于(= =)的运算规则见表 4.6。

表 4.6　= =运算的真值表

==	0	1	x	z
0	1	0	x	x
1	0	1	x	x
x	x	x	x	x
z	x	x	x	x

全等于(= = =)的运算规则见表 4.7。

表 4.7   = = = 运算的真值表

===	0	1	x	z
0	1	0	0	0
1	0	1	0	0
x	0	0	1	0
z	0	0	0	1

相等关系运算符程序示例:

```
module examp_tb;
reg [5:0] a,b,c;
reg [2:0] d;
initial begin
    a = 6'b01xxx1;
    b = 6'b01xxx1;
    c = 6'b000111;
    d = 3'b111;
    $ display(a == b);     //结果为不定值 x
    $ display(c == d);     //结果为真 1
    $ display(a === b);    //结果为真 1
    $ display(c === d);    //结果为假 0
    end
endmodule
```

3. 逻辑运算符

在 Verilog HDL 中,逻辑运算符包含逻辑与(&&)、逻辑或(||)、逻辑非(!),其中逻辑与和逻辑或是双目运算符,逻辑非是单目运算符。当逻辑运算符的操作数中含有不定态 x 时,逻辑运算的结果也是不定态,如 a = 4'b1xx1,则!a = x。当逻辑运算符的操作数由多位组成,只有每一位都是 0 时才是逻辑 0,如 a = 4'b0000 表示逻辑 0,则!a = 1'b1。3 个逻辑运算符的运算规则见表 4.8。

表 4.8   逻辑运算符的真值表

a	1	1	0	0
b	1	0	1	0
!a	0	0	1	1
!b	0	1	0	1
a&&b	1	0	0	0
a||b	1	1	1	0

4. 位运算符

在 Verilog HDL 中,位运算符有取反(~)、按位与(&)、按位或(|)、按位异或(^)、按位同或(^~)5 个运算符。其中取反运算符为单目运算符,按位与、按位或、按位异或和按位同或为双目运算符。

取反运算符的运算规则见表 4.9。

表 4.9　取反运算符的真值表

～	结果
1	0
0	1
x	x

按位与运算符的运算规则见表 4.10。

表 4.10　按位与运算符的真值表

&	0	1	x
0	0	0	0
1	0	1	x
x	0	x	x

按位或运算符的运算规则见表 4.11。

表 4.11　按位或运算符的真值表

|	0	1	x
0	0	1	x
1	1	1	1
x	x	1	x

按位异或运算符的运算规则见表 4.12。

表 4.12　按位异或运算符的真值表

^	0	1	x
0	0	1	x
1	1	0	x
x	x	x	x

按位同或运算符的运算规则见表 4.13。

表 4.13　按位同或运算符的真值表

^～	0	1	x
0	1	0	x
1	0	1	x
x	x	x	x

按位运算符程序示例:

```
module examp_tb;
reg[3:0]x;
reg[5:0]y;
initial begin
    x = 6'b111;       //运算时 x 自动变为 6'b000111
    y = 6'b101101;
    $ display("% b",~x);       //结果为 6'b111000
    $ display("% b",~y);       //结果为 6'b010010
    $ display("% b",x&y);      //结果为 6'b000101
    $ display("% b",x^y);      //结果为 6'b101010
    $ display("% b",x^~y);     //结果为 6'b010101
    end
endmodule
```

5. 缩减运算符

缩减运算符也叫归约运算符,其操作数只有 1 个,属于单目运算符。缩减运算符的运算结果是产生 1 个 1 位的逻辑值。缩减运算符包含与(&)、或(|)、异或(^),以及相应的非操作"~&""~|""~^""^~"。它们的运算过程是最低位的两个数先进行缩位运算,其运算结果与高一位的再进行缩位运算,一直到与最高位的数进行缩位运算,输出 1 个 1 位的逻辑值,如 a = 4'b0101,则^a = 1'b0。

6. 移位运算符

移位运算符包含左移运算符"<<"和右移算符">>"。运算过程是将左边(右边)的操作数向左(右)移,所移动的位数由右边的操作数来决定。需要注意的是,左移操作数的位宽加大,右移操作数的位宽不变。

移位运算符程序示例:

```
module shift_tb;
reg[5:0]a,b,c,d;
reg[8:0]e;
initial begin
        a = 6'b110001;
        b = a<<3;
        c = a>>2;
        d = a<<7;
        e = a<<3;
        $ display("% b",b);       //结果为 6'b001000
        $ display("% b",c);       //结果为 6'b001100
        $ display("% b",d);       //结果为 6'b000000
        $ display("% b",e);       //结果为 9'b110001000
        end
endmodule
```

7. 条件运算符

条件运算符(?:)是 Verilog HDL 中唯一的三目运算符,其表达式的形式为:

```
(条件表达式)? 表达式 1:表达式 2
```

式中条件表达式的计算结果有真(1)、假(0)和未知态(x)3 种,当条件表达式的结果为真时,执行表达式 1,当条件表达式的结果为假时,执行表达式 2。

8. 位拼接运算符

位拼接运算符可以把两个或多个信号的某些位拼接起来,其表达式形式为:

```
{信号 1 的某几位,信号 2 的某几位,…,信号 n 的某几位}
```

位拼接运算示例:

```
{a[3:1],d,2'b10}可以写成{a[3],a[2],a[1],d,1'b1,1'b0}
```

当位拼接运算符内的信号重复时,可以用重复法来简化表达式。如:

```
{4{a}}与{a,a,a,a}等价,{a,{2{a,b}}}与{a,a,b,a,b}
```

4.3　Verilog 基本语句

4.3.1　连续赋值语句

在 Verilog HDL 中,连续赋值语句通常用来描述组合电路,即当输入端的操作数发生改变时,就重新计算表达式的结果并立即赋值给目标计算的结果。连续赋值语句的目标类型通常是 wire 型变量,但不能对 reg 型变量进行赋值。连续赋值语句表达式的形式有显式连续赋值语句和隐式连续赋值语句两种。

1. 显式连续赋值语句表达式

显式连续赋值语句表达式的形式为:

```
连线型变量数据类型 [n−1:0] 变量名 1;
assign ♯延迟时间 变量名 1 = 表达式 1;
```

式中,"连线型变量数据类型"是指定义变量的数据类型为除了 trireg 类型外的任何一种,如 wire、tri、wor 等。"[n−1:0]"指的是定义的变量的位宽为 n。"♯延迟时间"是指"表达式 1"计算的结果赋值给"变量名 1"之间的延迟时间,这一项是可以缺省的。例如,"assign ♯10 a = b + c",式中"♯10"是指将"b + c"的计算结果延迟 10 个时间单位后再赋值给"a"。"♯10"可以缺省,如"assign a = b + c"表示将"b + c"的计算结果立即赋值给"a"。

显式连续赋值语句的程序示例如下:

```
module example (a,b,c,out);
input[3:0]a,b;
output[3:0]c,out;
wire [3:0]a,b,c,out;
assign out = a&b;      //a与b进行按位与运算,并将运算结果立即赋值给out
assign ♯10 c = a + b;     //a与b进行加法运算,并在10个时间单位后赋值给c
endmodule
```

2. 隐式连续赋值语句表达式

隐式连续赋值语句表达式形式为:

连线型变量数据类型 驱动强度 [n-1:0] #延迟时间 变量名 1 = 表达式 1;

式中，"驱动强度"是指连线型变量受到的驱动强度。驱动强度由"对 1 驱动强度"和"对 0 驱动强度"组成，如 wire(strong0,weak1)a = b|c，表示对 a 赋值"1"时的驱动强度为"弱"，对 a 赋值"0"时的驱动强度为"强"。当"驱动强度"缺省时，默认"驱动强度"为(strong1，strong0)。

隐式连续赋值语句程序示例：

```
module example (a,b,c);
input[7:0]a,b;
output[7:0]c;
wire (strong1,weak0) [7:0] #20 c = a&&b;
endmodule
```

4.3.2 结构语句

在 Verilog HDL 中有两种重要的结构语句，分别是 initial 语句和 always 语句。无论是对时序逻辑电路还是对组合逻辑电路进行描述，一旦信号在 initial 语句或 always 语句中被赋值，被赋值的信号必须为 reg 型。

1. initial 语句

initial 语句在进行模块仿真时是从 0 时刻开始执行的，它在模块中只执行 1 次。当一个模块中存在多个 initial 语句时，则每个 initial 语句都是同时从 0 时刻开始执行的。它常用来编写测试文件，产生激励信号，也可用于对 reg 型变量进行初值赋予。

initial 语句的语法格式如下：

```
initial
    begin
        语句 1;
        语句 2;
        …
        语句 n;
    end
```

initial 语句程序示例：

```
module initial_tb;
reg a;
initial
    begin
      a = 1;
      #100  a = 0;
      #100  a = 1;
      #100  a = 0;
      #100  a = 1;
    end
endmodule
```

2. always 语句

always 语句表示一直不断地重复活动，但 always 语句后面的语句块是否执行取决于是否满足它的触发条件，当满足触发条件时，语句块执行 1 次。如果触发条件一直满足，则语句块一直重复执行。

always 语句的语法格式如下：

```
always 时序控制 语句
```

例如，"always ♯10 clk＝～clk；"表示每延时 10 个时间单位，clk 信号翻转，即由"0"到"1"或"1"到"0"。

always 语法格式中的时间控制也可以是沿触发事件或电平触发事件，既可以是单个信号也可以是多个信号，信号之间用关键字"or"或者"，"连接。其语法形式如下：

```
always@(敏感事件列表)
    语句块；
合法例如：
always@(posedege clk or negedge rst)
    begin
    …
    end        //当 clk 的上升沿或 rst 的下降沿到来时，执行 begin-end 中的语句
always@(a or negedge rst_n)    //当 a 的电平发生变化或 rst_n 的下降沿到来时，执行语句块中的语句
always@(a,b)    //当 a 或 b 的电平发生变化时，执行语句块中的语句
always@( ∗ )    //当任何输入信号发生变化时，执行语句块中的语句
```

4.3.3　块语句

在 Verilog HDL 中，当语句数大于或等于两条时，需要使用块语句将其组合起来。块语句有 begin-end 和 fork-join 两种。

begin-end 是串行块语句，也称顺序块。其特点是块内的语句是按照语句从上到下的顺序逐条执行的，块中每条语句的延迟时间是相对于上面一条语句执行结束的相对时间而言的。其语法格式见表 4.14。

表 4.14　begin-end 语法格式

格式一	格式二
begin：块名 　　块内声明语句； 　　语句 1； 　　语句 2； 　　… 　　语句 n； end	begin 　　语句 1； 　　语句 2； 　　… 　　语句 n； end

fork-join 是并行块语句，其特点是程序流程控制一进入该并行块时，块内语句就同时执行，块中每条语句的延迟时间是程序流程控制进入块内的仿真时间。其语法格式见表 4.15。

表 4.15　fork-join 语法格式

格式一	格式二
fork：块名 　　块内声明语句； 　　语句 1； 　　语句 2； 　　… 　　语句 n； join	fork 　　语句 1； 　　语句 2； 　　… 　　语句 n； join

begin-end 和 fork-join 块语句的使用程序示例见表 4.16。

表 4.16　begin-end 和 fork-join 使用的程序示例

begin-end 程序示例	fork-join 程序示例
module wave_tb； reg wave； initial begin 　　wave = 1； 　　♯100　wave = 0； 　　♯100　wave = 1； 　　♯200　wave = 0； 　　♯100　wave = 1； 　　♯100　wave = 0； 　　♯100　$ stop； end endmodule	module wave_tb； reg wave； initial fork 　　wave = 1； 　　♯100　wave = 0； 　　♯200　wave = 1； 　　♯400　wave = 0； 　　♯500　wave = 1； 　　♯600　wave = 0； 　　♯700　$ stop； join endmodule

上面两段程序产生的波形相同，如图 4.2 所示。

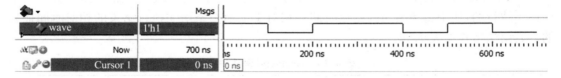

图 4.2　信号波形

4.3.4　赋值语句

在 Verilog HDL 中有两种赋值语句：阻塞赋值语句和非阻塞赋值语句。

1. 阻塞赋值语句

阻塞赋值语句的语法形式为：变量 = 表达式，如"a = b + c"。

阻塞赋值语句执行的特点如下：

阻塞赋值语句的执行顺序是先计算右边表达式的结果，立即赋值给左边的变量，然后执行下一条语句。在 begin-end 块语句中，阻塞赋值语句按照先后顺序逐条执行，当前面的赋值语句赋值完后，再执行后一条语句。在 fork-join 块语句中，各阻塞赋值语句同时执行，没有先后顺序。在组合逻辑电路中给变量赋值时,可以采用阻塞赋值语句。

2. 非阻塞赋值语句

非阻塞赋值语句的语法形式为:变量<= 表达式,如"a<= b + c"。

非阻塞赋值语句执行的特点如下:

非阻塞赋值语句的执行顺序是各条赋值语句同时执行,每条语句先计算右边表达式的结果,等块语句结束时才将计算的结果赋值给左边的变量,因此赋给变量的值是上一次赋值得到的结果,而不是本次计算的结果。在编写可综合的时序逻辑电路时,一般采用非阻塞赋值语句。

阻塞赋值语句与非阻塞赋值语句程序示例见表 4.17。

表 4.17　阻塞赋值语句与非阻塞赋值语句程序示例

	阻塞赋值语句	非阻塞赋值语句

程序	module block(a,b,c,clk);
	input a,clk;
	output b,c;
	reg b,c;
	always@(posedge clk)
	　　begin
	　　　　b＝a;
	　　　　c＝b;
	　　end
	endmodule
		module non_block1 (a,b,c,clk);
		input a,clk;
		output b,c;
		reg b,c;
		always@(posedge clk)
		　　begin
		　　　　b<＝a;
		　　　　c<＝b;
		　　end
		endmodule

电路图		

上表中,如果想使阻塞赋值语句综合出来的电路与非阻塞赋值语句综合出来的电路相同,只需要将"b＝a;"和"c＝b;"的先后顺序互换。

4.3.5　条件分支语句

在 Verilog HDL 中有两种条件分支语句:if 语句和 case 语句。

1. if 语句

if 语句是指判断是否满足给定的条件,根据判断结果的真和假来确定下一步执行的语句。条件语句只能在 initial 和 always 块中的 begin-end 块中使用。

if 语句的形式有 3 种,具体见表 4.18。

说明:

① 在 3 种形式的 if 语句中,表达式的值为"0""x""z"时,均按逻辑假处理,其他值均按逻辑真处理;

表 4.18　if 语句的三种形式

形式一	形式二	形式三

if(条件表达式)语句块
例如:
if(a > b)
begin
　out = data;
　out1 = data_1;
end
	if(条件表达式)
	　语句块 1
	else
	　语句块 2
	例如:
	if(a > b)
	　out = data_1;
	else
	　out = data_2;
		if(条件表达式 1)
		　语句块 1
		else if(条件表达式 2)
		　语句块 2
		…
		else if(条件表达式 m)
		　语句块 m
		else
		　语句块 n

② 如果语句块中有多条语句,则需要用 begin-end 将多条语句包含起来形成一个复合块语句,形式一中,当条件表达式为真时,执行 begin-end 中的语句;

③ 在形式二中,当条件表达式为真时,执行语句 1,当条件表达式为假时,执行语句 2;

④ 表达式允许存在一定的简写形式,如 if(rst)等同于 if(rst == 1)、if(!a)等同于 if(a! = 1);

⑤ 在 if 语句中可以包含一个或多个 if 语句,称为 if 语句的嵌套,其形式如下:

```
if(条件表达式 1)
    begin
    if(条件表达式 2) 语句块 1;
    else 语句块 2;
    end
else if(条件表达式 3) 语句块 3;
else 语句块 4;
```

注意:默认情况下 if 与 else 的配对关系是 else 总是与它上面最近的 if 配对,因此在 if 嵌套使用时为了让 if 与 else 进行正确的配对,可以使用 begin-end 块限制内嵌 if 语句的范围。

2. case 语句

当分支较多时,用 if 语句来描述就会显得代码较多,此外 if 语句不能处理条件分支表达式的值中出现"x"和"z"的情况,因此 Verilog HDL 提供了 case、casez 和 casex 语句来描述多分支选择。case 语句多用于状态机、数据选择器、译码器等数字电路的设计。case 语句的形式见表 4.19。

说明:

① 值 1 到值 i 各不相同,当控制表达式的值与 case 分支项的某一个值相同时,则执行该值对应的语句块。当控制表达式的值与 case 分支项的所有值都不同时,则执行 default 后面的"语句块 i + 1"。

② 当值 1 到值 i 已经列出控制表达式所有可能的值时,default 可以省略。当值 1 到值 i 未列出控制表达式所有可能的值时,default 不能省略,否则会产生锁存器。

③ 值 1 到值 i 的数据位宽需要与控制表达式的值的位宽相同。

表 4.19　case 语句的形式

case	casez	casex
case(控制表达式) 　值 1:语句块 1; 　值 2:语句块 2; 　… 　值 i:语句块 i; 　default:语句块 i+1; endcase	casez(控制表达式) 　值 1:语句块 1; 　值 2:语句块 2; 　… 　值 i:语句块 i; 　default:语句块 i+1; endcase	casex(控制表达式) 　值 1:语句块 1; 　值 2:语句块 2; 　… 　值 i:语句块 i; 　default:语句块 i+1; endcase

case 的真值表见表 4.20。

表 4.20　case 的真值表

case	0	1	x	z
0	1	0	0	0
1	0	1	0	0
x	0	0	1	0
z	0	0	0	1

casez 的真值表见表 4.21。

表 4.21　casez 的真值表

casez	0	1	x	z
0	1	0	0	1
1	0	1	0	1
x	0	0	1	1
z	1	1	1	1

casex 的真值表见表 4.22。

表 4.22　casex 的真值表

casex	0	1	x	z
0	1	0	1	1
1	0	1	1	1
x	1	1	1	1
z	1	1	1	1

case 语句程序示例:

```
module seg_led(out,num);
output[7:0]out;
input[3:0]num;
reg [7:0]out;
always@(num)
begin
    case(num)
      4'h0:out = 8'b1111_1100;
      4'h1:out = 8'b0110_0000;
      4'h2:out = 8'b1101_1010;
      4'h3:out = 8'b1111_0010;
      4'h4:out = 8'b0110_0110;
      4'h5:out = 8'b1011_0110;
      4'h6:out = 8'b1011_1110;
      4'h7:out = 8'b1110_0000;
      4'h8:out = 8'b1111_1110;
      4'h9:out = 8'b1111_0110;
      default:out = 8'b1111_1111;
    endcase
end
endmodule
```

4.3.6 循环语句

在 Verilog HDL 中有 forever、repeat、while、for 4 种类型的循环语句。

1. forever 语句

forever 语句的形式见表 4.23。

表 4.23　forever 语句的形式

形式一	形式二
forever 语句;	forever 　begin 　语句块; 　end

说明:forever 引导的语句将无限循环地执行下去,直到遇到系统任务 $ finish。forever 语句一般用来产生周期性的波形,用于仿真测试信号。

forever 语句示例:

```
forever #20 clk = ～clk;     //每经过 20 个时间单位,clk 信号翻转
```

2. repeat 语句

repeat 语句的形式见表 4.24。

表 4.24　repeat 语句的形式

形式一	形式二
repeat(循环次数表达式)语句;	repeat(循环次数表达式) begin 语句块; end

说明:

循环次数表达式通常为常量表达式,如果为变量或信号,那么其值为循环开始执行时变量或信号的值。循环次数表达式的值表示 repeat 语句执行的次数。

repeat 语句示例:

```
repeat(20) clk = ~clk;      //clk会翻转20次,因此产生10个时钟周期信号
```

3. while 语句

while 语句的形式见表 4.25。

表 4.25　while 语句的形式

形式一	形式二

while(条件表达式)语句;	while(条件表达式)
	begin
	语句块;
	end

说明:

当条件表达式的值为真时,语句或语句块将一直执行;当条件表达式的值为假时,语句或语句块将不执行。

while 语句示例:

```
while(1) #20 clk = ~clk;      //等同于 forever #20 clk = ~clk;
```

4. for 语句

for 语句的形式如下:

```
for(循环变量赋初值;循环结束条件;循环变量自增或自减) 执行语句;
```

for 语句的执行过程如下:

① 给循环变量赋初值;

② 判断是否满足循环结束条件,如果不满足循环结束条件,则执行"执行语句",然后循环变量自增或自减;如果满足循环结束条件,则 for 语句结束。

for 语句示例:

```
module clk_1;
reg clk;
integer i;
initial
  begin
    clk = 0;
    for(i = 0;i >= 0;i = i + 1)
    #20 clk = ~clk;
  end
endmodule
```

该程序产生了一个周期为 40 的时钟信号。

4.4　Verilog 程序数字电路设计方法

对于同一个数字电路,可以在不同层次上用 Verilog 语言来描述。Verilog 语言支持系统级、算法级、RTL 级、门级和开关级等不同层次的描述方法。其中系统级、算法级和 RTL 级属于行为级建模,门级和开关级属于结构级建模。

在数字电路设计中主要采用的是结构性描述方法,这种设计方法主要分为两种:自上而下的设计方法和自下而上的设计方法。自上而下的方法是从系统设计的角度出发,对数字电路系统进行划分,明确各主要单元的功能、时序和接口参数等,再对这些模块进一步拆分,直到整个系统中的各模块逻辑关系合理,便于电路的实现。而自下而上的方法则是对底层的模块进行设计,再用这些模块搭建一个完整的系统,这种方法搭建的系统的各项指标只有在系统完成之后才能分析测试出来,导致系统设计周期长、效率低,质量难以保证,因此这种方法只适合小规模电路的设计。在实际电路设计中常将这两种设计方法相结合进行电路设计。

在 Verilog 中,除了使用结构性描述方法把逻辑单元搭建成电路系统外,还可以采用抽象的描述方法对大规模数字逻辑电路进行设计,如有限状态机、总线和数据接口等。Verilog 主要用于电路的设计和仿真,用于电路设计的语言为可综合出物理电路的语言,用于电路测试仿真的语言不可综合出物理电路。对于综合出物理电路的 Verilog 语言可通过 EDA 工具综合出网表文件。

数字逻辑电路可以分为两类:组合逻辑电路和时序逻辑电路。

组合逻辑电路是数字逻辑电路系统的基本组件,其电路特点是任意时刻的输出只由该时刻的输入决定,与电路原来的状态无关,并且没有记忆功能。组合逻辑电路包括加法器、乘法器、比较器、选择器、编码器、译码器和奇偶校验器等。Verilog 对于组合逻辑电路的描述方式有真值表、逻辑代数、结构描述和抽象描述。

4 位总线两输入的或门组合逻辑 Verilog 程序如下:

```
module or_4(a,b,out);
    input [3:0]a,b;
    output [3:0] out;
    reg [3:0] out;
    always@(a or b)
    out = a|b;
endmodule
```

时序逻辑电路的输出由该时刻的输入和电路原来的状态共同决定。时序逻辑电路的结构框图如图 4.3 所示。

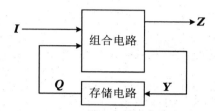

图 4.3　时序逻辑电路的结构框图

图中，$I = (I_1, I_2, \cdots, I_i)$ 为时序电路的外部输入信号，$Z = (Z_1, Z_2, \cdots, Z_j)$ 为时序电路的输出信号，$Y = (Y_1, Y_2, \cdots, Y_k)$ 为驱动存储电路转换为下一状态的激励信号，$Q = (Q_1, Q_2, \cdots, Q_m)$ 为存储电路的状态信号，表示时序电路的当前状态，也称状态变量。状态变量 Q 与外部输入信号 I 一起决定输出信号 Z，并产生激励信号 Y。这 4 组变量之间的逻辑关系可用以下 3 个向量函数形式的方程来表达：

$$Z = f(I, Q)$$
$$Y = g(I, Q)$$
$$Q^{n+1} = h(Y, Q^n)$$

它们分别对应输出方程、激励方程和状态转移方程。由上述方程可以看出时序电路依赖于状态，故又称为状态机。同步有限状态机是同步时序逻辑的基础。同步指的是电路状态的变化由同一个时钟跳变沿控制，与之相对的异步指的是电路状态的变化由多个时钟跳变沿控制。时序逻辑电路有触发器、移位寄存器、计数器、序列信号发生器等。Verilog 对于时序电路的描述方式有状态转移图描述、基于状态化简的结构性描述和抽象描述 3 种。

D 触发器的 Verilog 程序如下：

```
module DFF (q,clk,in);
    output q;
    input clk,in;
    reg q;
    always@(posedge clk)
    q <= in;
endmodule
```

在 Verilog 中，利用有限同步状态机可以设计出极其复杂的数字逻辑系统，产生各种有严格时序和条件要求的控制信号波形，下面我们将介绍有限同步状态机。

有限同步状态机根据其输出的产生方式不同，可以分为 Mealy 型状态机和 Moore 型状态机。Mealy 型状态机的输出取决于当前的状态和输入，而 Moore 型状态机的输出只取决于当前的状态。它们的结构如图 4.4 所示。

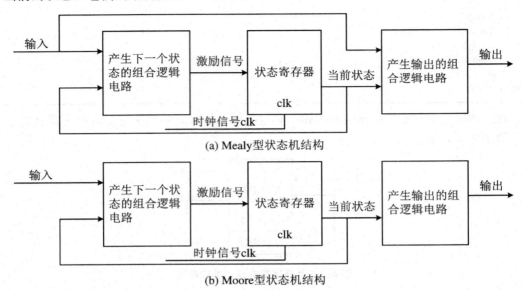

(a) Mealy 型状态机结构

(b) Moore 型状态机结构

图 4.4　Mealy 型状态机和 Moore 型状态机

在有限同步状态机中，需要对状态转移图中的各状态进行编码。常见的编码方式有二进制编码、格雷编码和一位独热（One Hot）编码 3 种。

1. 二进制编码

二进制编码的状态寄存器是由触发器组成的。N 个触发器可以编码 2^N 个状态。其优点是使用的触发器较少，比较节省资源；缺点是当状态跳转时可能存在多个 bit 同时变化，从而引起毛刺，造成逻辑错误。

2. 格雷编码

格雷编码和二进制编码类似，当格雷编码状态跳转时只有一个 bit 位发生变化，减少了产生毛刺的概率，但当状态跳转较复杂时，仍会存在多个 bit 同时变化的情况。

3. 一位独热编码

一位独热编码有多少个状态就可使用多少个状态寄存器进行编码，每个状态编码中只有一个 bit 为 1，如用一位独热编码对 3 个状态进行编码，其方式为 001、010、100。一位独热编码使用触发器的个数较多，但是其状态跳变时永远只有两个 bit 在发生变化，减少了产生毛刺的概率。

状态机一般有一段式、二段式和三段式 3 种写法。

一段式是将输入、输出和状态转移方程写在一个 always 块中，这种方式不利于维护，且在状态复杂时容易出错，因此不推荐使用。

二段式是一种常用的写法，它将时序逻辑和组合逻辑分开，在组合逻辑中实现输入、输出和状态的判断，时序逻辑则实现了从当前状态到下一状态的跳转。简单的理解方式是：二段式的方式就是把输入、输出写在一个 always 块中，而将状态跳转单独写在一个 always 块中。这种方式相对来说容易维护，但在组合逻辑输出时会出现毛刺现象。

三段式是比较推荐的方式，它在二段式的方式上进一步细化，把输入写在一个 always 块中，把时序逻辑输出写在一个 always 块中，把状态跳转写在一个 always 块中。这种方式虽然消耗的资源最多,但代码最容易维护,且时序逻辑输出方式解决了组合逻辑输出方式会产生毛刺现象的问题。此外,三段式状态机的输入到输出会比一段式和二段式延时 1 个时钟周期。

需要注意的是,一段式、二段式和三段式不能完全从几个 always 块来判断,应该清楚它们的逻辑划分,如在二段式中是组合逻辑输出,三段式中为时序逻辑输出。

下面通过用 Verilog HDL 设计一个"101"可重叠序列检测器来学习二段式和三段式状态机的写法。

① 首先画出状态转移图。该状态转移图中的输入和输出都只有一个,用 X 表示输入变量,代表输入的序列。Z 表示输出变量,代表检测到"101"序列。状态转移图如图 4.5 所示。

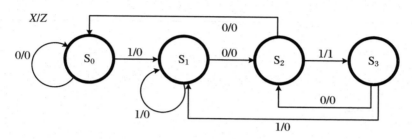

图 4.5　"101"可重叠序列检测器的状态转移图

② 图中 S_0、S_1、S_2、S_3 表示 4 种电路的状态,需要对这 4 种状态进行编码。在本例中使用一位独热编码方式对其进行编码,由于有 4 种状态,需要用 4 个状态寄存器进行编码,设置如下:

S_0——初始状态,电路未收到一个有效的"1"。编码:$S_0 = 4'b0001$;

S_1——电路收到一个"1"。编码:$S_1 = 4'b0010$;

S_2——电路收到"1"之后收到了"0",即收到了"10"。编码:$S_2 = 4'b0100$;

S_3——电路在收到"10"之后收到了"1"。编码:$S_3 = 4'b1000$。

根据以上分析,"101"可重叠序列检测器二段式状态机程序代码如下:

```verilog
module checker_101(Z,X,clk,rst_n);
    input X,clk,rst_n;
    output reg Z;
    parameter s0 = 4'b0001,s1 = 4'b0010,s2 = 4'b0100,s3 = 4'b1000;
    reg [3:0]state,next_state;
    always@(X,state)
    case(state)
        s0:if(X) begin next_state = s1;Z = 1'b0;end
            else begin next_state = s0;Z = 1'b0;end
        s1:if(!X) begin next_state = s2;Z = 1'b0;end
            else begin next_state = s1;Z = 1'b0;end
        s2:if(X) begin next_state = s3;Z = 1'b1;end
            else begin next_state = s0;Z = 1'b0;end
        s3:if(X) begin next_state = s1;Z = 1'b0;end
            else begin next_state = s2;Z = 1'b0;end
    endcase
    always@(posedge clk or negedge rst_n)
    if(!rst_n)
        state<=s0;
    else
```

```
    state<=next_state;
    endmodule
```

二段式仿真波形如图 4.6 所示。

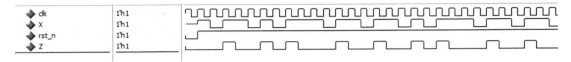

图 4.6 二段式状态机仿真波形图

"101"可重叠序列检测器三段式状态机程序代码如下:

```
module checker_101(Z,X,clk,rst_n);
    input X,clk,rst_n;
    output reg Z;
    parameter s0 = 4'b0001,s1 = 4'b0010,s2 = 4'b0100,s3 = 4'b1000;
    reg [3:0]state,next_state;
    always@(X,state)
    case(state)
        s0:if(X) next_state = s1;
            else next_state = s0;
        s1:if(!X) next_state = s2;
            else next_state = s1;
        s2:if(X) next_state = s3;
            else next_state = s0;
        s3:if(X) next_state = s1;
            else next_state = s2;
    endcase
    always@(posedge clk or negedge rst_n)
    if(! rst_n)
        Z<=1'b0;
    else
        case(next_state)
            s0:Z<=1'b0;
            s1:Z<=1'b0;
            s2:Z<=1'b0;
            s3:Z<=1'b1;
            default:Z<=1'b0;
        endcase
    always@(posedge clk or negedge rst_n)
    if(! rst_n)
        state<=s0;
    else
        state<=next_state;
endmodule
```

三段式仿真波形如图 4.7 所示。

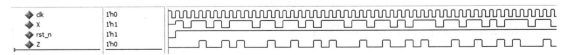

图 4.7 三段式状态机仿真波形图

对比二段式状态机和三段式状态机,可以发现三段式状态机的输入到输出确实会比二段式状态机延时 1 个时钟周期。

章 末 小 结

本章主要介绍了 Verilog HDL 的基本语法、程序设计语句和描述方式,基本语法的学习为基本逻辑电路的设计提供基础,程序设计语句和描述方式包括数据流建模、行为级建模和结构化建模,为逻辑电路的设计提供了多种设计方式,掌握本章的内容可为复杂电路的设计打下基础。

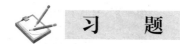

习 题

1. Verilog HDL 模块由哪几个部分组成? 试着画出其结构示意图。
2. 端口有哪几种? 常用端口的数据类型有哪些?
3. Verilog HDL 中变量的数据类型有哪些?
4. Verilog HDL 中标识符的命名规则是什么?
5. Verilog HDL 中的运算符有哪些? 请说明其符号和含义。
6. 请说明 always 过程块和 initial 过程块的区别。
7. 在 always 和 initial 过程块语句中的变量必须是什么类型的数据?
8. 使用 assign 连续赋值语句赋值的变量必须是什么类型的数据?
9. 如何区别逻辑运算符小于或等于(<=)和非阻塞赋值符号(<=)?
10. 模块中参数型变量的作用是什么? 如何在模块例化时对参数进行修改?
11. 顺序块 begin-end 和并行块 fork-join 有什么区别? 请举例说明。
12. 阻塞赋值和非阻塞赋值有什么区别? 请举例说明。
13. 如图 4.8 所示,使 1 bit 半加器和一个或门构成 1 bit 全加器,即通过元件例化的方式调用两个半加器和一个或门实现全加器,半加器的 Verilog 程序已给出,请写出全加器的 Verilog 程序。

```
module halfadder(a,b,s,c);
input a,b;
output c,s;
assign s = a^b;
assign c = a&b;
endmodule
```

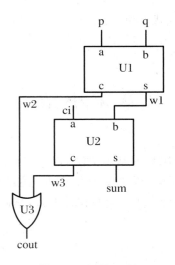

图 4.8 习题 13 图

14. 阅读下面的 Verilog 程序,说明各语句的功能,指出整个程序完成的电路功能。

```
module dff_syn(q,qn,d,clk,set,reset);      //(1)功能:
input d,clk,set,reset;      //(2)功能:
output reg q,qn;      //(3)功能:
always@(posedge clk)      //(4)功能:
    begin
        if(~reset)  begin q<=1'b0;qn<=1'b1;end      //(5)功能:
        else if(~set) begin q<=1'b1;qn<=1'b0;end      //(6)功能:
        else begin q<=d;qn<=~d;end      //(7)功能:
    end
endmodule      //(8)功能:
```

15. 简述 Verilog HDL 中二段式和三段式状态机的区别、Moore 型和 Mealy 型状态机的区别、常见的状态机编码方式以及不同编码方式的优缺点。

16. Verilog HDL 中的 IP 核该如何分类? 请简述它们之间的区别。

17. 请写出 case、casez、casex 的真值表。

18. 当 Verilog HDL 中的元件例化时,不同模块端口之间的连线方式有几种? 请举例说明。

19. 使用 Verilog HDL 设计"101011"可重叠序列检测器,画出状态转移图并写出 Verilog 程序。

20. 使用 Verilog HDL 设计:

① 带使能控制的 3-8 译码器;

② 驱动共阳数码管的 4-7 译码器;

③ 8 位并行数据中 "0" 个数检测电路;

④ 二十四进制计数器、24 分频电路;

⑤ 七人表决器。

第 5 章　EDA 设计开发工具介绍

本章将介绍两款 EDA 开发工具 Quartus Ⅱ 13.0 和 ModelSim 10.4 及其使用。通过本章的学习,可以掌握从设计输入、综合编译、时序仿真到编程下载等 EDA 开发的全流程。

5.1　Quartus Ⅱ 13.0

Altera Quartus Ⅱ 作为一种可编程逻辑的设计环境,由于其强大的设计能力和直观易用的接口,越来越受到数字系统设计者的欢迎。为兼顾本书中下载测试验证使用的 Cyclone Ⅱ器件,这里介绍 Quartus Ⅱ 13.0 版本。

5.1.1　Quartus Ⅱ软件的安装

Quartus Ⅱ 13.0 软件在 Alter 官网下载,下载地址:https://www.intel.com/content/www/us/en/software-kit/711920/intel-quartus-ii-subscription-edition-design-software-version-13-0sp1-for-windows.html。可根据图 5.1 和图 5.2 下载软件及需要的器件库,器件库可以按需选择下载。

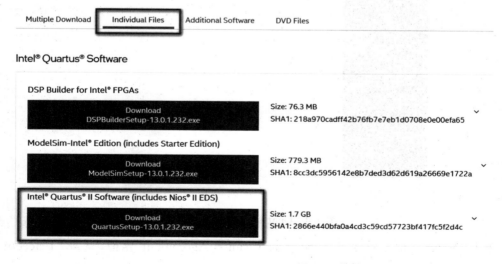

图 5.1　下载 Quartus Ⅱ 13.0 独立安装文件

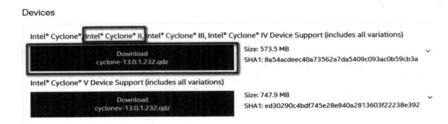

图 5.2　下载实验室硬件对应的器件库文件

将 Quartus Ⅱ 安装包 exe 文件和器件库 qdz 文件放到本地某个文件目录(不含中文字符)中,如图 5.3 所示。安装前先关闭杀毒软件等可能会干扰安装的软件。

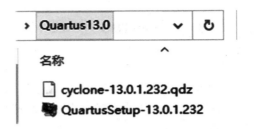

图 5.3　Quartus Ⅱ 安装包及器件库文件夹

鼠标右击 Quartus Ⅱ 安装包,选择"以管理员身份运行",弹出如图 5.4 所示的安装向导界面。

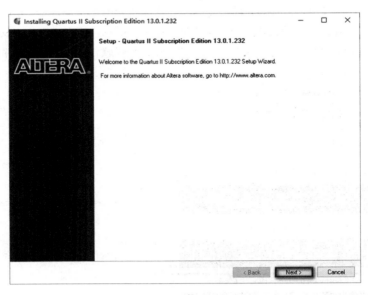

图 5.4　Quartus Ⅱ 安装向导界面

单击"Next",进入如图 5.5 所示的 License Agreement 界面,选择"I accept the agreement"接受软件许可,然后点击"Next"。

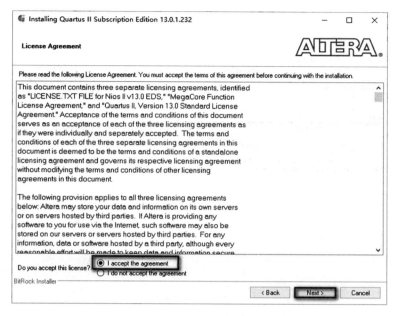

图 5.5　Quartus Ⅱ 安装软件许可界面

　　然后会出现如图 5.6 所示的 Installation directory 安装路径界面，根据需要修改路径（不含中文字符），例如 D:\altera\13.0sp1，然后点击"Next"。

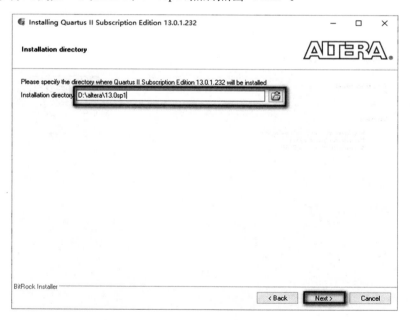

图 5.6　Quartus Ⅱ 安装路径界面

　　接着进入如图 5.7 所示的 Select Components 选择部件界面，查看所需的软件和器件库是否勾选。然后点击"Next"，弹出 Ready to Install 准备安装界面（图 5.8）。安装过程如图 5.9 所示，安装完成后会弹出如图 5.10 所示的界面，点击"Finish"完成安装。

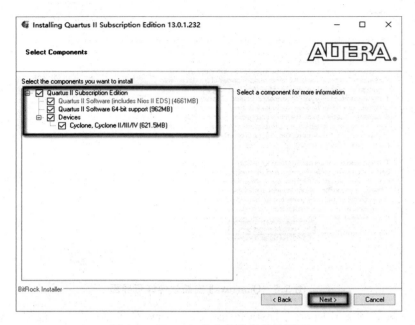

图 5.7　Quartus Ⅱ 安装选择部件界面

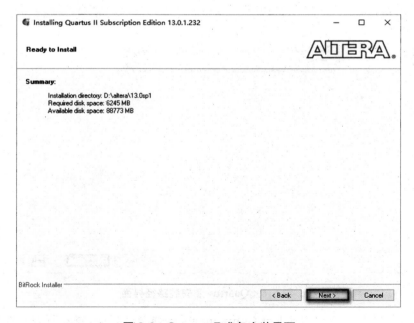

图 5.8　Quartus Ⅱ 准备安装界面

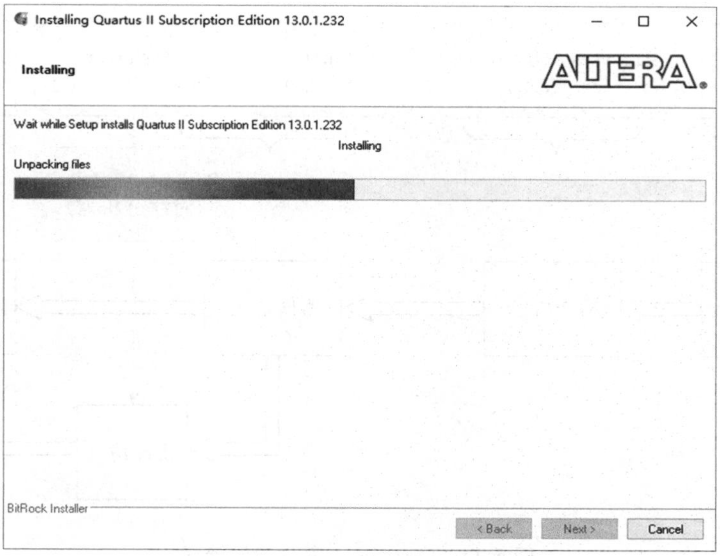

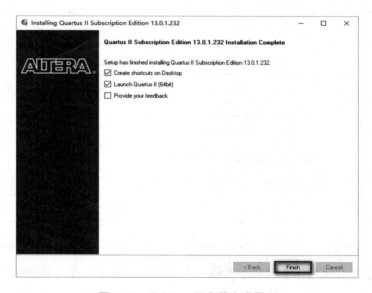

图 5.9　Quartus Ⅱ 安装过程界面

图 5.10　Quartus Ⅱ 安装完成界面

5.1.2　Quartus Ⅱ 软件设计流程

Quartus Ⅱ 软件的设计流程如图 5.11 所示,包含设计输入、编译综合、器件适配、软件仿真和器件下载几个步骤。

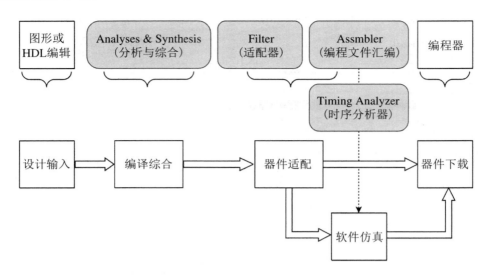

图 5.11   Quartus Ⅱ 基本设计流程

1. 设计输入

设计输入阶段将电路系统以一定的表达方式输入，分为图形输入和文本设计输入两类，具体见表 5.1。

表 5.1   Quartus Ⅱ 设计输入文件类型

分类	输入方式	扩展名
图形输入	Block Diagram/Schematic File （模块结构/逻辑原理图输入文件）	. bdf
	State Machine File(状态机输入文件)	. smf
文本输入	AHDL File(Altera 硬件描述语言文件)	. tdf
	VHDL File(超高速集成电路硬件描述语言文件)	. vhd
	Verilog HDL File(硬件描述语言文件)	. v

图形输入主要有原理图或者状态机输入方式。原理图输入方式通过绘制电路原理图的方法实现特定的功能，设计文件为 Block Diagram/Schematic File(扩展名为 . bdf)；状态机输入方式根据电路的控制条件和不同的转换方式，绘制出状态图，设计文件为 State Machine File(扩展名为 . smf)。

文本输入通过硬件描述语言（HDL）来描述输入、输出功能。Quartus Ⅱ 支持的硬件描述语言有 AHDL(Altera 硬件描述语言，扩展名为 . tdf)、VHDL(超高速集成电路硬件描述语言，扩展名为 . vhd)、和 Verilog HDL(扩展名为 . v)。

2. 编译综合

编译综合是将设计输入文件翻译成最基本的与门、或门、非门。RAM 或触发器等基本逻辑电路单元的连接关系就是网表，根据约束条件实现优化，生成门级逻辑连接电路，输出网表文件。

3. 器件适配

器件适配就是将编译综合生成的网表文件根据器件约束条件和逻辑时序的要求,针对目标器件进行布局和布线。

4. 软件仿真

完成前述的设计输入、综合编译、器件适配后,只能说明设计符合一定的语法规范,是否能满足设计要求还需要通过仿真进一步验证。仿真分为功能仿真和时序仿真。功能仿真不考虑电路门级延时,时序仿真则考虑电路映射、特定工艺环境和器件的延时。Quartus Ⅱ 平台仿真方式的文件扩展名为.vwf。

5. 器件下载

器件下载是将综合过程中所产生的相关下载文件通过下载器下载到目标 FPGA 芯片中,完成开发工作。下载阶段一般使用 JTAG 模式或主动串行编程 AS 模式。JTAG 模式主要用于调试阶段,下载文件的扩展名为.sof,断电后没有记忆功能;AS 模式可在调试无误后将用户程序固化在串行配置芯片 EPCS 中,具有断电记忆功能,下载文件的扩展名为.pof。

5.1.3　Quartus Ⅱ 软件开发示例(VHDL 和 bdf 混合编程)

本节以 2 位计数-动态扫描显示电路为例,介绍基于 Quartus Ⅱ 软件的 EDA 设计开发过程,电路框图如图 5.12 所示。

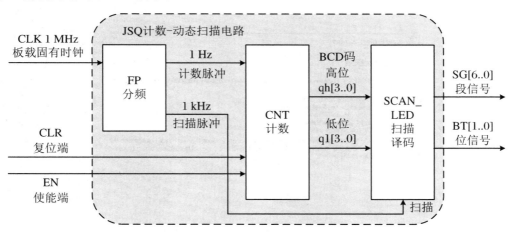

图 5.12　2 位计数-动态扫描显示电路框图

首先将计数-动态扫描电路命名为工程 JSQ,然后自顶向下对工程进行模块化拆解,分为 FP 分频、CNT 计数和 SCAN_LED 扫描译码模块。假设 FPGA 板载固有时钟为 1 MHz 脉冲,FP 分频模块将其分频出 2 路,其中 1 Hz 提供给 CNT 计数,另 1 kHz 提供给 SCAN_LED 扫描译码模块。CNT 计数模块实现了 2 位十进制计数,本节示例假设初值为 29,终值为 36。计数器输出的高低两路 BCD 码信号接到 SCAN_LED 扫描译码模块的输入端,SCAN_LED 扫描译码模块输出的 7 位段码 SG[6..0]和 2 位位选信号 BT[1..0]驱动共阴数码管,完成计数值的显示。

5.1.3.1 FP 分频模块

1. 创建总项目工程 JSQ

① 双击桌面上的 Quartus Ⅱ 图标打开 Quartus Ⅱ,在如图 5.13 所示的欢迎界面单击"Create a New Project(New Project Wizard)"或者关闭欢迎界面,点击菜单"File"下面的"New Project Wizard",弹出如图 5.14 所示的"New Project Wizard"新建工程向导对话框,点击"Next"。

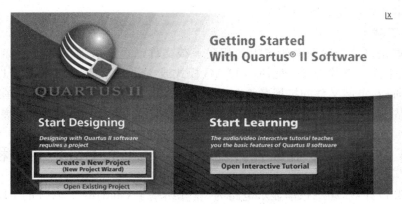

图 5.13　Quartus Ⅱ 欢迎页

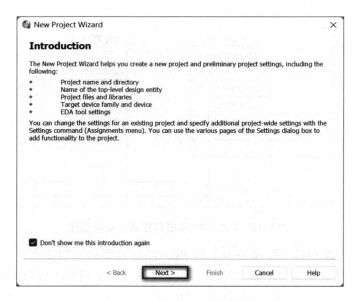

图 5.14　新建工程说明页面

② 如图 5.15 所示,设置工作路径(该路径允许包含字母、数字或下划线,首字符必须为字母,且不含中文字符和其他符号)、工程名和顶层实体名。此处 JSQ 是总项目名称。点击"Next",如果事先电脑上没有该工作路径文件夹,软件会询问是否创建,可点击"Yes"确定创建(图 5.16)。

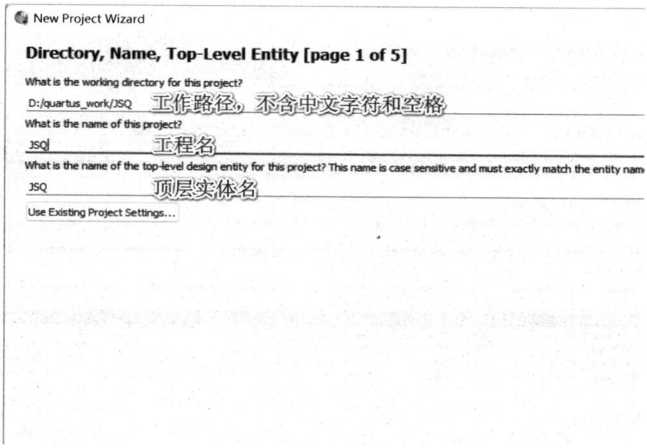

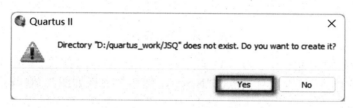

图 5.15　设置工作路径、工程名及顶层实体名

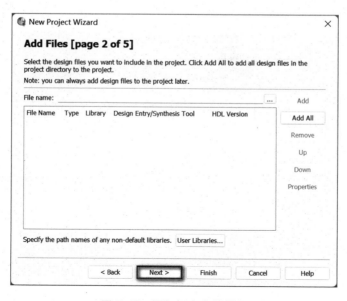

图 5.16　确认创建目录

③ 进入如图 5.17 所示的 Add Files 界面添加已有文件，如果有已经存在的设计文件，可以提前复制到工作路径，然后在此添加。由于此次为新设计的项目，直接点击"Next"。然后会弹出如图 5.18 所示的 Family & Device Settings 器件系列及其设置页面，选择自己实际使用的硬件配置，如实验室中 Cyclone Ⅱ 系列的 EP2C5Q208C8。如果没有硬件，那么此处可不选，直接点击"Next"。

图 5.17　添加已有文件界面

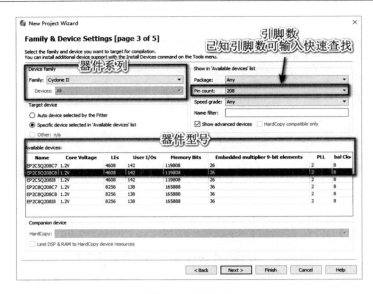

图 5.18　器件设置

④ EDA Tool Settings 第三方 EDA 仿真工具设置页面如图 5.19 所示,如果使用 Quartus Ⅱ 自带的仿真工具,则直接点击"Next"。然后会出现如图 5.20 所示的 Summary 新建项目总览页面,核对信息,若有问题,点击"Back"返回重设,无误后点击"Finish",弹出如图 5.21 所示的工程项目主窗口,至此创建项目完成。

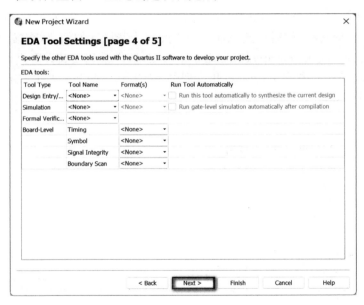

图 5.19　第三方 EDA 工具设置页面

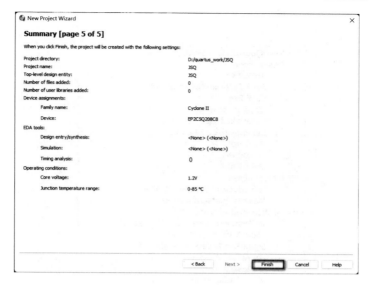

图 5.20　新建项目总览页面

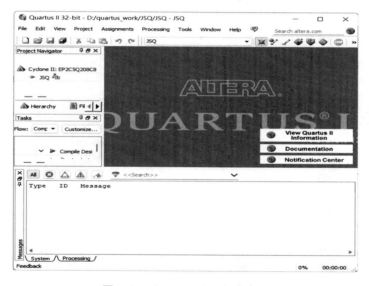

图 5.21　Quartus Ⅱ 工程主窗口

2. 设计输入

首先点击 Quartus Ⅱ 工具栏中的 ▯ 新建文件工具,或者在菜单栏中点击"File"→ "New..."弹出新建文件对话框,如图 5.22 所示,选择"VHDL File",输入分频模块 VHDL 设计文本,然后点击工具栏中的 ▮ 保存工具,如图 5.23 所示,保存为 FP.vhd(文件名)。

图 5.22　Quartus Ⅱ 新建文件

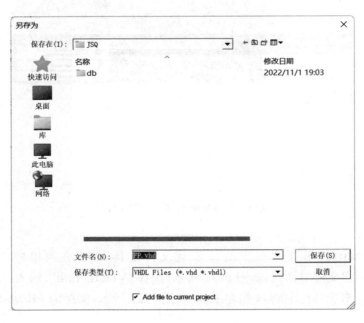

图 5.23　保存文件

输入的设计文本具体如下:

```
--偶数分频器(计数分频方法)
library ieee;    --库说明
use ieee.std_logic_1164.all;     --程序包调用
use ieee.std_logic_unsigned.all;       --程序包调用
entity FP is      --实体
generic(div_param1:integer:=8;      --半分频系数1
        div_param2:integer:=2);      --半分频系数2
port(clk1M:in std_logic;      --输入时钟
     clkout1hz,clkout1khz:out std_logic      --分频输出
     );
end FP;
architecture behav of FP is      --构造体
signal q1:integer range 0 to div_param1;      --计数寄存器1
signal q2:integer range 0 to div_param2;      --计数寄存器2
signal clk1,clk2:std_logic:='0';      --分频输出寄存器
begin
process(clk1M)
Begin
if clk1M'event and clk1M = '1' then      --捕获输入时钟上升沿
    if q1>=div_param1−1 then     --当计数到(半分频系数1−1)时,输出信号取反,计数器1清零
        clk1 <=not clk1;     --取反
        q1 <=0;     --清计数器
    ELSE q1 <=q1+1;     --否则,计数器1累加
    END IF;
    if q2>=div_param2−1 then     --当计数到(半分频系数2−1)时,输出信号取反,计数器2清零
        clk2 <=not clk2;     --取反
        q2 <=0;     --清计数器
    ELSE q2 <=q2+1;     --否则,计数器2累加
    END IF;
end if;
clkout1hz <=clk1;     --分频信号1赋值输出
clkout1khz <=clk2;     --分频信号2赋值输出
end process;
end behav;
```

本设计针对 FPGA 板载固有时钟 1 MHz 分频出所需频率时钟信号。由于 Quartus 仿真器仿真时长(10 ns～100 μs)和 Grid Size（网格宽度）(>1 ns)受限,为了便于看清仿真和后续的动态数码管位选效果,先将半分频系数设成 8 和 2(16 分频和 4 分频)验证代码的正确性。

3. 编译综合

切换到 Files 文件浏览界面,如图 5.24 所示,右击"FP. vhd",选择"Set as Top-Level Entity"将 FP. vhd 设置为顶层实体。然后点击工具栏中的 ✅ 分析与综合工具,或者依次点击"Processing"→"Start"→"Start Analysis & Synthesis",使用编译器完成设计项目的检查和逻辑综合。在编译状态区可看到分析综合结果,如图 5.25 所示。

编译不成功时,下方会有红色提示信息,请仔细检查语法,双击红色提示信息,可以直接定位到错误代码附近的位置。蓝色的警告信息一般不影响实际结果,也可按照警告信息进行修改。改后重新点击工具栏中的 ✅ 分析与综合工具进行编译,直至修改完所有错误。

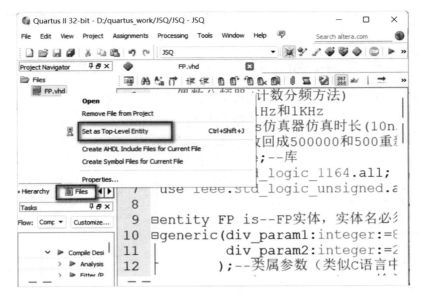

图 5.24　设置顶层实体

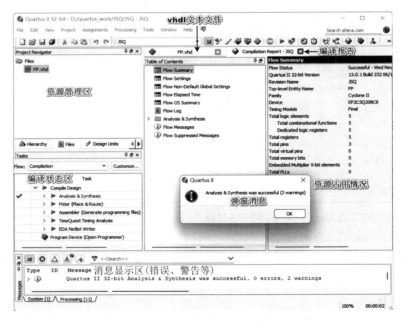

图 5.25　分析综合结果界面

4. 仿真验证

① 项目编译成功,只能说明没有语法错误,并不代表设计就是完全正确的。接下来可以使用 Quartus Ⅱ 自带仿真器对设计文件进行仿真,检查设计是否符合预期的功能。

② 点击工具栏中的 ▢ 新建文件工具,或者在菜单栏中依次点击"File"→"New…"弹出新建文件对话框,如图 5.26 所示,选择"University Program VWF"文件,显示仿真波形编辑器窗口(Simulation Waveform Editor)。在该窗口依次点击菜单栏中的"File"→"Save…",保存为与设计文件 FP 同名的 vwf 文件,如图 5.27 所示。

图 5.26 新建仿真文件对话框

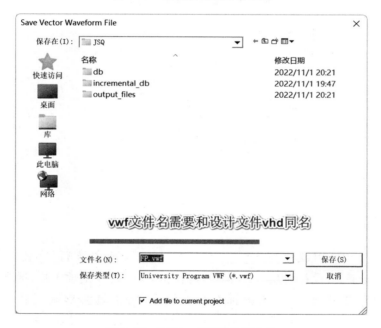

图 5.27 保存 vwf 波形仿真文件

③ 依次点击菜单栏中的"Edit"→"Grid Size..."设置网格宽度为最小值 10 ns,也就是波形窗口相邻纵向虚线间隔时间值。

④ 依次点击菜单栏中的"Edit"→"Set End Time..."设置仿真结束时间为 100 μs(软件允许 10 ns～100 μs)。

⑤ 双击波形编辑窗口左侧 Name 下方的空白处,添加信号,出现插入节点或总线窗口,如图 5.28 所示,点击"Node Finder...",出现节点查找窗口(图 5.29),点击"List"列出过滤器"Pins:all"要求的所有节点,点击"≫"一次性插入所有输入(Input)、输出(Output)信号。

之后点击"OK"回到如图 5.28 所示的窗口，注意进制 Radix 的选择，ASCII 为 ASCII 码，Binary 为二进制，Fractional 为十进制小数，Hexadecimal 为十六进制，Octal 为八进制，Signed Decimal 为有符号十进制，Unsigned Decimal 为无符号十进制。此处选择 Binary 二进制。

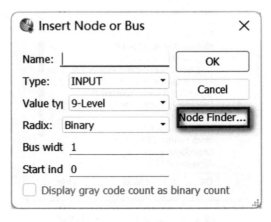

图 5.28　插入结果或总线窗口

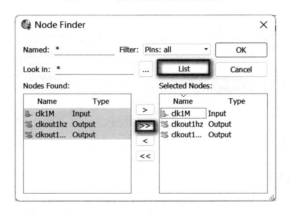

图 5.29　节点查找窗口

⑥ 在图 5.30 中，用鼠标点击输入节点"clk1M"，选中该行，点击工具栏中的 Overwrite Clock 工具，设置周期为 20 ns。点击工具栏中的 缩放工具，然后将鼠标移至网格区，点击鼠标左键可放大，点击鼠标右键可缩小，将仿真波形调至适合观看的大小。Simulation Waveform Editor 的左上角会显示仿真文件路径和名称，名称右上角带 ＊ 号表示有更改未保存，可使用 Ctrl＋S 组合键进行保存。

⑦ 依次点击菜单栏中的"Simulation"→"Options..."，选择 Quartus Ⅱ 仿真器，如图 5.31 所示。弹出如图 5.32 所示的提示框，上面英文的意思是"Quartus Ⅱ 模拟器仅用于学术研究。其仅支持 Cyclone Ⅰ ～Ⅳ 系列器件。此模拟器使用的一些时序信息是近似的。Altera 建议使用 ModelSim 模拟您的设计"。为了仿真的便捷，此处使用 Quartus Ⅱ 自带的仿真器。

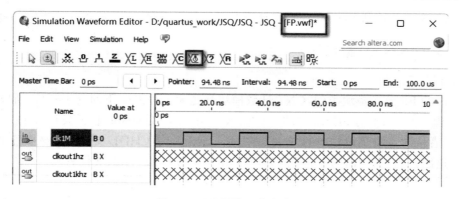

图 5.30　设置输入节点波形

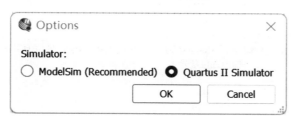

图 5.31　仿真器设置

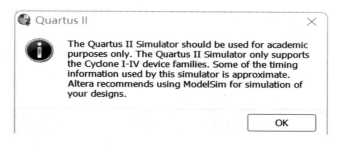

图 5.32　使用 Quartus Ⅱ仿真器提示框

⑧ 点击工具栏 或菜单栏中的"Simulation"→"Run Function Simulation..."运行功能仿真,结果如图5.33所示,前述文本输入时由于 Quartus Ⅱ仿真器仿真时长(10 ns～100 μs)和 Grid Size(>1 ns)受限,为了便于看清仿真和后续的动态数码管位选效果,将半分频系数设成8和2(分频系数为16和4),在实际下载前要改回500000和500重新编译。

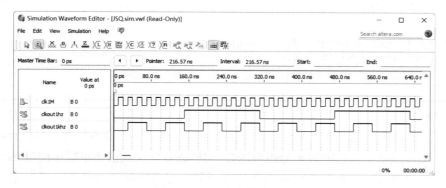

图 5.33　FP 分频仿真结果

⑨ 如果仿真波形结果不对,应分析仿真文件及输入文件,查改后重新编译综合及仿真。

5.1.3.2　CNT 计数模块

1. 设计输入

和前面的 FP 分频模块类似,CNT 计数模块都是大工程 JSQ 下面的小模块,所以仍然使用 JSQ 工程。参考 FP 分频模块中的设计输入方法,点击 Quartus Ⅱ 工具栏中的 ⛶ 新建文件工具,或者依次点击菜单栏中的"File"→"New…"新建 VHDL 文件。输入如下代码,此处设计八进制计数器(初值为 29,终值为 36),并保存为 CNT.vhd(文件名)。

```vhdl
library ieee;        --库说明
use ieee.std_logic_1164.all;       --程序包调用
use ieee.std_logic_arith.all;       --程序包调用
ENTITY CNT IS       --CNT 实体
PORT(clr,en,clk: in std_logic;       --清除,使能,时钟输入信号
        qh,ql: out std_logic_vector(3 downto 0);       --计数器输出高、低位 BCD 码
        co: out std_logic);        --输出进位信号
END CNT;
ARCHITECTURE BEHAVE OF CNT IS       --构造体
BEGIN
process(clk)      --时钟敏感信号
variable qh_v,ql_v: integer RANGE 0 TO 9;       --计数输出高、低位值(十进制)
begin
    if clk'event and clk = '1' then       --捕获计数器上升沿
        if clr = '0' then       --如果清除端为 0,则置初值
            qh_v:= 2;
            ql_v:= 9;       --置初值 29
            co <= '0';       --不进位
        elsif en = '1' then       --使能端 EN = 1,可以计数
            if qh_v = 3 and ql_v = 6 then       --如果到达终值 36
                co <= '1';       --进位,进位信号 = 1
                qh_v:= 2;
                ql_v:= 9;       --置初值 29
            elsif ql_v = 9 then       --个位到 9
                qh_v:= qh_v + 1;       --十位加 1
                ql_v:= 0;       --个位为 0
            else ql_v:= ql_v + 1;       --个位加 1
                co <= '0';       --不进位
            end if;
        end if;
    end if;
qh <= conv_std_logic_vector(qh_v,4);       --类型转换并赋值输出
ql <= conv_std_logic_vector(ql_v,4);
end process;
end behave;
```

2. 编译综合

类似于图 5.24,右击"CNT.vhd",选择"Set as Top-Level Entity",将 CNT.vhd 设置为顶层实体。然后点击工具栏中的 ⛶ 分析与综合工具,或者依次点击菜单栏中的"Processing"→"Start"→"Start Analysis & Synthesis",使用编译器完成设计项目的检查和逻辑综合。

3．仿真验证

新建 CNT.vwf 文件，仿真验证。双击波形编辑窗口左侧 Name 下方的空白处，添加信号。若将网格宽度（相邻纵向虚线间隔，点击"Edit"→"Grid Size…"）设置为 10 ns，clk 设置周期为 20 ns，则仿真结束时间（End Time）（点击"Edit"→"Set End Time…"）需要大于 clk 的周期 ×（进制 + 1）= 20×(8+1) = 180 ns，可设置为 1 μs。注意 End Time 要在输入信号之前设置，否则需重置输入信号。计数脉冲 clk 端选中后需使用 Ⅻ Overwrite Clock 工具，设置周期为 20 ns；使能端 en 选中后使用 ⊓ 工具给高电平 1；选中清除置初值端 clr 后先给高电平 1，然后从 0 ns 开始用鼠标左键选中至少一个计数周期（clk 时钟周期 20 ns 的部分），使用 ⊔ 工具给低电平 0。点击工具栏中的 缩放工具，然后将鼠标移至网格区，点击鼠标左键可放大，点击鼠标右键可缩小，将仿真波形调至适合观看的大小。点击鼠标右键选择计数器的高位输出 qh，并选择"Properties"，将 Radix 进制设置为 Unsigned Decimal，低位输出 ql 同样设置。

依次点击菜单栏中的"Simulation"→"Options…"，选择 Quartus Ⅱ 仿真器，如图 5.31 所示。接着点击工具栏 或者菜单栏中的"Simulation"→"Run Function Simulation…"运行功能仿真，仿真结果如图 5.34 所示，计数结果为 29～36，符合设计要求。

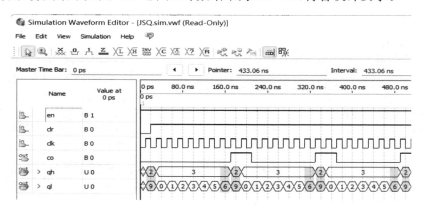

图 5.34　CNT 计数器仿真结果

5.1.3.3　SCAN_LED 扫描译码模块

1．设计输入

参考 FP 分频模块中的设计输入法，点击 Quartus Ⅱ 工具栏中的 新建文件工具，或者点击菜单栏中的"File"→"New…"弹出新建文件对话框，新建 vhd 文件，输入 SCAN_LED 扫描译码驱动共阴数码管（图 5.35）的模块代码如下：

```
--扫描译码电路
--输入高低位 BCD 码和扫描时钟,输出段信号和位信号传给 2 位动态共阴数码管
LIBRARY IEEE;    --库说明
USE IEEE.STD_LOGIC_1164.ALL;    --程序包调用
USE IEEE.STD_LOGIC_UNSIGNED.ALL;    --程序包调用
ENTITY SCAN_LED IS    --实体
  PORT (CLK_SCAN:IN STD_LOGIC;    --扫描时钟信号输入
  DataL,DataH:IN INTEGER RANGE 0 TO 15;    --高低位 BCD 码
```

```
        SG:OUT STD_LOGIC_VECTOR(6 DOWNTO 0);        --段信号(g~a,高电平有效)
        BT:OUT STD_LOGIC_VECTOR(1 DOWNTO 0));       --位信号(低电平有效)
    END SCAN_LED;
    ARCHITECTURE one OF SCAN_LED IS
    SIGNAL CNT2:INTEGER RANGE 0 TO 1;
    SIGNAL data:INTEGER RANGE 0 TO 15;
    BEGIN
P1:PROCESS(CNT2)     --敏感信号 CNT2
    BEGIN
    CASE CNT2 IS
    WHEN 0 => BT<="10";data<=DataL;      --CNT2 为 0,对低位 BCD 译码,位选显示个位
    WHEN 1 => BT<="01";data<=DataH;      --CNT2 为 1,对高位 BCD 译码,位选显示十位
    WHEN OTHERS => NULL;
    END CASE;
    END PROCESS P1;
P2:PROCESS(CLK_SCAN)     --扫描时钟
    BEGIN
    IF CLK_SCAN'EVENT AND CLK_SCAN = '1'     --捕获扫描时钟上升沿
    THEN
        IF CNT2 = 1 THEN CNT2 <=0;     --模 2 计数
        ELSE CNT2 <=CNT2 + 1;
        END IF;
    END IF;
    END PROCESS P2;
P3:PROCESS(data)     --共阴数码管译码
    BEGIN
    CASE data IS     --SG段译码信号输出(g~a,高电平有效)
        WHEN 0 => SG<="0111111";     --显示 0
        WHEN 1 => SG<="0000110";     --显示 1
        WHEN 2 => SG<="1011011";     --显示 2
        WHEN 3 => SG<="1001111";     --显示 3
        WHEN 4 => SG<="1100110";     --显示 4
        WHEN 5 => SG<="1101101";     --显示 5
        WHEN 6 => SG<="1111101";     --显示 6
        WHEN 7 => SG<="0000111";     --显示 7
        WHEN 8 => SG<="1111111";     --显示 8
        WHEN 9 => SG<="1101111";     --显示 9
        WHEN OTHERS => NULL;
    END CASE;
    END PROCESS P3;
    END one;
```

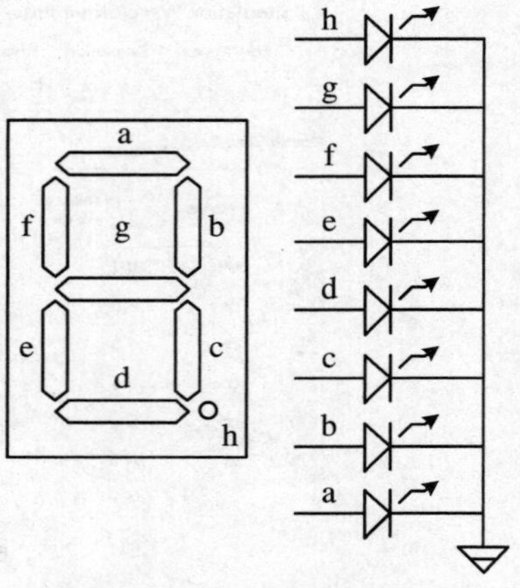

图 5.35　共阴数码管

2. 编译综合

类似于图 5.24，右击"SCAN_LED. vhd"，选择"Set as Top-Level Entity"，将 SCAN_LED. vhd 设置为顶层实体。然后点击工具栏中的 ✔ 分析与综合工具，或者依次点击菜单栏中的"Processing"→"Start"→"Start Analysis & Synthesis"，使用编译器完成设计项目的检查和逻辑综合。

3. 仿真验证

新建 SCAN_LED. vwf 文件，仿真验证。将 Grid Size 设置为 10 ns，CLK_SCAN 设置周期为 20 ns，可设置 End Time 为 100 ns(End Time 需要在输入信号之前设置，否则输入信号可能设置不完全，需要重新设置输入信号)。如图 5.36 所示，输入的 DataH 和 DataL 可以双击其右侧波形区域，使用 Unsigned Decimal 设置，设置值高位为 1，低位为 5。依次点

击菜单栏中的"Simulation"→"Options..."，选择 Quartus Ⅱ仿真器。接着点击工具栏 🔧 或者菜单栏中的"Simulation"→"Run Function Simulation..."运行功能仿真，仿真结果如图 5.37 所示，输出的位信号 BT 和段信号 SG 满足设计要求。

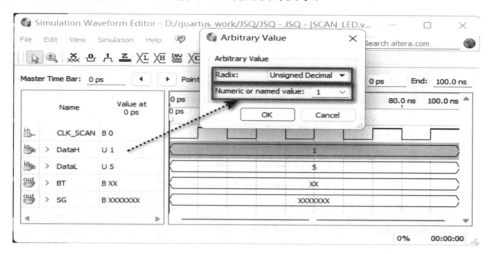

图 5.36　设置输入信号为无符号十进制

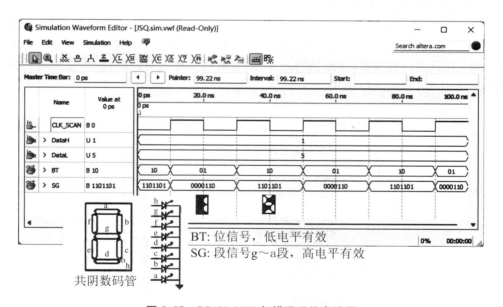

BT：位信号，低电平有效
SG：段信号 g~a 段，高电平有效

共阴数码管

图 5.37　SCAN_LED 扫描译码仿真结果

5.1.3.4　JSQ 顶层实体

1. 将子模块生成符号

切换到 File 文件视图，右击每个子模块的 vhd 文件，选择"Create Symbol Files for Current File"生成符号，扩展名为 .bsf，如图 5.38 所示。

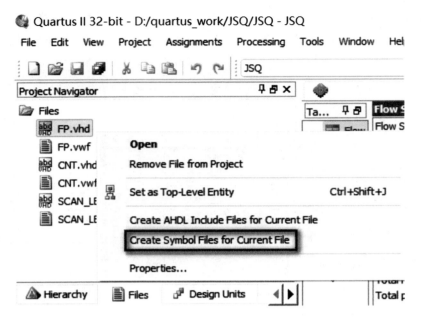

图 5.38　子模块生成符号

2. 创建顶层图形文件并编译

　　① 点击工具栏中的 ▢ 新建文件工具,或者菜单栏中的"File"→"New..."弹出新建文件对话框,如图 5.39 所示,选择"Block Diagram/Schematic File",扩展名为 .bdf。在 bdf 文件的右侧工作区空白处双击,弹出如图 5.40 所示的符号插入对话框,依次插入本工程下面的 FP、CNT 和 SCAN_LED 模块。

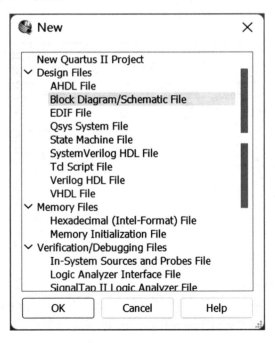

图 5.39　新建图形设计输入文件

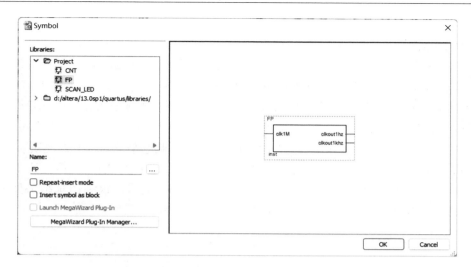

图 5.40　符号插入对话框

② 在 bdf 文件的右侧工作区空白处双击,在弹出的插入符号对话框左侧 Name 区域输入 input,插入 input 到工作区;同理插入 output。点击鼠标左键选中 input,同时按住 Ctrl 键不动,将鼠标左键拖动到空白处,即可复制选中项。双击“input/output”可修改名称。直接使用鼠标连线,最后效果如图 5.41 所示。

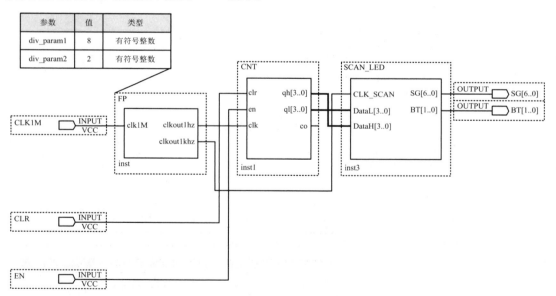

图 5.41　顶层图形化输入文件

③ Quartus Ⅱ 符号字体显示不完全(显示一半)的解决办法如下:关闭 Quartus Ⅱ 程序,右击程序图标,点击“属性”→“兼容性”→“更改高 DPI 设置”;在“替代高 DPI 缩放行为”前打钩,缩放执行选择“系统(增强)”,确定后重新打开。

④ 类似于图 5.24,右击“JSQ.vhd”,选择“Set as Top-Level Entity”,将 JSQ.bdf 图形化输入文件设置为顶层实体。然后点击工具栏中的 ✎ 分析与综合工具,或者点击菜单栏中的“Processing”→“Start”→“Start Analysis & Synthesis”,使用编译器完成设计项目的检查和

逻辑综合。

3. 仿真验证

① 新建 JSQ.vwf 文件,仿真验证。将 Grid Size 设置为 10 ns,CLK1M 设置周期为 20 ns,可设置 End Time 为 100 ns(End Time 需要在输入信号之前设置,否则输入信号可能设置不完全,需要重新设置输入信号)。加入所有输入、输出引脚,选中清除置初值端 clr 后使用 ⚘ 工具给高电平 1,然后从 0 ns 开始用鼠标左键选中至少一个计数周期(CLK1M 周期×div_param1×2＝20×8×2＝320 ns 的部分),使用 ⚘ 工具给低电平 0。为了方便观看结果,可将图 5.41 中 CNT 模块的输出寄存器 qh[3..0]和 ql[3..0]输出观看,具体方法如图 5.42 所示。同理,调出图 5.41 中 FP 模块分频后的 clk1 和 clk2 观看。最终仿真结果如图 5.43 所示,计数结果为 29～36,位信号 BT 和段信号 SG 均符合设计要求。

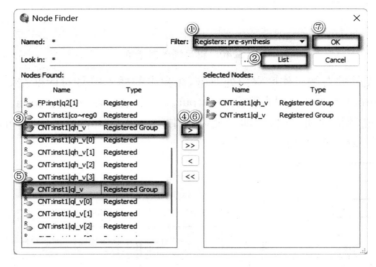

图 5.42 调出寄存器引脚界面

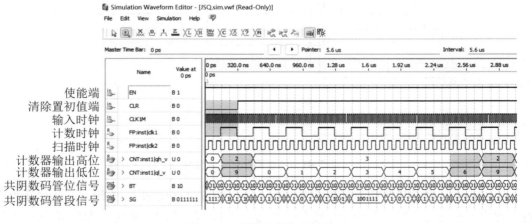

图 5.43 顶层实体仿真结果

② 若仿真有误,需要修改某个子模块的 VHDL(.vhd)文件,修改后右击该 vhd 文件,选择"Set as Top-Level Entity"设置为顶层实体。然后点击工具栏中的 ⚘ 分析与综合工具,或者点击菜单栏中的"Processing"→"Start"→"Start Analysis & Synthesis",使用编译器完成

设计项目的检查和逻辑综合。接着右击该子模块的 vhd 文件,选择"Create Symbol Files for Current File"生成符号。此时再将 JSQ 的 bdf 原理图输入文件设置为顶层实体,打开原理图输入文件后,右击之前的子模块对应的符号,选择"Update Symbol or Block..."更新符号或块后,对 JSQ.bdf 进行分析与综合,打开 JSQ.vwf 仿真文件重新运行仿真。

4. 器件适配

① 双击 JSQ 原理图中的 FP 模块,进入 FP.vhd 代码编辑界面,半分频系数 1 和 2 改成实际硬件需要的 500000 和 500(FPGA 板载固有时钟 1 MHz 分频出 1 Hz 和 1 KHz)。点击工具栏中的 分析与综合工具,或者点击菜单栏中的"Processing"→"Start"→"Start Analysis & Synthesis",使用编译器完成设计项目的检查和逻辑综合。

② 切到 JSQ.bdf 原理图界面后,右击 FP 元件选择右键菜单"Update Symbol or Block...",在弹出的对话框中选择"Selected symbol(s) or block(s)"更新选中的符号,并同步修改类属参数表(双击类属参数表,选择 Parameter 选项卡),重新进行分析与综合。

③ 回到工程主界面,点击工具栏中的 引脚分配工具(图 5.44),或者点击菜单栏中的"Assignments"→"Pin Planner..."进行输入、输出引脚分配,如图 5.45 所示。

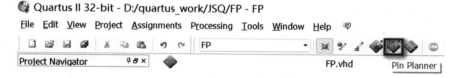

图 5.44　引脚分配工具

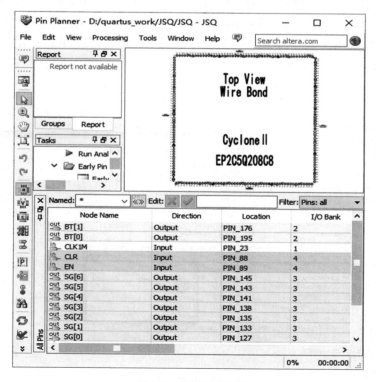

图 5.45　引脚分配界面

④ 点击菜单栏中的"Processing"→"Start"→"Start Filter"开始适配,在编译状态区可看到适配结果,如图 5.46 所示。在适配过程中,完成设计逻辑器件中的布局布线,选择适当的内部互连路径、引脚分配、逻辑元件分配等。

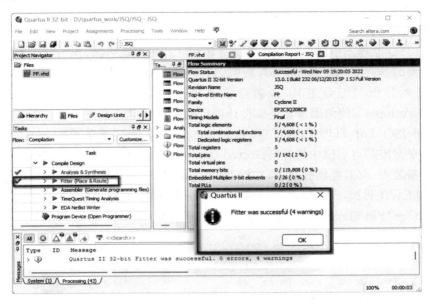

图 5.46 适配结果界面

⑤ 点击菜单栏中的"Processing"→"Start"→"Start Assembler"开始汇编,将项目最终设计结果生成器件的下载文件,在编译状态区可看到汇编结果,如图 5.47 所示。编译综合和器件适配可以使用工具栏中的 ▶ 全编译工具,或者点击菜单栏中的"Processing"→"Start Compilation"一次完成。

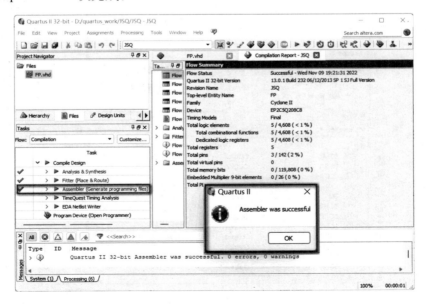

图 5.47 汇编结果界面

5. 器件下载

① 连接 FPGA 模块电源,点击工具栏中的 ♦ 下载工具或点击菜单栏中的"Tools"→ "Programmer..."下载编译好的文件。如果出现"No Hardware"(没有硬件),则点击 "Hardware Setup...",在弹出的界面中点击"No Hardware"右侧的 ▭ ,若找不到选项,则 说明下载线的 USB 驱动没有安装或者下载线没有连接好。

② 打开电脑的设备管理器,电脑的 USB 口插上一端已连上 FPGA 板的下载线,在设备 管理器的"其他设备"中会多出带感叹号的 USB-Blaster,说明驱动未安装。右击"USB-Blaster",选择"更新驱动程序",点击"浏览我的电脑以查找驱动程序",将其指定到 Quartus Ⅱ 安装路径,如不清楚路径,可右击桌面 Quartus Ⅱ 的快捷方式,选择"打开文件所在的位 置",然后返回上一级文件夹,选择"drivers"文件路径即可。点击"下一页",会弹出是否信任 界面,勾选"始终信任...",并点击"安装"。安装完成后,设备管理器中通用串行总线控制器 的下面会出现不带感叹号的 Altera USB-Blaster 设备。

③ 返回 Quartus Ⅱ 的下载选择硬件界面,点击右边的小三角找到 USB-Blaster[USB-0],点击"Close"返回下载界面,下载模式(Mode)选择 JTAG,点击"Start"开始下载,同时观 看右侧的 Progress 进度条,如图 5.48 所示。JTAG 模式断电不记忆,下载程序中扩展名为 .sof 的文件;AS 模式断电记忆,下载程序中扩展名为.pof 的文件。Progress 进度条显示 100%表示下载成功,测试结果如图 5.49 所示,硬件验证成功。

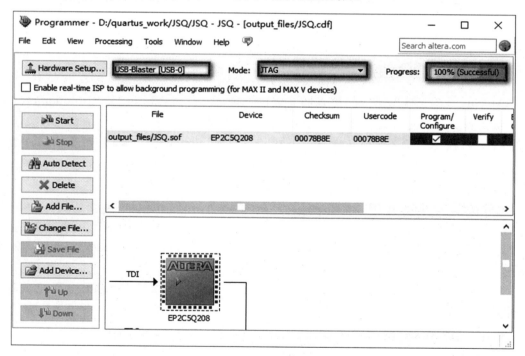

图 5.48　下载界面

图 5.49　硬件测试图

5.1.3.5　借助第三方工具联合仿真

Quartus Ⅱ 除了使用自带的仿真器完成仿真验证工作外，还可以使用 ModelSim 进行 RTL 级仿真。为了使读者熟悉在 Quartus Ⅱ 中调用 ModelSim 软件联合仿真的方法，下面以 CNT 计数模块为例介绍在 Quartus Ⅱ 中编写 Test Bench 自动调用 ModelSim 的仿真流程。

1. 在 Quartus Ⅱ 中配置 EDA 第三方工具 ModelSim

此处使用 ModelSim 10.4 版本，安装完 ModelSim 后，打开 Quartus Ⅱ，选择菜单栏中的"Tools"→"Options"→"EDA Tool Options"，如图 5.50 所示，ModelSim 可执行文件路径设置为 ModelSim 安装路径下的 win64 文件夹，例如"D：\altera\modeltech64_10.4\win64"。

当使用工程向导建立工程设置 EDA 工具时，工具名称选择"ModelSim"，格式选择"VHDL"（图 5.51）。若已经建完工程，点击工具栏 Settings 工具打开工程设置界面，如图 5.52 所示，选择 ModelSim 和 VHDL 后点击"Apply"应用设置。

2. 在 Quartus Ⅱ 中编写 Test Bench 测试文件

Test Bench 就是 ModelSim 的仿真激励文件，用来对设计文件进行测试。利用 Test Bench 进行仿真测试的步骤如下：

（1）接口例化

通过 Quartus Ⅱ 自动生成一个 Test Bench 模板，内含自动例化好的接口。右击 CNT.vhd，选择"Set as Top-Level Entity"，将 CNT.vhd 设置为顶层实体。然后点击菜单栏中的

"Processing"→"Start"→"Start Test Bench Template Writer",生成 Test Bench 仿真模板,扩展名为 .vht,路径查看如图 5.53 所示。在 Quartus Ⅱ 界面点击菜单栏中的"File"→"Open..."，打开该路径下的 vht 文件,注意文件类型选择"All Files(*.*)"。

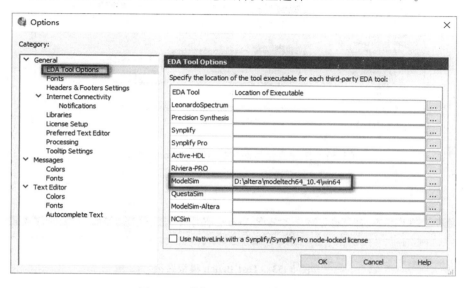

图 5.50　选择 ModelSim 的安装路径

图 5.51　新建工程时选择 ModelSim 仿真 VHDL

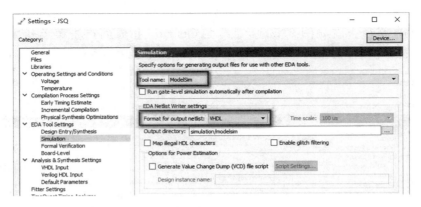

图 5.52　工程设置页面选择 ModelSim 仿真 VHDL

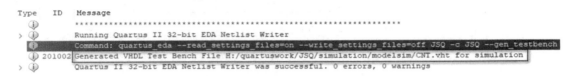

图 5.53　Test Bench 模板路径

自动生成的 CNT 计数模块 VHDL 语言的 Test Bench 文件如下：

```
LIBRARY ieee;  --引用库
USE ieee.std_logic_1164.all;  --引用程序包
ENTITY CNT_vhd_tst IS  --测试平台文件的空实体(不需要端口定义)
END CNT_vhd_tst;
ARCHITECTURE CNT_arch OF CNT_vhd_tst IS  --构造体
-- constants  --常量声明
-- signals  --信号声明
SIGNAL clk:STD_LOGIC;
SIGNAL clr:STD_LOGIC;
SIGNAL co:STD_LOGIC;
SIGNAL en:STD_LOGIC;
SIGNAL qh:STD_LOGIC_VECTOR(3 DOWNTO 0);
SIGNAL ql:STD_LOGIC_VECTOR(3 DOWNTO 0);
COMPONENT CNT  --被测试元件的声明
  PORT (
  clk:IN STD_LOGIC;
  clr:IN STD_LOGIC;
  co:OUT STD_LOGIC;
  en:IN STD_LOGIC;
  qh:OUT STD_LOGIC_VECTOR(3 DOWNTO 0);
  ql:OUT STD_LOGIC_VECTOR(3 DOWNTO 0)
  );
END COMPONENT;
BEGIN
i1:CNT
PORT MAP(  --接口例化
--list connections between master ports and signals
clk=>clk,
clr=>clr,
```

```
co => co,
en => en,
qh => qh,
ql => ql
);
init: PROCESS      --初始化进程
    --variable declarations
    BEGIN
        --code that executes only once
    WAIT;
    END PROCESS init;
always: PROCESS       --always 进程
    --optional sensitivity list
    --(           )
    --variable declarations
    BEGIN
        --code executes for every event on sensitivity list
    WAIT;
    END PROCESS always;
    END CNT_arch;
```

注意：从代码可以看出 CNT.vht 中 ENTITY 的名称为 CNT_vhd_tst，此处需要将 Test Bench 模板路径下的 CNT.vht 重命名为 CNT_vhd_tst.vht，必须和内部的实体统一名称。

另外，自动生成的模板中内含两个进程（无敏感信号，需要 WAIT 语句启动进程）：init 初始化进程和 always 进程。初始化进程中可以放置输入复位信号等的激励语句，always 进程中可以写入时钟信号的激励语句。进程中的 WAIT 表示等待，在 Test Bench 中可以使用以下几种 WAIT 语句：

① WAIT：无限等待，表示永远挂起，对于含有 WAIT 语句的进程来说，进程在一开始执行一次，后面就不再执行了；

② WAIT ON 信号表：敏感信号等待语句，等敏感信号表中的信号发生变化时才执行；

③ WAIT UNTIL 表达式：条件等待语句，当条件表达式中所含的信号发生变化，并为真时，进程才会脱离等待状态；

④ WAIT FOR 时间表达式：此语句中声明了一个时间段，从进程开始到当前的 WAIT 语句初始，只要在这个时间段内，进程处于等待状态，超过这段时间，进程自动恢复执行该等待语句的下一条语句。

（2）添加激励（输入信号波形）

CNT 计数测试时为了使代码更具可读性，会删除模板中的 init 和 always 进程，添加 en_gen 使能、clr_gen 清除、clk_gen 时钟产生进程，代码如下：

```
en_gen: PROCESS      --自添代码，产生使能激励进程
    BEGIN
        --code that executes only once
        en <= '1';
        WAIT;      --无限等待，表明进程只执行一次
    END PROCESS en_gen;
clr_gen: PROCESS       --自添代码，产生清除激励进程
    BEGIN
        --code that executes only once
```

```
        clr <='0';
        wait for 20 ns;
        clr <='1';
        WAIT;      --无限等待,表明进程只执行一次
    END PROCESS clr_gen;
clk_gen: PROCESS      --自添代码,产生输入时钟激励进程
    constant clk_period: TIME:= 20 ns;      --设置时钟周期常量
    BEGIN
        clk <='0';
        WAIT FOR clk_period/2;
        clk <='1';
        WAIT FOR clk_period/2;
    END PROCESS clk_gen;
```

（3）仿真验证

接下来点击工具栏中的 Settings，打开工程设置界面，选择 Simulation 选项卡，如图 5.54 所示选中"Compile test bench"，点击右侧的"Test Benches..."，在弹出的对话框中点击"New"，弹出如图 5.55 所示的对话框，输入相应的名称后，点击"Add"添加对应的 vht 测试文件，点击"OK"。

点击 RTL Simulation（仿真），自动跳出 ModelSim 软件界面，等待下方的信息停止更新后，界面显示波形。为了使波形显示完整，点击右侧空白区域，再点击上方工具栏中的 缩小波形按钮，CNT 分频模块（联合 ModelSim）仿真结果如图 5.56 所示，计数结果为 29(4'h29)~36(4'h36)，满足设计要求。

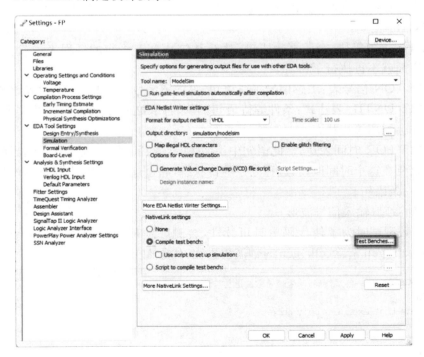

图 5.54　设置 Test Benches 文件

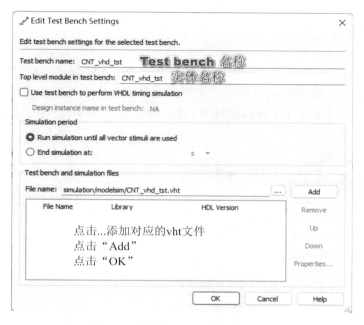

图 5.55　新的 Test Bench 文件设置

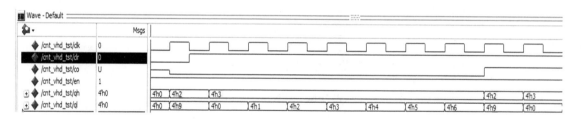

图 5.56　CNT 计数器仿真结果(ModelSim 仿真)

5.2　ModelSim 10.4

ModelSim 是 Mentor 公司开发的可以用于 VHDL 仿真、Verilog HDL 仿真、VHDL 和 Verilog 混合仿真的仿真器。ModelSim 包含 SE、PE、LE 和 OEM 等多个版本。由于出品公司为各种 FPGA 和 CPLD 开发厂商提供了 OEM 版本,使其在 FPGA 和 CPLD 设计中得到了广泛的应用。ModelSim 包含基本仿真流程、工程仿真流程和多库仿真流程,这里主要介绍工程仿真流程。工程仿真流程包含建立工作库(Library),建立工程(Project),将设计的源文件和测试文件加入工程中编译(Compile)、仿真(Simulate)和调试。

下面将介绍 ModelSim 10.4 的使用。

5.2.1 建立工作库

在建立工程前,需要先建立工作库。在 ModelSim 的主(Main)窗口中依次点击"File"→"New"→"Library...",如图 5.57 所示。在弹出的对话框中输入工作库的名称(work),如图 5.58 所示,点击"OK"完成工作库的建立,接着就能看见 work 这个工作库了,如图 5.59 所示。

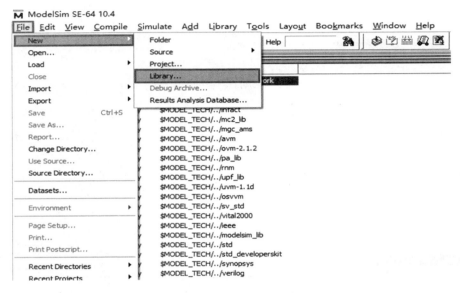

图 5.57 点击"File"→"New"→"Library..."

图 5.58 新建工作库 work

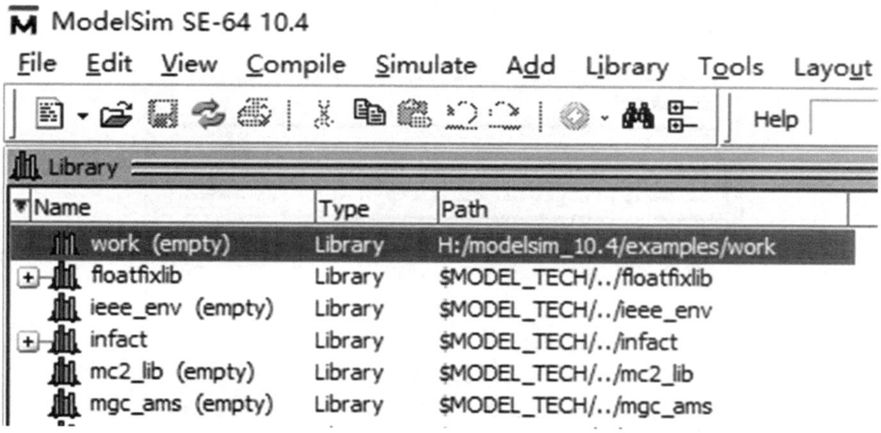

图 5.59　在 Library 窗口下可以看到工作库 work

5.2.2　建立工程项目

如果工作库中有 work 这个库，就不需要进行上述新建库的步骤，可以直接新建工程项目。在主窗口中依次点击"File"→"New"→"Project..."，如图 5.60 所示。在弹出的 Create Project 对话框中的 Project Name 下输入工程项目的名字，这里我们需要一个序列检测器，因此用 checker 作为工程的名字，如图 5.61 所示。在 Project Location 下输入该工程所有文件保存的路径，其他对话框保持默认设置即可。

图 5.60　点击"File"→"New"→"Project..."

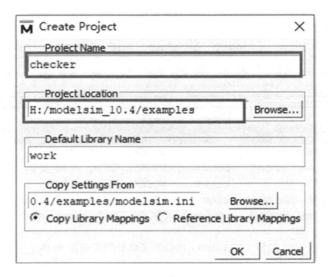

图 5.61　输入工程项目名称和项目路径

5.2.3　输入设计代码

继上一步点击"OK"之后,有两种方式创建新的工程文件。

第一种方式:在点击"OK"之后,会出现 Add items to the Project 对话框,如图 5.62 所示。选择"Create New File"选项新建项目设计文件。在 Create Project File 对话框中输入设计文件名,这里我们输入 checker(与工程名一致),也可以输入其他文件名。由于本例是用 Verilog HDL 进行设计的,因此在 Add file as type 选项卡中选择"Verilog",在 Folder 选项卡中默认选择"Top Level",当工程项目中有其他设计文件时可根据需要将其设为顶层文件,如图 5.63 所示。点击"OK",在主窗口中能看到新建的 checker.v 文件,如图 5.64 所示。最后对 checker.v 文件进行编辑,输入设计代码。

图 5.62　创建新的工程文件

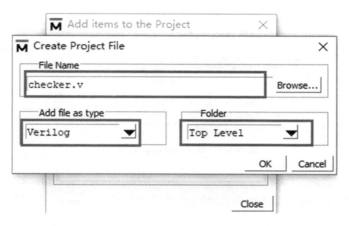

图 5.63　输入工程文件名,选择 Verilog 语言

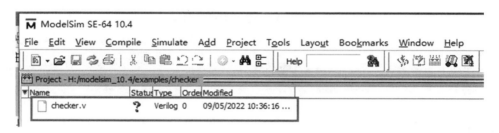

图 5.64　主窗口中看到的工程文件

　　第二种方式:在点击"OK"之后,会出现 Add items to the Project 对话框,直接点击"Close"关闭该对话框,如图 5.65 所示。依次点击主窗口的"File"→"New"→"Source"→"Verilog",如图 5.66 所示。然后会出现项目设计代码的编辑窗口,如图 5.67 所示。输入设计代码并利用 Ctrl+S 快捷键保存,也可以通过点击"保存"进行保存。注意保存时,模块的名称(checker)应该与文件的名称(checker)一致,如图 5.68 所示。

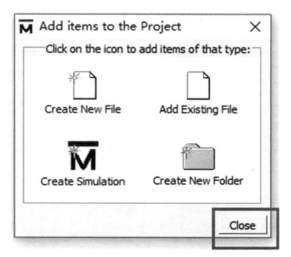

图 5.65　关闭 Add items to the Project 对话框

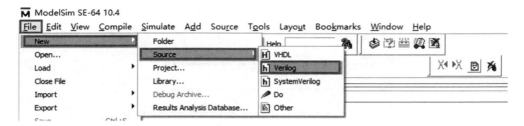

图 5.66　新建 Verilog 工程文件

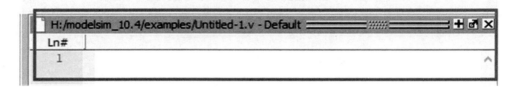

图 5.67　Verilog 文本编辑窗口

图 5.68　Verilog 设计文件保存界面

下面通过二段式状态机实现"101"序列检测器,只要检测到"101"序列就会输出"1"。设计代码如下:

```
module checker (z,x,clk,rst);
parameter s0 = 2'b00,s1 = 2'b01,s2 = 2'b11,s3 = 2'b10;
output z;
input x,clk,rst;
reg [1:0] state,next_state;
reg z;
always@(state,x)
  case (state)
    s0:if(x)
          begin next_state<=s1;   z = 0;end
        else
          begin next_state<=s0;   z = 0;end
    s1:if(! x)
          begin next_state<=s2;   z = 0;end
        else
```

```
                begin next_state<=s1;    z = 0;end
        s2:if(x)
                begin next_state<=s3;    z = 0;end
            else
                begin next_state<=s0;    z = 0;end
        s3:if(x)
                begin next_state<=s1;    z = 1;end
            else
                begin next_state<=s2;    z = 0;end
        endcase
    always@(posedge clk or negedge rst)
        if(!rst) state<=s0;
            else state<=next_state;
    endmodule
```

5.2.4　添加工程设计文件到工程中

在主窗口中依次点击"Project"→"Add to Project"→"Existing File..."，如图 5.69 所示。弹出 Add file to Project 对话框，在 File Name 选项卡下点击"Browse..."选择上面保存的 checker.v 文件，点击"OK"，如图 5.70 所示。

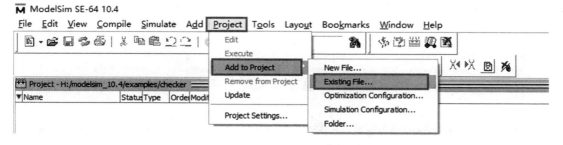

图 5.69　将设计的文件添加到工程项目中

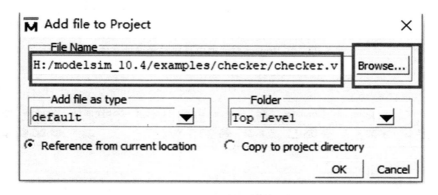

图 5.70　浏览设计的文件所在目录

5.2.5　编译设计的代码

先在 Workplace 窗口 Project 对话框中选择 checker.v 文件,接着在主窗口中依次点击 "Compile"→"Compile Selected"对设计的代码进行编译,如图 5.71 所示。也可以通过左键选择 checker.v 文件,右键选择"Compile"→"Compile Selected"对设计的代码进行编译,如图 5.72 所示。如果编译成功,在 Project 对话框中的 Status 下面会有对钩,如图 5.73 所示,同时在 Transcript 对话框中显示"♯ Compile of checker.v was successful.",如图 5.74 所示。如果当前工程有多个 v 文件,可以通过点击"Compile"→"Compile All"进行批量编译。

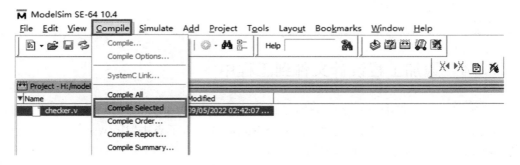

图 5.71　在主窗口中编译选中的设计文件

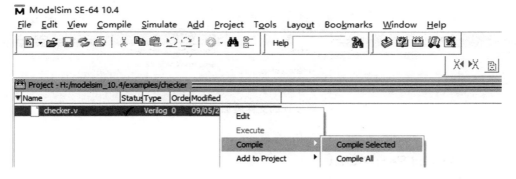

图 5.72　在 Project 对话框中直接编译设计文件

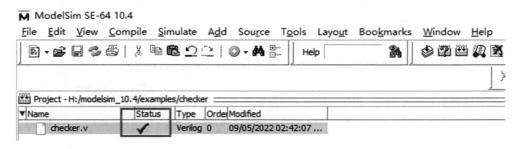

图 5.73　在 Status 下会出现对钩

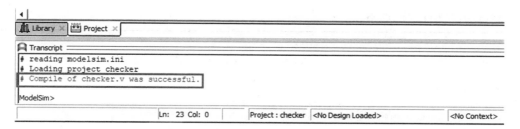

图 5.74　在 Transcript 窗口中显示编译成功

5.2.6　设计并添加测试程序

在主窗口中依次点击"File"→"New"→"Source"→"Verilog",输入设计的测试代码(主要提供时钟信号和激励信号),保存为 checker_tb.v(文件名与测试模块的名称一致,测试模块的命名规则一般为在被测模块的名称后面加上后缀"_tb",表示该被测模块的 Test Bench 文件),如图 5.75 所示。然后将其添加到当前的工程中并进行编译(添加和编译操作步骤与 checker.v 文件操作步骤相同),编译结果如图 5.76 所示。

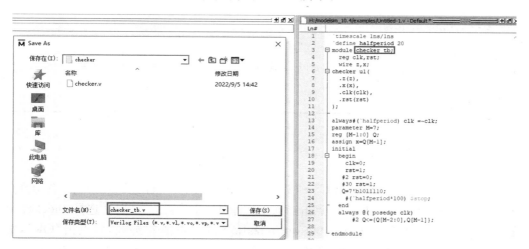

图 5.75　测试文件保存界面

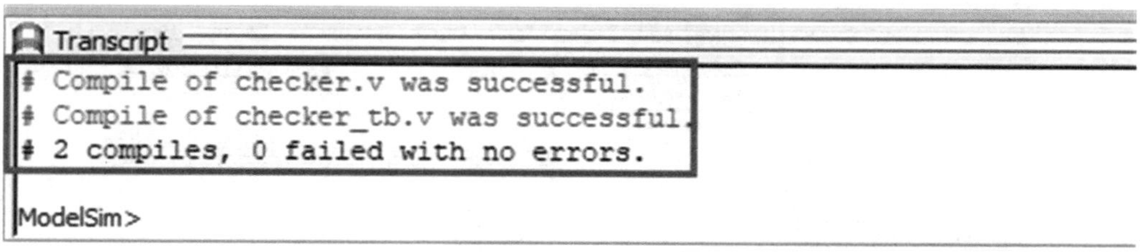

图 5.76　测试文件在 Transcript 窗口中显示编译成功

测试激励文件代码如下:

```
'timescale 1 ns/1 ns      //设置仿真时间单位、时间精度
'define halfperiod 20      //建立一个文本宏替代(用"halfperiod"替代"20")

module checker_tb;       //测试模块的开始,定义测试模块名
  reg clk,rst;          //定义测试模块中需要产生的激励信号
  wire z,x;           //定义测试模块中连接被测试模块的输出信号
checker u1(          //实例化被测试模块,并通过名称对应方式与被测试模块相连
  .z(z),            //括号中的"z"是测试模块中定义的信号,括号外的"z"是被测试模块产生的
  .x(x),
  .clk(clk),
  .rst(rst)
);
always #('halfperiod) clk = ~clk;      //每延时 20 ns,时钟信号翻转
parameter M = 7;      //定义了一个参数型变量 M 为 7
reg [M-1:0] Q;       //定义了一个位宽为 M(7)的寄存器变量 Q
assign x = Q[M-1];      //将 Q 的最高位(Q[6])赋值给 x
initial           //初始化时钟信号、复位信号,对内部变量 Q 赋值
  begin
    clk = 0;
    rst = 0;
    #30 rst = 1;
    #3 Q = 7'b1010110;
    #('halfperiod * 100) $ stop;      //延时一定时钟周期后,暂停仿真
  end
always@(posedge clk)      //在时钟上升沿到来时,执行 always 块中的语句
  #40 Q <= {Q[M-2:0],Q[M-1]};      //延时 40 ns,Q 的最高位移到最低位
endmodule
```

5.2.7 打开仿真器

在主窗口中依次点击"Simulate"→"Start Simulation...",如图 5.77 所示,会出现仿真设置对话框。在 Design 选项卡下,点击当前工作库 work 前面的"＋"号,选择 checker_tb.v 作为顶层文件进行仿真,注意 Enable optimization 选项不能勾选,然后点击"OK",如图 5.78 所示。接着在 Workplace 窗口的 sim 对话框中会显示各个模块的名称,在 Objects 窗口会列出各端口名和内部信号名,如图 5.79 所示。

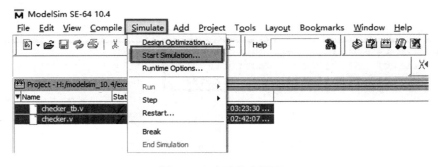

图 5.77 启动仿真界面

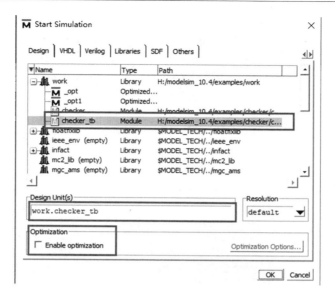

图 5.78　仿真设置对话框

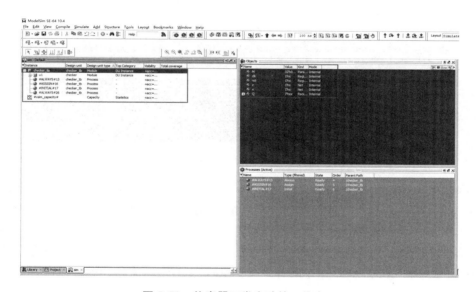

图 5.79　仿真器正常启动的工作窗口

5.2.8　添加观测信号,运行仿真器

在 ModelSim 中有很多窗口,当对一个窗口进行修改时,会引起其他相关窗口的变化,为方便用户观察,可以在主窗口中的 View 下面进行选择,打开或关闭相应的窗口,"√"表示已经打开的窗口,如图 5.80 所示。例如,通过点击主窗口下的"View"→"Wave",打开波形窗口,如图 5.81 所示。

图 5.80　View 的下拉选择选项

图 5.81　通过点击"View"→"Wave",打开波形窗口

　　右键选择 Workplace 窗口的 sim 对话框中的模块或 Objects 对话框中的信号,左键选择"Add Wave",将选中的信号添加到 Wave 窗口,如图 5.82 所示。选择 Wave 窗口中的"Run-All",如图 5.83 所示,运行仿真,观察每个信号的值,如图 5.84 所示,从图中可以看出,只要输入"x"出现"101"序列时,输出"z"就会出现高电平 1,说明程序设计满足设计要求。注意:这里为了方便观察信号,图中的背景颜色设置为白色,下文会介绍如何设置 ModelSim 波形窗口中的背景颜色。

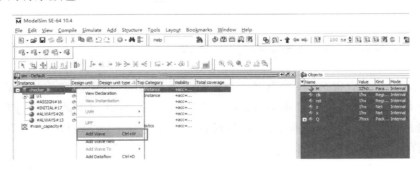

图 5.82　添加需要观测的信号

图 5.83　运行仿真

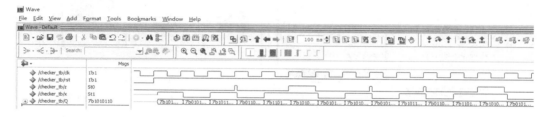

图 5.84　运行仿真后,各信号的波形图

5.2.9　设置 ModelSim 的背景颜色

ModelSim 中还有许多波形调试的方法,这里不再过多介绍。下面主要介绍一下改变 ModelSim 中背景颜色的方法。在主窗口中依次点击"Tools"→"Edit Preferences...",如图 5.85 所示。

图 5.85　Tools 下拉选项卡

在弹出的 Preferences 对话框中,点击"By Window"→"Wave Windows",如图 5.86 所示。

在 Wave Windows Color Scheme 窗口内进行变量选择,在 Palette 选项内设置颜色,将

background、gridColor 和 waveBackground 设置为 White，将 cursorColor 和 selectBackground 设置为 Gray50，将 LOGIC_X 设置为 Red，LOGIC_Z 设置为 Blue，其他的设置为 Black。设置好之后再选择"Apply"，最后选择"OK"。再次运行仿真查看波形，背景颜色已改变，如图 5.87 所示。

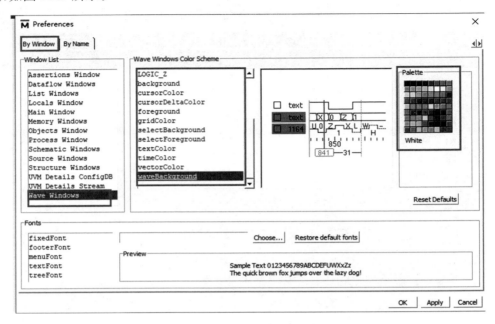

图 5.86　Preferences 对话框

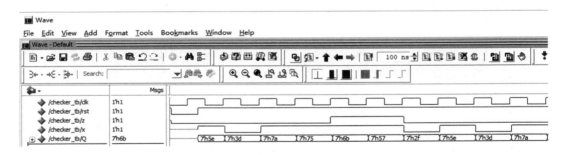

图 5.87　设置 ModelSim 的背景颜色为白色后的效果

章 末 小 结

　　本章介绍了两款优秀的 EDA 设计开发工具的使用。首先介绍了 Quartus Ⅱ 13.0 软件，通过 2 位计数-动态扫描显示电路的实例，介绍了设计输入、编译综合、器件适配、软件仿真、器件下载等一系列 Quartus Ⅱ 的开发流程。实例中依据 EDA 技术自顶向下的层次化、模块化设计理念，以 FPGA 为主控单元，使用了 VHDL 和 bdf 图形输入法混合编程。通过硬件实验结果对设计方案进行了验证。

其次介绍了 ModelSim 10.4 软件,通过"101"序列检测器的实例介绍了使用 ModelSim 创建工程文件、编译、仿真和观察波形等一系列开发流程。实例中通过编写的 Test Bench 文件对"101"序列检测器进行了仿真验证。通过观察仿真波形,可以验证设计结果是否满足设计要求。最后为了方便观察仿真波形,还介绍了 ModelSim 背景颜色的设置方法。

习　题

1. 参考举例,设计一个 2 位减计数-动态扫描显示电路,设减计数器的初值为 64,终值为 30,使用 2 个共阳数码管扫描显示。请自行编写 VHDL 设计代码并应用 Quartus Ⅱ 13.0 软件进行仿真验证。

2. 参考举例,设计一个"11010"序列检测器,请自行编写设计代码及相对应的 Test Bench 文件,并应用 ModelSim 10.4 软件进行仿真验证。

第6章 常用功能模块设计描述

本章将分别应用硬件描述语言 VHDL 和 Verilog 对常用功能模块进行建模设计与仿真研究（VHDL 程序基于 Quartus Ⅱ 9.0 仿真；Verilog 程序基于 ModelSim 10.4 仿真）。

6.1 计数器模块

6.1.1 模块端面图及功能描述

加减可控的计数器模块端面如图 6.1 所示。

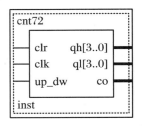

图 6.1 加减可控的计数器模块端面图

模块输入端包括计数脉冲 clk、清零信号 clr 和计数方向控制端 up_dw。up_dw 为"1"表示加计数，加计数模式时，计数脉冲 clk 的上升沿到来，低位加 1，且逢 9 向高位进位；加计数至模值时，高、低位清零，同时产生进位信号（减计数模式以此类推）。计数输出为两组 BCD 码，计数模值可编程确定。

6.1.2 VHDL 建模设计与仿真验证

【例 6.1】 设计一个模为 72 的加减可控计数器。
VHDL 设计描述如下：

```
library ieee;
use ieee.std_logic_1164.all;
use ieee.std_logic_arith.all;
ENTITY cnt72 IS
PORT(clr,clk,up_dw:in std_logic;
qh,ql:out std_logic_vector(3 downto 0);
```

```
co;out std_logic);
END cnt72;
ARCHITECTURE BEHAVE OF cnt72 IS
BEGIN
process(clk)
variable qh_v,ql_v:integer range 0 to 10;        --定义高、低位十进制整型计数器变量
begin
if clk'event and clk = '1' then
    if clr = '0' then     --清零复位
            qh_v:= 0;ql_v:= 0;co <='0';
    elsif up_dw = '1' then     --加计数
        if ql_v = 1 and qh_v = 7 then
            co <='1';qh_v:= 0;ql_v:= 0;
        elsif ql_v = 9 then
            qh_v:= qh_v + 1;ql_v:= 0;
        else ql_v:= ql_v + 1;co <='0';
        end if;
    else      --否则,减计数
        if ql_v = 0 and qh_v = 0 then
            co <='1';qh_v:= 7;ql_v:= 1;
        elsif ql_v = 0 then
            qh_v:= qh_v - 1;ql_v:= 9;
        else ql_v:= ql_v - 1;co <='0';
        end if;
    end if;
end if;
qh <=conv_std_logic_vector(qh_v,4);        --高位整型数转 4 位 BCD 码输出
ql <=conv_std_logic_vector(ql_v,4);        --低位整型数转 4 位 BCD 码输出
end process;
end behave;
```

模为 72 的加减可控计数器仿真波形如图 6.2 所示。

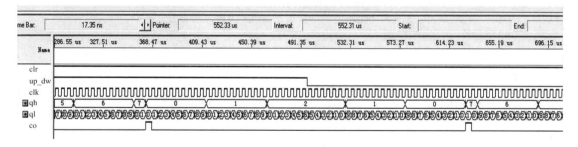

图 6.2　模为 72 的加减可控计数器仿真波形图

程序说明及仿真分析:

① up_dw 为"1"区间对 clk 加计数,加至 71 时 c0 产生进位信号,计数器复从 0 开始下一个周期的加计数,仿真过程正确;

② 当 up_dw 为"0"时,从计数值 26 开始对 clk 减计数,减至 0 时 c0 产生借位信号,计数器复从 71 开始下一个周期的减计数,仿真过程正确。

6.1.3 Verilog 建模设计与仿真验证

【例 6.2】 设计一个模为 48 的加减可控计数器。

Verilog HDL 设计描述如下：

```
module cnt48(clr,clk,up_dw,qh,ql,co);
  input clr,clk,up_dw;
  output reg [3:0] qh,ql;        //定义高、低位十进制寄存器型计数器
  output reg co;
  always@(posedge clk)
  if(! clr) begin       //清零复位
    qh<=4'd0;
    ql<=4'd0;
    co<=1'b0;
  end
  else if(up_dw) begin       //up_dw 为高时，加计数
    if(ql == 4'd7 && qh == 4'd4) begin       //判断是否计数到 47，并清零
      qh<=4'd0;
      ql<=4'd0;
      co<=1'b1;
    end
    else if(ql == 4'd9 && qh < 4'd4)begin       //个位加计数
      qh<=qh + 1'b1;
      ql<=4'd0;
    end
    else if(ql <=4'd9) begin       //个位加到 9，十位加 1
      ql<=ql + 1'b1;
      qh<=qh;
      co<=1'b0;
    end
  end
  else if(!up_dw) begin       //up_dw 为低时，减计数
    if(ql == 4'd0 && qh == 4'd0)begin       //ql 和 qh 都减到 0 时，计数器复位到 47
      qh<=4'd4;
      ql<=4'd7;
      co<=1'b1;
    end
    else if(!ql)begin       //个位数减到 0，十位数减 1
      qh<=qh - 1'b1;
      ql<=4'd9;
    end
    else begin       //个位数自减 1，其他不变
      ql<=ql - 1'b1;
      co<=1'b0;
      qh<=qh;
    end
  end
endmodule
```

模为 48 的加减可控计数器仿真波形如图 6.3 所示。

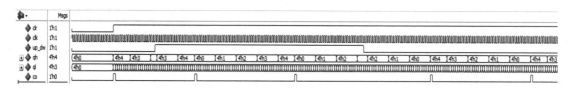

图6.3 模为48的加减可控计数器仿真波形图

程序说明及仿真分析：

① up_dw 为"1"区间对 clk 加计数，加至47时 c0 产生进位信号，计数器复从0开始下一个周期的加计数，仿真过程正确（图6.4）；

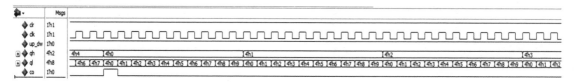

图6.4 up_dw 为"1"加计数过程仿真波形图

② up_dw 为"0"区间对 clk 减计数，减至0时 c0 产生借位信号，计数器复从47开始下一个周期的减计数，仿真过程正确（图6.5）。

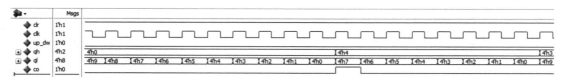

图6.5 up_dw 为"0"减计数过程仿真波形图

6.2 偶数分频器模块

6.2.1 模块端面图及功能描述

2路输出的偶数分频器模块端面如图6.6所示。

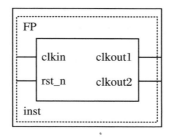

图6.6 2路输出的偶数分频器模块端面图

图 6.6 中,clkin 为待分频的输入时钟信号,clkout1 和 clkout2 为 2 路偶数分频后的输出时钟信号。这里设 clkout1 进行了 32 分频且输出信号占空比为 1/2,clkout2 进行了 16 分频且输出信号占空比为 1/16。偶数分频器的 VHDL 程序设计如例 6.3 所示。

6.2.2 VHDL 建模设计与仿真验证

【例 6.3】 设计如图 6.6 所示的偶数分频器模块。
VHDL 设计描述如下:

```
library ieee;
use ieee. std_logic_1164. all;
use ieee. std_logic_unsigned. all;
entity FP is
port(clkin,rst_n:in std_logic;
    clkout1,clkout2:out std_logic);
end FP;
architecture behav of FP is
signal q:std_logic_vector(3 downto 0);      --十六进制计数器信号
signal clk1:std_logic;      --替代 clkout1 进行取反操作
begin
process(clkin,rst_n)
Begin
if rst_n = '0' then q<="0000";      --复位清零
elsif clkin'event and clkin = '1' then
if q>="1111" then q<="0000";
clk1 <=not clk1;
elsif q = "0111" then
clkout2 <='1';q<=q+'1';
else clkout2 <='0';
q<=q+'1';
end if;
end if;
clkout1 <=clk1;
end process;
end behav;
```

偶数分频器仿真波形(VHDL)如图 6.7 所示。

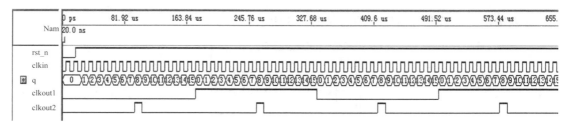

图 6.7 偶数分频器仿真波形图(VHDL)

程序说明及仿真分析:
① 分频器构造体中定义了一个内部信号 q 对 clkin 进行计数,计数范围为 0～15;
② 输入时钟信号 clkin 的上升沿到来时,内部计数器 q 加 1,计数值等于 7 时,clkout2

输出一个 clkin 周期的高电平 1，计数至 15 时清零并重复，故 clkout2 是 16 分频且占空比为 1/16，仿真波形显示正确；

③ 分频器构造体中还定义了一个内部信号 clk1，当内部计数器 q 的值等于 15 时清零，同时 clk1 取反并赋值给 clkout1，两次取反后得到一个完整的 clkout1 周期，因此 clkout1 是 32 分频且占空比为 1/2，仿真波形显示正确；

④ 提示 1：将 clkout1 端口定义为 out 模式，不能直接进行取反操作，故需引入内部信号 clk1 进行替代；

⑤ 提示 2：分频系数为 2N 的偶数分频器（1/2 占空比），设计时需在构造体内部定义一个模为 N 的加计数器。

6.2.3　Verilog 建模设计与仿真验证

【例 6.4】　设计如图 6.6 所示的偶数分频器模块。

Verilog HDL 设计描述如下：

```
module FP(clkin,rst_n,clkout1,clkout2);
  input rst_n,clkin;
  output reg clkout1,clkout2;
  parameter N = 32,M = 16,WIDTH = 7;
  reg[WIDTH:0]counter1;
  reg[WIDTH:0]counter2;
  always@(posedge clkin or negedge rst_n)
    if(!rst_n) begin
      counter1 <=1'b0;
    end
    else if(counter1 == N-1) begin
      counter1 <=1'b0;
    end
    else begin
      counter1 <=counter1 + 1'b1;
    end
  always@(posedge clkin or negedge rst_n)
    if(!rst_n) begin
      clkout1 <=1'b0;
    end
    else if(counter1<N/2) begin
      clkout1 <=1'b0;
    end
    else begin
  clkout1 <=1'b1;
    end
  always@(posedge clkin or negedge rst_n)
    if(!rst_n) begin
      counter2 <=1'b0;
    end
    else if(counter2 == M-1) begin
      counter2 <=1'b0;
    end
    else begin
      counter2 <=counter2 + 1'b1;
```

```
        end
    always@(posedge clkin or negedge rst_n)
        if(!rst_n) begin
            clkout2 <= 1'b0;
        end
        else if(counter2 < M-1) begin
            clkout2 <= 1'b0;
        end
        else begin
        clkout2 <= 1'b1;
        end
endmodule
```

偶数分频器仿真波形（Verilog HDL）如图 6.8 所示。

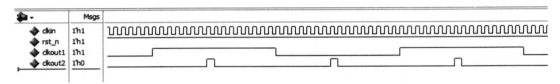

图 6.8　偶数分频器仿真波形图（Verilog HDL）

程序说明及仿真分析：

① 分频器模块中定义了两个内部信号 counter1 和 counter2 对 clkin 进行计数，计数范围分别为 0～31 和 0～15；

② 当复位信号 rst_n 为高电平时，输入时钟信号 clkin 的上升沿到来，内部计数器 counter1 和 counter2 分别加 1。当 counter1 计数值为 0～15 时，clkout1 输出低电平 0；当 counter1 计数值为 16～31 时，clkout1 输出高电平 1，计数至 31 时清零并重复，故 clkout1 是 32 分频且占空比为 1/2，仿真波形显示正确。当 counter2 计数值等于 7 时，clkout2 输出一个高电平 1，且周期与 clkin 相同，计数至 15 时清零并重复，故 clkout2 是 16 分频且占空比为 1/16，仿真波形显示正确。

6.3　奇数分频器模块

6.3.1　模块端面图及功能描述

奇数分频器模块端面如图 6.9 所示。clkin 为待分频的输入时钟信号，clkout 为奇数分频后的输出时钟信号，且要求其占空比为 1/2。这里设分频系数为奇数 11。

奇数分频器的 VHDL 程序设计如例 6.5 所示。

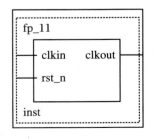

图 6.9　奇数分频器模块端面图

6.3.2　VHDL 建模设计与仿真验证

【**例 6.5**】　设计如图 6.9 所示的奇数分频器模块。

VHDL 设计描述如下：

```
LIBRARY ieee;
USE ieee. std_logic_1164. all;
USE ieee. std_logic_arith. all;
ENTITY fp_11 IS
PORT(clkin,rst_n:IN std_logic;
clkout:OUT std_logic);
END fp_11;
ARCHITECTURE behave OF fp_11 IS
signal q1,q2:integer range 0 to 20;      --定义 2 个模 11 整数型计数器信号
signal qq1,qq2:std_logic;        --定义 2 个逻辑型内部信号
begin
P1:process(clkin,rst_n)      --P1 进程
begin
if rst_n = '0' then q1 <=0;      --复位清零
elsif(clkin'event and clkin = '1') then      --clkin 的上升沿到来时……
if(q1 = 10)then q1 <=0;
elsif(q1<5)then
        qq1 <= '1';q1 <=q1 + 1;
else   qq1 <= '0';q1 <=q1 + 1;
end if;
end if;
end process;
P2:process(clkin,rst_n)      --P2 进程
begin
if rst_n = '0' then q2 <=0;      --复位清零
elsif(clkin'event and clkin = '0') then      --clkin 的下降沿到来时……
if(q2 = 10) then q2 <=0;
elsif(q2<5) then
        qq2 <= '1';q2 <=q2 + 1;
else
        qq2 <= '0';q2 <=q2 + 1;
end if;
end if;
end process;
clkout <=qq1 or qq2;       --逻辑或运算后赋值输出
END behave;
```

奇数分频器仿真波形（VHDL）如图 6.10 所示。

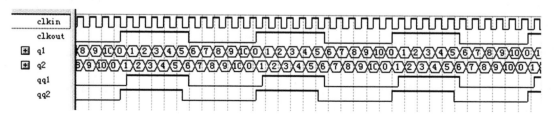

图 6.10　奇数分频器仿真波形图（VHDL）

程序说明及仿真分析:

① 上例中,奇数分频器的分频系数为 11,输出信号占空比为 1/2,设在输入时钟 clkin 的上升沿到来时计数,则 clkout 需要在 5.5 个 clkin 到来后翻转一次,即需要在 clkin 的下降沿处翻转;

② 因此,构造体中包含了两个进程,分别由 clkin 的上升沿和 clkin 的下降沿触发启动,完成对 clkin 非 1/2 占空比的 11 分频(如图 6.10 中 qq1 和 qq2 所示);

③ 两个进程结束后,将 qq1 和 qq2 或运算后赋值于 clkout,由仿真时序图可直观地看出结果正确。

6.3.3 Verilog 建模设计与仿真验证

【例 6.6】 设计如图 6.9 所示的奇数分频器模块。

Verilog HDL 设计描述如下:

```verilog
module FP_11(clkin,rst_n,clkout);
  input rst_n,clkin;
  output clkout;
  parameter N = 11,M = 11,WIDTH = 7;
  reg [WIDTH:0]counter1;
  reg [WIDTH:0]counter2;
  reg q1,q2;
  always@(posedge clkin or negedge rst_n)    //计数器 counter1 在时钟上升沿到来时计数
    if(!rst_n) begin
      counter1 <= 1'b0;
    end
    else if(counter1 == N - 1) begin    //计数器 counter1 计到 10 清零
      counter1 <= 1'b0;
    end
    else begin
      counter1 <= counter1 + 1'b1;
    end
  always@(posedge clkin or negedge rst_n)
    if(!rst_n) begin
      q1 <= 1'b0;
    end
    else if(counter1 <= (N - 1)/2) begin    //计数器 counter1 从 0 计到 5 的时间内,q1 为 0
      q1 <= 1'b0;
    end
    else begin    //计数器 counter1 从 6 计到 10 的时间内,q1 为 1
      q1 <= 1'b1;
    end
  always@(negedge clkin or negedge rst_n)    //计数器 counter2 在时钟下降沿到来时计数
    if(!rst_n) begin
      counter2 <= 1'b0;
    end
    else if(counter2 == M - 1) begin
      counter2 <= 1'b0;
    end
    else begin
      counter2 <= counter2 + 1'b1;
    end
```

```
always@(negedge clkin or negedge rst_n)
  if(!rst_n) begin
    q2 <= 1'b0;
  end
  else if(counter2 <= (M-1)/2) begin
    q2 <= 1'b0;
  end
  else begin
    q2 <= 1'b1;
  end
assign clkout = q1 | q2;       //输出 clkout,由 q1 与 q2 的或运算得到
endmodule
```

奇数分频器仿真波形(Verilog HDL)如图 6.11 所示。

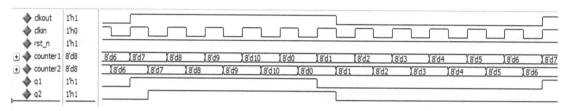

6.11　奇数分频器仿真波形图(Verilog HDL)

程序说明及仿真分析：

① 当复位信号 rst_n 为高电平时,计数器 counter1 和 counter1 分别由 clkin 的上升沿和 clkin 的下降沿触发启动进行计数。当 counter1 和 counter2 计数器的值为 0~5 时,q1和 q2 输出低电平 0,当 counter1 和 counter2 计数器的值为 6~10 时,q1 和 q2 输出高电平1。因此 q1 和 q2 是 clkin 非 1/2 占空比的 11 分频。

② 将 q1 和 q2 或运算后赋值于 clkout,由仿真时序图可直观地看出正确结果。

6.4　数控分频器模块

6.4.1　模块端面图及功能描述

数控分频器模块端面如图 6.12 所示。CLKIN 为待分频的输入时钟信号,CLKOUT 为分频后占空比为 1/2 的输出时钟信号,这里的分频系数由输入端 D 的数值决定,故称数控分频。

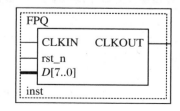

图 6.12　数控分频器模块端面图

数控分频器的 VHDL 程序设计如例 6.7 所示。

6.4.2 VHDL 建模设计与仿真验证

【例 6.7】 设计如图 6.12 所示的数控分频器模块。

VHDL 设计描述如下:

```
LIBRARY IEEE;
USE IEEE. STD_LOGIC_1164. ALL;
USE IEEE. STD_LOGIC_UNSIGNED. ALL;
ENTITY FPQ IS
PORT(CLKIN,rst_n: IN STD_LOGIC;
D: IN STD_LOGIC_VECTOR( 7 DOWNTO 0);
CLKOUT: OUT STD_LOGIC);
END FPQ;
ARCHITECTURE one OF FPQ IS
SIGNAL FULL: STD_LOGIC;        --计数器溢出标志信号
BEGIN
P1: PROCESS(CLKIN, rst_n)
VARIABLE CNT8: STD_LOGIC_VECTOR(7 DOWNTO 0);        --模 256 计数器变量
BEGIN
IF rst_n = '0' THEN CNT8 := D;
ELSIF CLKIN'EVENT AND CLKIN = '1' THEN
    IF CNT8 = "11111111" THEN
        CNT8 := D;        --当 CNT8 计数到模值时,输入数据 D 被同步预置给计数器 CNT8
        FULL <= '1';        --同时使溢出标志信号 FULL 输出为高电平
    ELSE CNT8 := CNT8 + 1;        --否则继续作加 1 计数
        FULL <= '0';        --且输出溢出标志信号 FULL 为低电平
    END IF;
END IF;
END PROCESS P1;
P2: PROCESS(FULL)        --FULL 是 P2 进程的敏感信号
VARIABLE CNT2: STD_LOGIC;
BEGIN
IF FULL'EVENT AND FULL = '1' THEN
    CNT2 := NOT CNT2;        --如果溢出标志信号 FULL 为高电平,输出取反
    CLKOUT <= CNT2;
END IF;
END PROCESS P2;
END one;
```

数控分频器仿真波形(VHDL)如图 6.13 和图 6.14 所示。

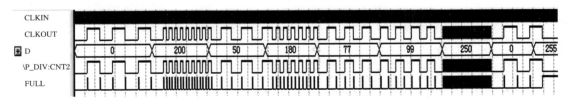

图 6.13 数控分频器仿真波形图(VHDL)

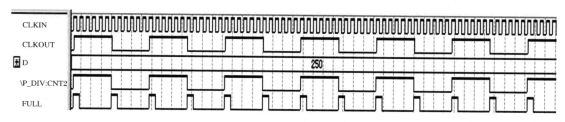

图 6.14　$D = 250$ 时数控分频器仿真波形图(VHDL)

程序说明及仿真分析：

① 该数控分频器构造体中定义了一个模值为"11111111"（即 255）的内部计数器 CNT8，而输入端 D 输入的值作为 CNT8 的初值，计数范围为 $D \sim 255$；

② 该数控分频器构造体中包含两个进程，在 P1 进程中，当输入时钟信号 clkin 的上升沿到来时，计数器 CNT8 加 1，计数至 255 时，产生溢出信号脉冲 FULL 作为 P2 进程的启动信号；

③ P2 进程在溢出信号脉冲 FULL 的上升沿到来时发生一次翻转，完成 1/2 占空比的 CLKOUT 分频输出，分频系数为 $(256 - D) \times 2$；

④ 在图 6.14 中，当 $D = 250$ 时，分频系数为 $(256 - 250) \times 2 = 12$；

⑤ 提示：因 CLKOUT 端口定义为 out 模式，不能直接进行取反操作，故引入内部信号 CNT2 替代。

6.4.3　Verilog 建模设计与仿真验证

【例 6.8】　设计如图 6.12 所示的数控分频器模块。

Verilog HDL 设计描述如下：

```
module FPQ(clkin,rst_n,D,clkout);
  input rst_n,clkin;
  input [7:0]D;
  output reg clkout;
  reg [7:0]cnt8;      //模值为 256 的计数器变量 cnt8
  reg full;      //计数器溢出标志信号 full
  always@(posedge clkin or negedge rst_n)
    if(!rst_n) begin      //复位计数器 cnt8 和 full 都清零
      cnt8<=1'b0;
      full<=1'b0;
    end
    else if(cnt8==8'b11111111) begin
      cnt8<=D;      //cnt8 计到 255 时,输入数据 D 被预置给计数器 cnt8
      full<=1'b1;      //同时溢出标志信号 full 输出高电平
    end
    else begin
      cnt8<=cnt8+1'b1;      //其他情况,计数器 cnt8 自加 1,full 信号为零
      full<=1'b0;
    end
  always@(posedge clkin or negedge rst_n)
    if(!rst_n) begin      //溢出标志信号 full 为高时,输出 clkout 取反
```

```
      clkout <= 1'b0;
    end
    else if(full) begin
      clkout <= ~clkout;
    end
  endmodule
```

数控分频器仿真波形(Verilog HDL)如图 6.15 所示。

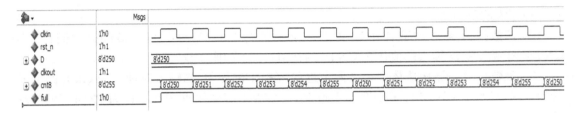

图 6.15 $D = 250$ 时数控分频器仿真波形图(Verilog HDL)

程序说明及仿真分析:

① 该数控分频器内定义了一个模为"11111111"(即 255)的内部计数器 cnt8,当复位信号 rst_n 为高电平时,clkin 的上升沿到来,开始计数,而输入端 D 输入的值则作为 cnt8 的初值,计数范围为 $D \sim 255$;

② 该数控分频器模块中包含两个 always 过程块,在第一个过程块中,当输入时钟信号 clkin 的上升沿到来时,计数器 cnt8 加 1,计数至 255 时,产生溢出脉冲信号 full,作为第二个过程块中 clkout 翻转的启动信号;

③ clkout 在溢出信号脉冲 full 的上升沿到来时发生一次翻转,完成 1/2 占空比的 clkout 分频输出,分频系数为 $(256 - D) \times 2$;

④ 在图 6.15 中,当 $D = 250$ 时,分频系数为 $(256 - 250) \times 2 = 12$。

6.5 BCD-7 段译码器模块

6.5.1 模块端面图及功能描述

BCD-7 段译码器模块端面如图 6.16 所示。模块可分别对共阴、共阳两种数码管进行译码驱动,由选择输入端 sel 控制,sel 为 0 表示输出驱动共阴数码管,否则表示输出驱动共阳数码管。硬件测试时,输出端 SG 应自低到高连接到数码管 a~g 7 个段上。共阴数码管及其内部结构如图 6.17 所示。

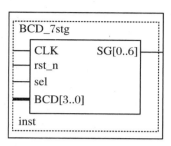

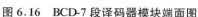

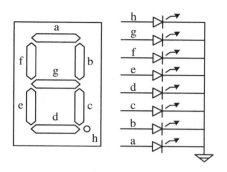

图 6.16　BCD-7 段译码器模块端面图　　　　图 6.17　共阴数码管及其内部结构

BCD-7 段译码器的 VHDL 程序设计如例 6.9 所示。

6.5.2　VHDL 建模设计与仿真验证

【例 6.9】　设计如图 6.16 所示的 BCD-7 段译码器模块。

VHDL 设计描述如下：

```
LIBRARY IEEE;
USE IEEE.STD_LOGIC_1164.ALL;
ENTITY BCD_7stg IS
PORT (CLK,rst_n,sel:IN STD_LOGIC;
BCD:in std_logic_vector(3 downto 0);        --4 位 BCD 输入
SG:OUT STD_LOGIC_VECTOR(0 to 6));           --7 段输出(a~g)
END BCD_7stg;
ARCHITECTURE rtl OF BCD_7stg IS
BEGIN
PROCESS(clk,rst_n)
BEGIN
  if rst_n = '0' then SG<="XXXXXXX";
  elsif CLK'EVENT AND CLK = '1' THEN
    if sel = '0' then
        case BCD is      --共阴数码管译码驱动
        when "0000" => SG<="1111110";
        when "0001" => SG<="0110000";
        when "0010" => SG<="1101101";
        when "0011" => SG<="1111001";
        when "0100" => SG<="0110011";
        when "0101" => SG<="1011011";
        when "0110" => SG<="1011111";
        when "0111" => SG<="1110010";
        when "1000" => SG<="1111111";
        when "1001" => SG<="1111011";
        when others => SG<="1000111";
        end case;
    else
        case BCD is      --共阳数码管译码驱动
        when "0000" => SG<="0000001";
        when "0001" => SG<="1001111";
        when "0010" => SG<="0010010";
```

```
        when "0100" => SG <= "1001100";
        when "0101" => SG <= "0100100";
        when "0110" => SG <= "0100000";
        when "0111" => SG <= "0001101";
        when "1000" => SG <= "0000000";
        when "1001" => SG <= "0000100";
        when others => SG <= "0111000";
        end case;
      end if;
    end if;
  end process;
end rtl;
```

BCD-7 段译码器仿真波形（VHDL）如图 6.18 所示。

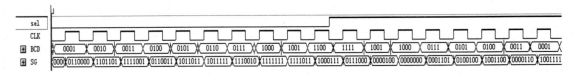

图 6.18　BCD-7 段译码器仿真波形图（VHDL）

程序说明及仿真分析：

① 程序构造体中使用了两个 case 语句，一个描述的是共阴数码管段码驱动，另一个描述的是共阳数码管段码驱动；

② 仿真图中 sel 为低电平区间，段码输出共阴数码管驱动信号，sel 为高电平区间，段码输出共阳数码管驱动信号；

③ 提示：段码输出 SG[0～6]分别对应数码管 a～g 7 个段。

6.5.3　Verilog 建模设计与仿真验证

【例 6.10】　设计如图 6.16 所示的 BCD-7 段译码器模块。

Verilog HDL 设计描述如下：

```
module BCD_7stg(clk,rst_n,sel,BCD,SG);
  input clk,rst_n,sel;
  input [3:0]BCD;
  output reg [0:6]SG;
  always@(posedge clk or negedge rst_n)
    if(!rst_n) begin
      SG <= 7'bx;
    end
    else if(sel) begin
      case(BCD)
        4'b0000:SG <= 7'b0000001;
        4'b0001:SG <= 7'b1001111;
        4'b0010:SG <= 7'b0010010;
        4'b0011:SG <= 7'b0000110;
        4'b0100:SG <= 7'b1001100;
        4'b0101:SG <= 7'b0100100;
        4'b0110:SG <= 7'b0100000;
```

```
        4'b0111:SG<=7'b0001101;
        4'b1000:SG<=7'b0000000;
        4'b1001:SG<=7'b0000100;
        default:SG<=7'b0111000;
    endcase
end
else begin
    case(BCD)
        4'b0000:SG<=7'b1111110;
        4'b0001:SG<=7'b0110000;
        4'b0010:SG<=7'b1101101;
        4'b0011:SG<=7'b1111001;
        4'b0100:SG<=7'b0110011;
        4'b0101:SG<=7'b1011011;
        4'b0110:SG<=7'b1011111;
        4'b0111:SG<=7'b1110010;
        4'b1000:SG<=7'b1111111;
        4'b1001:SG<=7'b1111011;
        default:SG<=7'b1000111;
    endcase
end
endmodule
```

BCD-7 段译码器仿真波形(Verilog HDL)如图 6.19 所示。

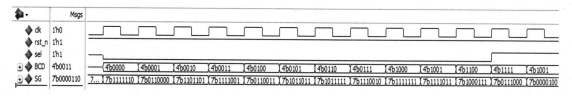

图 6.19　BCD-7 段译码器仿真波形图(Verilog HDL)

程序说明及仿真分析：

① 译码器模块中使用了两个 case 语句，一个描述的是共阴数码管段码驱动，另一个描述的是共阳数码管段码驱动；

② 仿真图中 sel 为低电平区间，段码输出共阴数码管驱动信号，sel 为高电平区间，段码输出共阳数码管驱动信号；

③ 提示：段码输出 SG[0～6]分别对应数码管 a～g 7 个段。

6.6　动态扫描译码显示模块

6.6.1　模块端面图及功能描述

动态扫描译码显示模块端面如图 6.20 所示。CLK 为动态扫描时钟，当扫描频率大于 200 Hz 时可稳定显示，无闪烁现象；A1～A8 为待译码的 8 个 BCD 数据输入信号，可与前面的计数器模块输出端直接相连；SG 为低电平有效的段译码输出驱动信号，可直接与共阳数码管的 a～g 段对应连接，而位选信号 BT 则与 8 个数码管的共阳端对应相接，高电平有效。

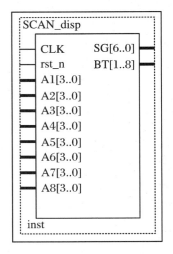

图 6.20　动态扫描译码显示模块端面图

动态扫描译码显示模块的 VHDL 程序设计如例 6.11 所示。

6.6.2　VHDL 建模设计与仿真验证

【例 6.11】　设计如图 6.20 所示的动态扫描译码显示模块。
VHDL 设计描述如下：

```
LIBRARY IEEE;
USE IEEE.STD_LOGIC_1164.ALL;
USE IEEE.STD_LOGIC_UNSIGNED.ALL;
ENTITY SCAN_disp IS
PORT(CLK,rst_n:IN STD_LOGIC;        --扫描时钟信号输入
    A1,A2,A3,A4,A5,A6,A7,A8:IN INTEGER RANGE 0 TO 15;    --8位显示数据输入
    SG:OUT STD_LOGIC_VECTOR(6 DOWNTO 0);     --段译码信号输出(g～a)
    BT:OUT STD_LOGIC_VECTOR(1 TO 8));     --位控制信号输出(bit1～bit8)
END SCAN_disp;
ARCHITECTURE one OF SCAN_disp IS
SIGNAL CNT8:STD_LOGIC_VECTOR(2 DOWNTO 0);     --模8计数器信号
SIGNAL A:INTEGER RANGE 0 TO 15;     --待译码整型数
BEGIN
P1:PROCESS(CNT8)     --P1进程:动态位选
    BEGIN
    CASE CNT8 IS
    WHEN "000" =>BT<="00000001";A<=A1;
    WHEN "001" =>BT<="00000010";A<=A2;
    WHEN "010" =>BT<="00000100";A<=A3;
    WHEN "011" =>BT<="00001000";A<=A4;
    WHEN "100" =>BT<="00010000";A<=A5;
    WHEN "101" =>BT<="00100000";A<=A6;
    WHEN "110" =>BT<="01000000";A<=A7;
    WHEN "111" =>BT<="10000000";A<=A8;
```

```
        WHEN OTHERS => NULL;
        END CASE;
END PROCESS P1;
P2:PROCESS(CLK,rst_n)      --P2 进程:模 8 计数
    BEGIN
    IF rst_n = '0' THEN CNT8 <= "000";
    ELSIF CLK'EVENT AND CLK = '1' THEN
        CNT8 <= CNT8 + 1;
    END IF;
END PROCESS P2;
P3:PROCESS(A)      --P3 进程:共阳数码管译码驱动
    BEGIN
    CASE A IS
    WHEN 0 => SG <= "1000000";WHEN 1 => SG <= "1111001";
    WHEN 2 => SG <= "0100100";WHEN 3 => SG <= "0110000";
    WHEN 4 => SG <= "0011001";WHEN 5 => SG <= "0010010";
    WHEN 6 => SG <= "0000010";WHEN 7 => SG <= "1111000";
    WHEN 8 => SG <= "0000000";WHEN 9 => SG <= "0010000";
    WHEN 10 => SG <= "0001000";WHEN 11 => SG <= "0000011";
    WHEN 12 => SG <= "1000110";WHEN 13 => SG <= "0100001";
    WHEN 14 => SG <= "0000110";WHEN 15 => SG <= "0001110";
    WHEN OTHERS => NULL;
    END CASE;
END PROCESS P3;
END one;
```

动态扫描译码显示模块仿真波形(VHDL)如图 6.21 所示。

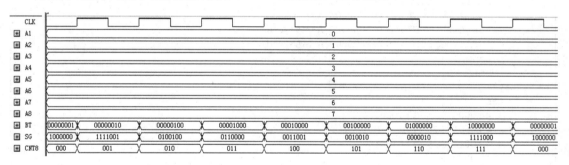

图 6.21　动态扫描译码显示模块仿真波形图(VHDL)

程序说明及仿真分析:

① 程序构造体中含有 3 个进程:

P1 进程:完成动态扫描及位选输出;

P2 进程:完成一个扫描周期中 8 个扫描时钟的计数;

P3 进程:完成共阳数码管的段译码及驱动输出。

② 仿真图中输入数据 A1～A8 值的变化不能太快,至少在一个扫描周期(8 个扫描时钟)内保持不变,否则可能导致数据丢失和仿真出错。

③ 提示:本例中,段码输出 SG[6..0]分别对应共阳数码管 g～a 7 个段。

6.6.3 Verilog 建模设计与仿真验证

【例 6.12】 设计如图 6.20 所示的动态扫描译码显示模块。

Verilog HDL 设计描述如下:

```
module SCAN_disp(clk,rst_n,A1,A2,A3,A4,A5,A6,A7,A8,BT,SG);
  input clk,rst_n;
  input [3:0]A1,A2,A3,A4,A5,A6,A7,A8;
  output reg [6:0]SG;
  output reg [7:0]BT;
  reg [2:0]cnt8;
  reg [3:0]A;
  always@(posedge clk or negedge rst_n)
    if(!rst_n) begin     //模8计数
      cnt8<=3'b0;
    end
    else
      cnt8<=cnt8+1'b1;
  always@(*)     //动态位选
    case(cnt8)
      3'b000:begin BT<=8'b00000001;A<=A1;end
      3'b001:begin BT<=8'b00000010;A<=A2;end
      3'b010:begin BT<=8'b00000100;A<=A3;end
      3'b011:begin BT<=8'b00001000;A<=A4;end
      3'b100:begin BT<=8'b00010000;A<=A5;end
      3'b101:begin BT<=8'b00100000;A<=A6;end
      3'b110:begin BT<=8'b01000000;A<=A7;end
      3'b111:begin BT<=8'b10000000;A<=A8;end
      default:;
    endcase
  always@(*)       //共阳数码管译码驱动
    case(A)
      4'b0000:SG<=7'b1000000;
      4'b0001:SG<=7'b1111001;
      4'b0010:SG<=7'b0100100;
      4'b0011:SG<=7'b0110000;
      4'b0100:SG<=7'b0011001;
      4'b0101:SG<=7'b0010010;
      4'b0110:SG<=7'b0000010;
      4'b0111:SG<=7'b1111000;
      4'b1000:SG<=7'b0000000;
      4'b1001:SG<=7'b0010000;
      4'b1010:SG<=7'b0001000;
      4'b1011:SG<=7'b0000011;
      4'b1100:SG<=7'b1000110;
      4'b1101:SG<=7'b0100001;
      4'b1110:SG<=7'b0000110;
      4'b1111:SG<=7'b0001110;
      default:;
    endcase
endmodule
```

动态扫描译码显示模块仿真波形(Verilog HDL)如图 6.22 所示。

程序说明及仿真分析：

① 模块中含有 3 个 always 过程块：第一个 always 过程块完成一个扫描周期内 8 个扫描时钟的计数，第二个 always 过程块完成动态扫描及位选输出，第三个 always 过程块完成共阳数码管的段译码及驱动输出；

② 仿真图中输入数据 A1～A8 值的变化不能太快，至少在一个扫描周期内保持不变，否则可能导致数据丢失和仿真出错；

③ 提示：本例中，段码输出 SG[6..0] 分别对应共阳数码管 g～a 7 个段。

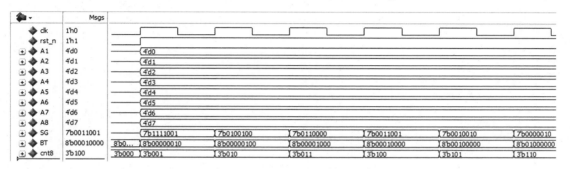

图 6.22　动态扫描译码显示模块仿真波形图（Verilog HDL）

6.7　带权表决器模块

6.7.1　模块端面图及功能描述

带权表决器模块端面如图 6.23 所示。模块输入端 en 表示计票使能按键，上升沿到来时对之前的计票结果清零，并开始新一轮计票统计；d[10..1] 代表参与表决的 10 个投票者，设其中的 d(10) 为权威人士，其赞成计为 2 票，且具有一票否决权；合计赞成票数大于 5 时表决通过，q 输出"1"。

带权表决器的 VHDL 程序设计如例 6.13 所示。

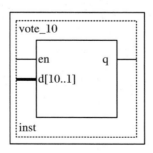

图 6.23　带权表决器模块端面图

6.7.2 VHDL 建模设计与仿真验证

【例 6.13】 设计如图 6.23 所示的带权表决器模块。

VHDL 设计描述如下:

```
library ieee;
use ieee.std_logic_1164.all;
use ieee.std_logic_arith.all;
entity vote_10 is
port(en:in std_logic;        --计票使能端
d:in std_logic_vector(10 downto 1);      --投票输入端
q:out std_logic);      --表决结果输出端
end vote_10;
architecture behave of vote_10 is
begin
process(en,d)
variable n:integer range 0 to 20;      --投票计数器变量
begin
if en'event and en = '1' then n:= 0;      --使能后,先清零
  if d(10) = '1' then n:= 2;      --权威人士赞成先计为 2 票,接着统计其他票数
    for i in 9 downto 1 loop
        if d(i) = '1' then n:= n + 1;
        end if;
    end loop;
  else n:= 0;      --否则,一票否决,计票结果为 0
  end if;
  if n>5 then q<='1';
  else q<='0';
  end if;
end if;
end process;
end behave;
```

带权表决器仿真波形(VHDL)如图 6.24 所示。

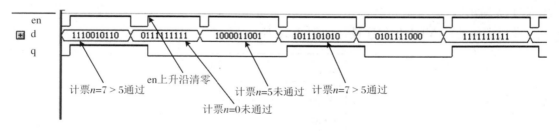

图 6.24 带权表决器仿真波形图(VHDL)

程序说明及仿真分析:

① 模块在进程中定义了一个整数类型的内部计数器 n,每当计票使能端 en 的上升沿到来时,先对之前的计票结果清零,然后开始新一轮的计票统计,计数范围为 0~20;

② 进程中的 for 循环语句嵌套在 if d(10) = '1' 的条件里,表示只有当 d(10)投了赞成票才会接着对其他表决者的投票情况进行计票统计,否则执行 else n:= 0,即计票结果为 0,

表决不通过；

③ 由仿真图可以看出，d(10) = '1' 时计为 2 票，而 d(10) = '0' 时计票结果直接为 0，一票否决，仿真验证正确。

思考：如果本例中权威人士的赞成票可计为多票，但不再拥有一票否决权，那么该如何修改程序？

6.7.3　Verilog 建模设计与仿真验证

【例 6.14】　设计如图 6.23 所示的带权表决器模块。

Verilog HDL 设计描述如下：

```
module vote_10(En,d,q);
   input En;
   input [10:1]d;
   output reg q;
   reg [4:0]n;
   always@( * )
   if(!En&&En)        //En 的上升沿到来，n 清零
      n<=1'b0;
   else if(d[10])    //d[10]投赞成票时，求总票数 n
      n<=d[1]+d[2]+d[3]+d[4]+d[5]+d[6]+d[7]+d[8]+d[9]+2'd2;
   else
      n<=1'b0;        //d[10]投否决票时，一票否决，不用求总票数 n
   always@( * )
   if(n>5'd5) begin
      q<=1'b1;
   end
   else begin
      q<=1'b0;
   end
endmodule
```

带权表决器仿真波形（Verilog HDL）如图 6.25 所示。

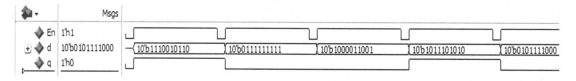

图 6.25　带权表决器仿真波形图（Verilog HDL）

程序说明及仿真分析：

① 模块在 always 过程块中定义了一个整数类型的内部计数器，每当计票使能端 en 的上升沿到来时先对之前的计票结果清零，然后开始新一轮的计票统计；

② 由仿真图可以看出，d[10] = '1' 时计为 2 票，而 d[10] = '0' 时计票结果直接为 0，一票否决，仿真验证正确。

6.8 串-并转换模块

6.8.1 模块端面图及功能描述

5 位串-并转换模块端面如图 6.26 所示。输入端 din 在码元时钟 clk 的控制下依次逐位输入串行数据并进行串-并转换;在 5 个 clk 周期后,从输出端 y[4..0]并行输出一组数据,数据总线宽度为 5 位逻辑矢量。

串-并转换模块的 VHDL 程序设计如例 6.15 所示。

6.8.2 VHDL 建模设计与仿真验证

【例 6.15】 设计如图 6.26 所示的串-并转换模块。

VHDL 设计描述如下:

```
Library ieee;
Use ieee. std_logic_1164. all;
Entity c_b_5 is
Port (clr,din,clk: in std_logic;
y: out std_logic_vector(4 downto 0));
End c_b_5;
Architecture behav of c_b_5 is
signal tem: std_logic_vector(5 downto 0);      --6 位临时寄存器信号
begin
p1: process(clk)
begin
  if(clk'event and clk = '1') then
    if clr = '0' then tem <= "000000";
    elsif tem(0) = '0' then
    tem <= din & "01111";      --并置操作 tem: "din 01111"
    else tem <= din & tem(5 downto 1);      --din 左高位串入,tem 值右移 1 位,最低位 '1' 丢弃
    end if;
  end if;
end process p1;
p2: process(tem)      --tem 变化启动 p2 进程
begin
  if tem(0) = '0' then
    y <= tem(5 downto 1);      --tem 最低位为 0 时,高 5 位并行输出
  else y <= "00000";
  end if;
end process p2;
end behav;
```

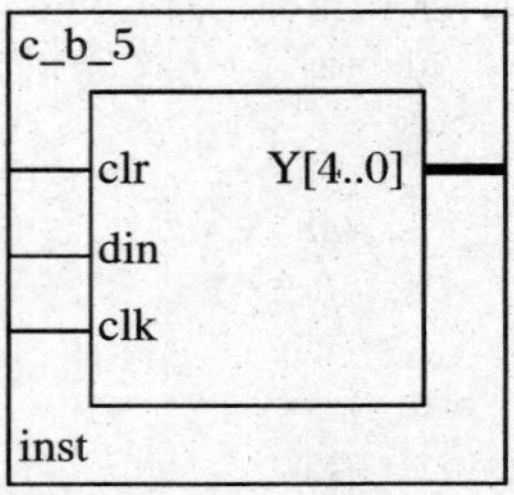

图 6.26 5 位串-并转换模块端面图

串-并转换模块仿真波形(VHDL)如图 6.27 所示。

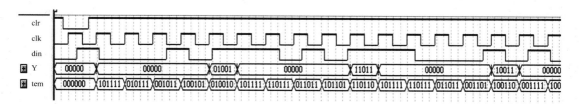

图 6.27 串-并转换模块仿真波形图(VHDL)

程序说明及仿真分析：

① 程序构造体中定义了一个 6 位暂存器 tem,用以逐位接收并暂存串行输入的数据,低电平清零信号有效时,tem = ''000000'',清零信号为高时,开始串-并转换;

② 第一个码元输入后被暂存进 tem 的最高位 tem(5),低 5 位 ''01111'' 通过并置符 & 与之连接,总体赋值给 6 位暂存器 tem,这里 ''01111'' 兼有计数标志的作用;

③ 每接收一位新码元,需先判断 tem 的最低位 tem(0)是否为 0,为 0 则表示已经串行接收了 5 个码元,可以并行输出,否则 tem 中高 5 位数据整体右移 1 位(丢弃最低位),而新码元暂存在 tem(5)中;

④ 在码元时钟 clk 的控制下,第五个码元输入后,暂存器 tem 的最低位 tem(0)这时为 0,串行输入的 5 个码元,已经依次存放在 tem[5..1]中,由 Y 端并行输出(最先输入的第一个码元已右移至最低位);

⑤ 提示 1:利用仿真图进行验证分析时,要注意有 5 个 clk 周期的时延;

⑥ 提示 2:本例构造体中定义的内部信号 tem 既是输入码元的暂存器,又是启动 p2 进程的敏感信号,同时还兼有计数标志的作用,替代了一个模 5 计数器。

6.8.3 Verilog 建模设计与仿真验证

【例 6.16】 设计如图 6.26 所示的串-并转换模块。

Verilog HDL 设计描述如下：

```
module c_b_5 (clr,din,clk,Y);
 input clr,din,clk;
 output reg [4:0] Y;
 reg [5:0]tem;
 always@(posedge clk)
   if(!clr)
     tem<=6'b000000;
   else if(tem[0]==1'b0)       //当 tem 最低位为 0 时,将 din 与 01111 拼接
     tem<={din,5'b01111};
   else
     tem<={din,tem[5:1]};       //din 的值作为 tem 的最高位并入,tem 值右移 1 位
 always@(posedge clk)
   if(tem[0]==1'b0)       //tem 最低位为 0 时,它的高 5 位并行输出
     Y<=tem[5:1];
   else
     Y<=5'b00000;
endmodule
```

串-并转换模块仿真波形(Verilog HDL)如图 6.28 所示。

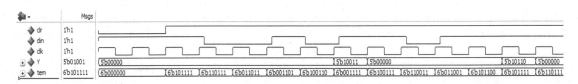

图 6.28　串-并转换模块仿真波形图(Verilog HDL)

程序说明及仿真分析：

① 模块中定义了一个 6 位暂存器 tem，用以逐位接收并暂存串行输入的数据，低电平清零信号有效时，tem = "000000"，清零信号为高时，开始串-并转换；

② 第一个数据输入后被暂存进 tem 的最高位 tem[5]，再与低 5 位 "01111" 通过连接符{ }进行拼接，最后赋值给 6 位暂存器 tem，这里的 "01111" 兼有计数标志的作用；

③ 每接收一位新数据需先判断 tem 的最低位 tem[0] 是否为 0，为 0 则表示已经串行接收了 5 个数据，可以并行输出，否则 tem 中高 5 位数据整体右移 1 位(丢弃最低位)，而新数据暂存在 tem[0] 中；

④ 在数据时钟 clk 的控制下，第五个数据输入后，暂存器 tem 的最低位 tem[0] 这时为 0，串行输入的 5 个数据已经依次存放在 tem[5:1] 中，由 Y 端并行输出(最先输入的第一个数据已右移至最低位)。

6.9　并-串转换模块

6.9.1　模块端面图及功能描述

4 位并-串转换模块端面如图 6.29 所示。4 位并行数据从 din 端输入(暂存在 4 位内部寄存器中)，在码元时钟 clk 的控制下依次从 Y 逐位输出，完成并-串转换(一次转换需要 4 个 clk 周期)；当 4 位并行数据 din 发生变化时，本设计要求 Y 能及时跟踪并更新输出。

并-串转换模块的 VHDL 程序设计如例 6.17 所示。

6.9.2　VHDL 建模设计与仿真验证

【例 6.17】　设计如图 6.29 所示的并-串转换模块。

VHDL 设计描述如下：

```
library ieee;
use ieee.std_logic_1164.all;
use ieee.std_logic_unsigned.all;
entity b_c_4 is
port (clr,clk: in std_logic;
din: in std_logic_vector(3 downto 0);
Y,c: out std_logic);
end b_c_4;
architecture behav of b_c_4 is
signal dd: std_logic_vector(3 downto 0);     --输入 din 暂存器
```

图 6.29　并-串转换模块端面图

```
signal nn:std_logic_vector(1 downto 0);    --模 4 计数器
signal cc:std_logic;    --输入信号更新标志
begin
p1:process(clr,cc,din,clk)
begin
    if clr = '1' then nn <= "00";
    elsif(clk'event and clk = '0') then
        dd <= din;    --clk 的下降沿到来时对 din 采样
        if cc = '1' then nn <= "00";    --检测到输入信号更新,nn 为"00"
        else nn <= nn + 1;    --否则模 4 计数器加 1
        end if;
    end if;
end process p1;
p2:process(nn,din,clr,clk)
variable tem:std_logic_vector(3 downto 0);    --4 位临时寄存器变量
begin
    if clr = '1' then tem := "0000";
    elsif(clk'event and clk = '1') then
        if din = dd then cc <= '0';    --clk 的上升沿到来时检测 din 是否变化
        else cc <= '1';    --din 变化则更新标志 cc 为 '1'
        end if;
        if(nn = "00") then
            tem := din;    --计数值回 0,读入 4 位并矢
            y <= tem(3);    --tem 左边最高位串行输出
            tem(3 downto 1) := tem(2 downto 0);    --tem 值左移 1 位,次高位至最高位
        else
            y <= tem(3);    --tem 左边最高位串行输出
            tem(3 downto 1) := tem(2 downto 0);    --tem 值左移 1 位,次高位至最高位
        end if;
    end if;
end process p2;
c <= cc;    --观察输入信号更新变化
end behav;
```

并-串转换模块仿真波形(VHDL)如图 6.30 所示。

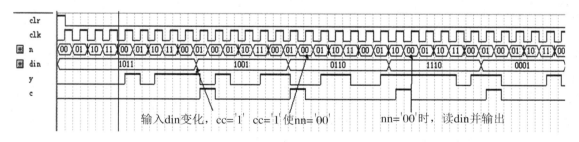

图 6.30　并-串转换模块仿真波形图(VHDL)

程序说明及仿真分析:

① 程序构造体中定义了 3 个内部信号:nn 为模 4 计数器,用以计算转换位数。dd 用作 4 位并行数据输入暂存器,当 clk 的下降沿到来时采样暂存 din,当 clk 的上升沿到来时检测 din 是否发生变化。cc 用作输入信号更新标志,一旦检测到 4 位并行数据 din 发生变化,cc 由 0 变为 1,并使 nn 为"00",同时更新输出暂存器 tem,并立即从最高位 tem(3)串行输出,使 y 能及时跟踪新的输入;未检测到更新时,y 则从暂存器 tem 的最高位依次循环输出串行

数据。

②　程序中包含两个进程，p1 进程完成 4 位并行输入数据的采样暂存，并对 clk 进行模 4 计数；p2 进程则在 clk 及 nn 的控制下从暂存器 tem 中依次左移输出串行码流。

③　由仿真图可以看出，输入并行数据变化更新时，c 由 0 变为 1，这时模 4 计数器变回 "00"；c 由 1 变为 0 后，开始新一轮的并-串转换，并从 y 输出。

6.9.3　Verilog 建模设计与仿真验证

【例 6.18】　设计图 6.29 所示的并-串转换模块。

Verilog HDL 设计描述如下：

```
module b_c_4(clr,clk,din,Y,c);
  input clr,clk;
  input [3:0]din;
  output Y;
  output reg c;
  reg [3:0]dd;       //输入 din 暂存器
  reg [1:0]nn;       //模 4 计数器
  reg [3:0]tem;
  always@(negedge clk)
  if(clr)begin       //复位 dd 和 nn 清零
    dd<=4'b0000;
    nn<=2'b00;
  end
  else begin
    dd<=din;
    if(c)       //检测到输入信号更新,nn 赋值为 "00"
      nn<=2'b00;
    else
      nn<=nn+1'b1;       //模 4 计数器 nn 自加 1
  end
  always@(posedge clk)
  if(clr) begin
    c<=1'b0;
    tem<=4'b0000;
    end
  else begin
    if(din==dd)     //clk 的上升沿到来时,检测 din 是否变化
      c<=1'b0;       //如果 din 没有变化,c 输出 1
    else
      c<=1'b1;       //如果 din 有变化,c 输出 0

    if(nn==2'b00)begin
      tem<=din;
      end
    else begin
      tem<={tem[2:0],tem[3]};       //tem 左移 1 位,次高位到最高位,原最高位到最低位
      end
    end
  assign Y=tem[3];       //输出 tem 的最高位
endmodule
```

并-串转换模块仿真波形(Verilog HDL)如图 6.31 所示。

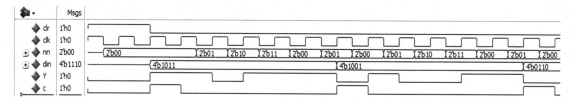

图 6.31　并-串转换模块仿真波形图(Verilog HDL)

程序说明及仿真分析:

① 模块中定义了 3 个内部信号:nn 为模 4 计数器,用以计算转换位数。dd 用作 4 位并行数据输入暂存器,当 clk 的下降沿到来时采样暂存 din,当 clk 的上升沿到来时检测 din 是否发生变化。c 用作输入信号更新标志,一旦检测到 4 位并行数据 din 发生变化,c 由 0 变为 1,并使 nn 为"00",同时更新输出暂存器 tem,并立即从最高位 tem[3] 串行输出,使 Y 能及时跟踪新的输入;未检测到更新时,Y 则从暂存器 tem 的最高位依次循环输出串行数据。

② 模块中包含两个过程块:第一个过程块完成 4 位并行输入数据的采样暂存,并对 clk 进行模 4 计数;第二个过程块则在 clk 及 c 的控制下从暂存器 tem 中依次左移输出串行码流。

③ 由仿真图可以看出,输入并行数据变化更新时,c 由 0 变为 1,这时模 4 计数器变回 00,当 c 由 1 变为 0 后,并-串转换序列更新并从 Y 输出。

6.10　数字序列产生模块

6.10.1　模块端面图及功能描述

数字序列产生模块端面如图 6.32 所示。设输入端 cp 为产生数字序列的位时钟信号,res 是模块复位信号,待输出的数字序列已寄存在程序构造体内定义的暂存器中,在位时钟信号 cp 的控制下由 y 端串行循环输出,周而复始。

数字序列产生模块的 VHDL 程序设计如例 6.19 所示。

6.10.2　VHDL 建模设计与仿真验证

【例 6.19】　设计如图 6.32 所示的数字序列产生模块。

VHDL 设计描述如下:

```
library ieee;
use ieee.std_logic_1164.all;
entity xx is
port(cp,res:in std_logic;
```

```
        y：out std_logic);
    end xx;
    architecture rtl of xx is
    signal reg：std_logic_vector(8 downto 0);        --9 位数字序列暂存器
    signal n：integer range 0 to 10;        --数字序列输出计数器
    begin
    process(cp,res)
    begin
        if res = '1' then
        y<='0';
        reg<="111010100";        --待循环输出的 9 位数字序列
        elsif cp'event and cp = '1'
            then
            if n>=8 then n<=0;        --9 位数字序列输出后，n 清零并重载序列
            reg<="111010100";
            else
            n<=n+1;
            y<=reg(8);        --从 reg 左边最高位串行输出
            reg<=reg(7 downto 0)&'0';        --reg 低 8 位整体左移 1 位，次高位至最高位，最低位补 0
            end if;
        end if;
    end process;
    end rtl;
```

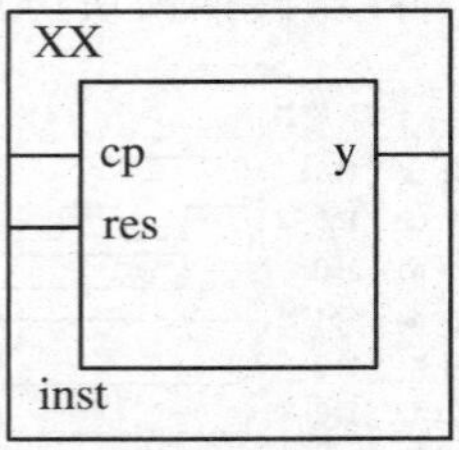

图 6.32 数字序列产生模块端面图

数字序列产生模块仿真波形（VHDL）如图 6.33 所示。

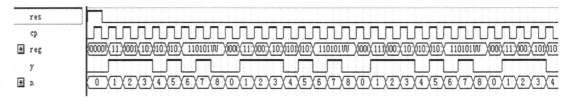

图 6.33 数字序列产生模块仿真波形图（VHDL）

程序说明及仿真分析：

① 程序构造体中定义了两个内部信号：reg 用来暂存待产生的 9 位数字序列，当复位信号 res 为 1 时，首先装载 9 位数字序列，在正常工作（res 为 0）期间，位时钟信号 cp 的上升沿到来时，从 reg 的最高位串行输出序列，同时 reg 的低 8 位整体左移 1 位（最低位补 0），次高位至最高位，等待下一个位时钟信号 cp 的上升沿到来时输出；整数 n 用作序列输出计数标志，待 9 位数字序列输出完成后，n 清零，同时重新装载 9 位数字序列，开始新一轮的循环输出。

② 由仿真图可以看出，在位时钟信号 cp 的控制下，y 端循环输出"111010100"数字序列，仿真验证正确。

③ 提示：两个内部信号可以替换为两个内部变量，但要在进程内部定义。

6.10.3 Verilog 建模设计与仿真验证

【例 6.20】 设计如图 6.32 所示的数字序列产生模块。

Verilog HDL 设计描述如下：

```
module xx(cp,res,y);
  input cp,res;
  output reg y;
  reg [8:0]reg1;        //9 位序列暂存器
  reg [3:0]n;           //序列输出计数器
  always@(posedge cp)
  if(res)begin
    y<=1'b0;
    reg1<=9'b111010100;        //待循环输出的 9 位序列
    n<=4'b0;
  end
  else begin
    if(n>=4'd8)begin        //9 位序列输出完,n 清零并重载序列
      reg1<=9'b111010100;
      n<=4'b0;
      end
    else begin
      n<=n+1'b1;
      y<=reg1[8];        //从 reg1 左边最高位串行输出
      reg1<={reg1[7:0],1'b0};    //reg1 低 8 位左移 1 位,最低位补 0
    end
  end
endmodule
```

数字序列产生模块仿真波形(Verilog HDL)如图 6.34 所示。

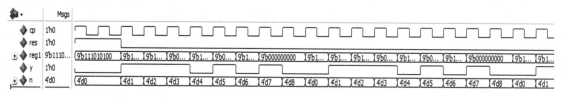

图 6.34　数字序列产生模块仿真波形图(Verilog HDL)

程序说明及仿真分析:

① 模块中定义了两个内部信号:reg1 用来暂存待产生的 9 位数字序列,当复位信号 res 为 1 时,首先装载 9 位数字序列,在正常工作(res 为 0)期间,位时钟信号 cp 的上升沿到来时,从 reg 的最高位串行输出序列,同时 reg 的低 8 位整体左移 1 位(最低位补 0),次高位至最高位,等待下一个位时钟信号 cp 的上升沿到来时输出;整数 n 用作序列输出计数标志,待 9 位数字序列输出完成后,n 清零,同时重新装载 9 位数字序列,开始新一轮的循环输出。

② 由仿真图可以看出,在位时钟信号 cp 的控制下,y 端循环输出"111010100"数字序列,仿真验证正确。

6.11 数字序列不重叠检测模块

6.11.1 模块端面图及功能描述

数字序列不重叠检测模块端面如图 6.35 所示。设 cp 为位时钟信号,待检测的数字序列从 cx 端输入,当检测到有特征序列出现时,y 端输出高电平 1。本例中,设待检测的数字序列为"1101",在不重叠序列检测中,最后那位"1"不再作为后续序列的组成部分。程序设计中应用了状态机思路,如图 6.36 所示。

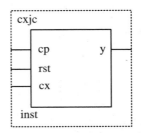

图 6.35 数字序列不重叠检测模块端面图

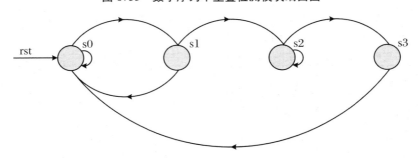

图 6.36 数字序列不重叠检测状态机

数字序列不重叠检测的 VHDL 程序设计如例 6.21 所示。

6.11.2 VHDL 建模设计与仿真验证

【例 6.21】 设计如图 6.35 所示的数字序列不重叠检测模块。

VHDL 设计描述如下:

```
library ieee;
use ieee.std_logic_1164.all;
use ieee.std_logic_arith.all;
use ieee.std_logic_unsigned.all;
entity cxjc is
```

```
port(cp,rst,cx: in std_logic;
        y: out std_logic);
end cxjc;
architecture rtl of cxjc is
type state is (s0,s1,s2,s3);      --自定义数据类型 state,共有 4 种取值
signal n: state;         --内部信号 n 为 state 类型
begin
process(cp,rst,cx)
begin
if rst = '0' then n <= s0;
elsif cp'event and cp = '1' then
  case n is    --状态机设计
  when s0 => if cx = '1' then      --s0 时,检测到 '1' 转 s1 状态
  n <= s1; y <= '0';
    else n <= s0; y <= '0'; end if;      --否则,回 s0 状态
  when s1 => if cx = '1' then      --s1 时,检测到 '1' 转 s2 状态
  n <= s2; y <= '0';
    else n <= s0; y <= '0'; end if;      --否则,回 s0 状态
  when s2 => if cx = '0' then      --s2 时,检测到 '0' 转 s3 状态
  n <= s3; y <= '0';
    else n <= s2; y <= '0'; end if;      --否则,回 s2 状态
  when s3 => if cx = '1' then      --s3 时,检测到 '1' 转 s0 状态,同时 y 输出 '1'
  n <= s0; y <= '1';
    else n <= s0; y <= '0'; end if;      --否则,回 s0 状态
  when others => null;
  end case;
  end if;
end process;
end rtl;
```

数字序列不重叠检测仿真波形(VHDL)如图 6.37 所示。

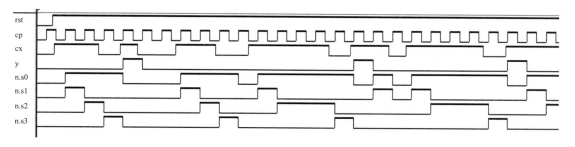

图 6.37　数字序列不重叠检测仿真波形图(VHDL)

程序说明及仿真分析:

① 程序构造体中应用 TYPE 关键字自定义 state 数据类型,并通过枚举的方式确定其取值范围为 s0~s3;

② 程序进程中应用 case 语句完成数字序列不重叠检测状态机的设计,当位时钟信号 cp 的上升沿到来时,根据当前状态及输入序列 cx 的值判断能否转移至下一状态,当连续检测顺序转移到最后一个状态 s3 时,y 端输出高电平 1,表示从 cx 中检测到了特征序列;

③ 在数字序列不重叠检测状态机的设计中,检测到序列的最后一个"1"后重新回归初始状态 s0,最后一个"1"不作为后续序列的组成部分;

④ 由仿真图可以看出,在 cx 中不重叠地检测到"1101"特征序列时,y 端输出高电平 1,

仿真验证正确。

6.11.3 Verilog 建模设计与仿真验证

【例 6.22】 设计如图 6.35 所示的数字序列检测模块。

Verilog HDL 设计描述如下：

```
module cxjc(cp,cx,y,rst);
  input cp,cx,rst;
  output reg y;
  parameter s0 = 3'b000,s1 = 3'b001,s2 = 3'b010,s3 = 3'b011,s4 = 3'b100;      //对 5 种状态进行编码
  reg [2:0]state,next_state;      //定义当前状态和下一个状态的状态寄存器
  always@(cx,state)
  case(state)
        s0:if(cx) next_state = s1;      //s0 状态检测到"1",转 s1 状态
          else next_state = s0;      //否则保持 s0 状态
        s1:if(cx) next_state = s2;      //s1 状态检测到"1",转 s2 状态
          else next_state = s0;      //否则跳转 s0 状态
        s2:if(!cx) next_state = s3;      //s2 状态检测到"0",转 s3 状态
          else next_state = s2;      //否则保持 s2 状态
        s3:if(cx) next_state = s4;      //s3 状态检测到"1",转 s4 状态
          else next_state = s0;      //否则跳转 s0 状态
        s4:next_state = s0;      //s4 状态跳转 s0 状态
  endcase
  always@(posedge cp or negedge rst)
  if(!rst) y<=1'b0;
  else if(state == s4) y<=1'b1;      //当状态为 s4 时,输出检测到"1101"的标志信号 y 输出 1
  else y<=1'b0;
  always @(posedge cp or negedge rst)
  if(!rst) state<=2'b00;
  else state<=next_state;
endmodule
```

数字序列不重叠检测仿真波形（Verilog HDL）如图 6.38 所示。

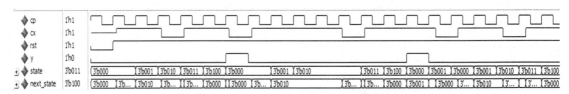

图 6.38 数字序列不重叠检测仿真波形图（Verilog HDL）

程序说明及仿真分析：

① 模块用二进制编码对 5 种状态（s0、s1、s2、s3、s4）进行编码。

② 当复位信号 rst 为低电平时,对系统状态进行初始化。

③ 模块通过 case 语句完成数字序列不重叠检测状态机的设计,当位时钟信号 cp 的上升沿到来时,根据当前状态及输入序列 cx 的值判断能否转移至下一状态。当连续检测顺序转移到最后一个状态 s4 时,y 端输出高电平 1,表示从 cx 中检测到了特征序列。

④ 在数字序列不重叠检测状态机的设计中,只要检测不到特征序列就会回归初始状态 s0。

⑤ 由仿真图可以看出，在 cx 中不重叠地检测到"1101"特征序列时，y 端输出高电平 1，仿真验证正确。

6.12　数字序列可重叠检测模块

6.12.1　模块端面图及功能描述

数字序列可重叠检测模块端面如图 6.39 所示。设 cp 为位时钟信号，待检测的数字序列从 cx 端输入，当检测到有特征序列出现时 y 端输出高电平 1。本例中，设待检测的数字序列为"11011"，且是可重叠的，这意味着当检测到不满足转移条件的码元时，不是都回归初始状态 s0，而是可以作为后续特征序列的组成部分。程序设计应用了状态机思路，当 res 复位时回到 s0 状态，如图 6.40 所示。

数字序列可重叠检测的 VHDL 程序设计如例 6.23 所示。

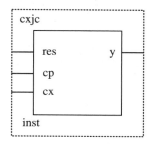

图 6.39　数字序列可重叠检测模块端面图

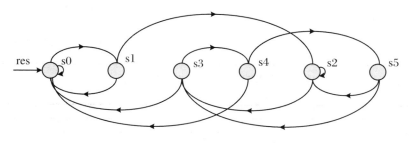

图 6.40　数字序列可重叠检测状态机

6.12.2　VHDL 建模设计与仿真验证

【例 6.23】　设计如图 6.39 所示的数字序列可重叠检测模块。

VHDL 设计描述如下：

```
library ieee;
use ieee.std_logic_1164.all;
```

```
entity cxjc is
port(res,cp,cx: in std_logic;
y:out std_logic);
end cxjc;
architecture rtl of cxjc is
type state is (s0,s1,s2,s3,s4,s5);        --自定义数据类型 state,共有 6 种取值
signal n:state;        --内部信号 n 为 state 类型
begin
process(cp,cx)
begin
if cp'event and cp = '1' then
if res = '0' then n<=s0;
else
  case n is      --状态机设计
  when s0 => if cx = '1' then
  n<=s1;y<='0';
  else n<=s0;y<='0';end if;
  when s1 => if cx = '1' then
  n<=s2;y<='0';
  else n<=s0;y<='0';end if;
  when s2 => if cx = '0' then
  n<=s3;y<='0';
  else n<=s2;y<='0';end if;
  when s3 => if cx = '1' then
  n<=s4;y<='0';
  else n<=s0;y<='0';end if;
  when s4 => if cx = '1' then
  n<=s5;y<='1';
  else n<=s0;y<='0';end if;
  when s5 => if cx = '1' then
  n<=s2;y<='0';
  else n<=s3;y<='0';end if;
  when others => null;
  end case;
end if;end if;
end process;
end rtl;
```

数字序列可重叠检测仿真波形(VHDL)如图 6.41 所示。

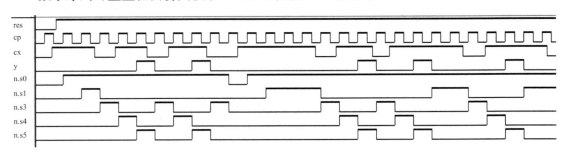

图 6.41 数字序列可重叠检测仿真波形图(VHDL)

程序说明及仿真分析:

① 程序构造体中应用 TYPE 关键字自定义 state 数据类型,并通过枚举的方式确定其取值范围为 s0~s5。

— 190 —

② 程序进程中应用 case 语句完成数字序列可重叠检测状态机的设计,当位时钟信号 cp 的上升沿到来时,根据当前状态及输入序列 cx 的值判断能否转移至下一状态。当连续检测顺序转移到最后一个状态 s5 时,y 端输出高电平 1,表示从 cx 中检测到了特征序列。

③ 在数字序列可重叠检测状态机的设计中,当不满足转移条件时,不是都回归初始状态 s0,该码元以及 s5 状态的最后那个码元可以作为后续特征序列的组成部分。

④ 由仿真图可以看出,一旦在 cx 中连续检测到"11011"特征序列,y 端输出高电平 1,且序列可以重叠检测,仿真验证正确。

6.12.3　Verilog 建模设计与仿真验证

【例 6.24】　设计如图 6.39 所示的数字序列检测模块。

Verilog HDL 设计描述如下:

```
module cxjc2(cp,cx,y,res);
  input cp,cx,res;
  output reg y;
  parameter s0 = 3'd0,s1 = 3'd1,s2 = 3'd2,s3 = 3'd3,s4 = 3'd4,s5 = 3'd5;
  reg [2:0]state,next_state;
  always@(cx,state)
    case(state)
        s0:if(cx) next_state<=s1;
           else next_state<=s0;
        s1:if(cx) next_state<=s2;
           else next_state<=s0;
        s2:if(!cx) next_state<=s3;
           else next_state<=s2;
        s3:if(cx) next_state<=s4;
           else next_state<=s0;
        s4:if(cx) next_state<=s5;
           else next_state<=s0;
        s5:if(cx) next_state<=s2;
           else next_state<=s3;
    endcase
  always@(posedge cp or negedge res)
    if(!res)y<=1'b0;
    else if(state==s5) y<=1'b1;
    else y<=1'b0;
  always@(posedge cp or negedge res)
    if(!res) state<=2'b00;
    else state<=next_state;
endmodule
```

数字序列可重叠检测仿真波形(Verilog HDL)如图 6.42 所示。

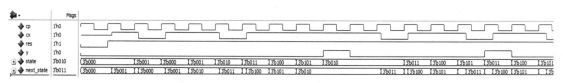

图 6.42　数字序列可重叠检测仿真波形图(Verilog HDL)

程序说明及仿真分析:

① 模块用二进制编码对 6 种状态(s0、s1、s2、s3、s4、s5)进行编码。

② 当复位信号 rst 为低电平时,对系统状态进行初始化。

③ 模块通过 case 语句完成数字序列可重叠检测状态机的设计,当位时钟信号 cp 的上升沿到来时,根据当前状态及输入序列 cx 的值判断能否转移至下一状态。当连续检测顺序转移到状态 s5 时,y 端输出高电平 1,表示从 cx 中检测到了特征序列,由于是三段式状态机,y 端输出高电平 1 会比 s5 状态延时 1 个时钟周期。

④ 在数字序列可重叠检测状态机的设计中,当不满足转移条件时,不是都回归初始状态 s0,该数据以及 s5 状态的最后那个数据可以作为后续特征序列的组成部分。

⑤ 由仿真图可以看出,一旦在 cx 中连续检测到"11011"特征序列,y 端输出高电平 1,序列可以重叠检测,仿真验证正确。

章 末 小 结

常用功能模块是集成数字系统的基本组成,是 EDA 技术自顶向下设计理念及其层次化、模块化设计实现的基础。其总体设计思路是:根据功能划分及系统设计方案,首先进行各单元电路的逻辑建模与程序设计,编译及仿真验证后,保存在当前工程文件夹中作为底层设计资源,然后通过元件例化或模块封装的方式在顶层系统设计中被调用配置,构建集成系统。

学习并参考应用 VHDL 或 Verilog 两种硬件描述语言进行常用功能模块的逻辑建模和设计描述是学好本课程、掌握集成数字系统 EDA 设计的关键。本章以集成数字系统设计中常用的计数器、分频器、显示译码器、带权表决器、并-串转换及串-并转换电路、数字序列产生及数字序列检测电路为例,系统介绍了各功能模块的端口配置及逻辑功能,分别应用 VHDL 和 Verilog 两种硬件描述语言进行了逻辑建模,给出了设计参考程序,并通过程序说明及波形仿真分析对设计结果进行了验证。

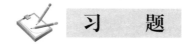 习 题

1. 参考设计例程,应用 VHDL 或 Verilog 语言设计一个分频器电路并进行仿真验证。要求:

① 2 路分频输出,分频系数分别为 60、29;

② 2 路分频输出波形的占空比均为 1/2。

2. 参考设计例程,应用 VHDL 或 Verilog 语言设计一个表决器电路并进行仿真验证。要求:

① 投票人数为 18,其中第一个人是权威人士,1 票计为 3 票,但没有一票否决权;

② 计票总数大于 9,说明表决通过,输出高电平 1。

3. 参考设计例程,应用 VHDL 或 Verilog 语言设计一个字符显示电路并进行仿真验证。要求:

　① 在 5 个 LED 数码管上稳定显示字符"HELLO";

　② 采用共阴数码管,动态扫描译码。

4. 参考设计例程,应用 VHDL 或 Verilog 语言设计一个序列检测电路并进行仿真验证。要求:

　① 进行特征序列"001101"的不重叠检测;

　② 进行特征序列"101011"的可重叠检测。

第7章 宏功能模块及其调用

为提高设计效率，Quartus II在其封装器件库中提供了丰富的 LPM 参数，用来设置宏功能模块，设计者可以根据设计需求，灵活地进行参数定制与模块调用。本章将详细介绍基于 Quartus II 9.0 的几个常用宏功能模块的定制过程与调用步骤，并进行功能说明与仿真分析。

7.1 PLL 锁相环模块

7.1.1 模块端面图及功能描述

PLL 锁相环模块接口及端面如图 7.1 所示。

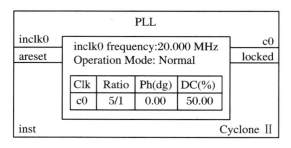

图 7.1 PLL 锁相环模块接口及端面图

本例中，模块输入接口包括输入时钟信号 inclk0 和复位信号 arest；输出接口包括 5 倍频输出时钟信号 c0，而 locked 端则为锁相环频率锁定信号，当倍频输出信号稳定后，locked 端为高电平 1 的状态。

7.1.2 模块定制调用步骤

7.1.2.1 打开宏功能库

可以使用如下两种方法打开宏功能库。

方法一：在原理图编辑界面打开，具体步骤如下：

① 点击"File"→"New"，打开如图 7.2 所示的界面，选择"Block Diagram/Schematic File"；

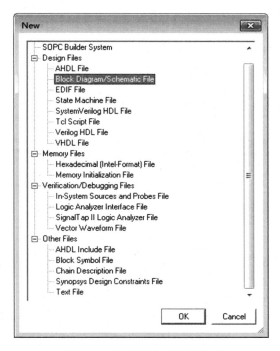

图 7.2　选择原理图编辑界面

② 在原理图界面双击空白处,打开如图 7.3 所示的界面,在"Libraries"中选择"megafunctions";

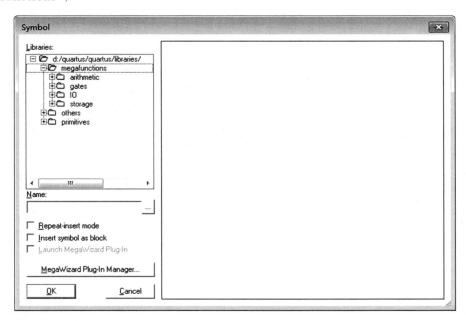

图 7.3　选择宏功能器件库

③ 点击 megafunctions 下的 IO 子库,打开如图 7.4 所示的界面,选择"altpll"后点击左下方的"OK",给模块取名保存后,即可跳转至 PLL 参数定制向导页面。

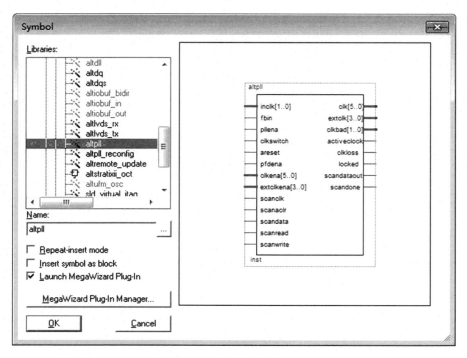

图 7.4　选择宏功能器件"altpll"

方法二:利用工具 Tools 打开,具体步骤如下:

① 点击"Tools",打开如图 7.5 所示的界面,选择"MegaWizard Plug-In Manager..";

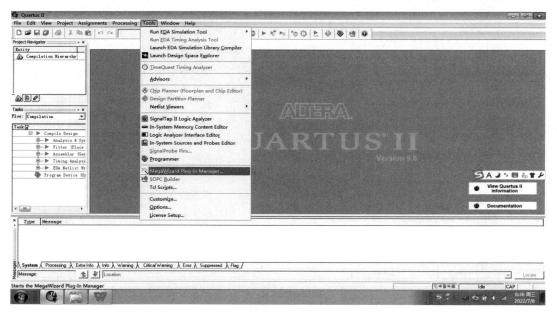

图 7.5　选择"MegaWizard Plug-In Manager..."

② 打开 MegaWizard Plug-In Manager [page 1],选择"Create a new custom megafunction variation",如图 7.6 所示,点击下方的"Next",进入 [page 2];

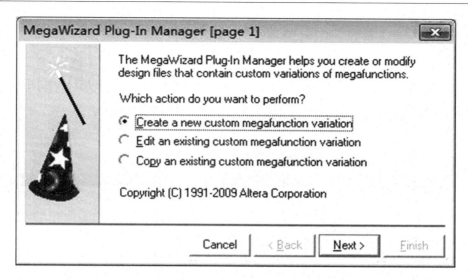

图 7.6　选择"Create a new custom megafunction variation"

③ 打开 MegaWizard Plug-In Manager［page 2］,展开 I/O 子库选择"ALTPLL",如图 7.7 所示,取名保存后,点击下方的"Next"即可跳转至 PLL 参数定制向导页面。

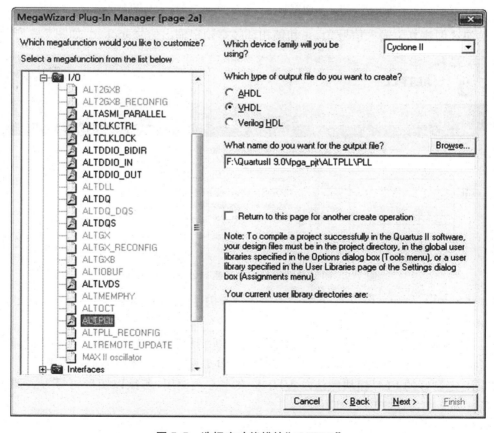

图 7.7　选择宏功能模块"ALTPLL"

7.1.2.2 模块参数定制与调用

模块参数的定制与调用过程可根据设计定制向导逐步完成,具体步骤如下:

① 确定 PLL 锁相环输入时钟信号 inclk0 的频率,本例设置为 20 MHz,如图 7.8 所示;

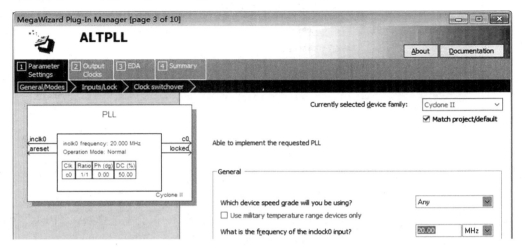

图 7.8 PLL 参数定制——设置 inclk0 的频率为 20 MHz

② 勾选创建复位输入信号 arest 和锁相环频率锁定输出信号 locked,如图 7.9 所示;

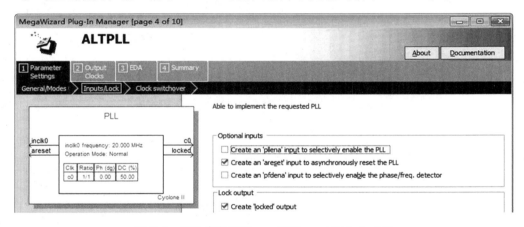

图 7.9 PLL 参数定制——创建 arest 和 locked 端

③ 设置 PLL 锁相环输出端 c0 的频率值或倍频因子,本例设置输出频率 c0 为 100 MHz,即倍频因子为 5,如图 7.10 所示;

④ 若 PLL 不止一个输出,则参照步骤③分别进行输出端 c1、c2 等的频率设置,直至最后出现如图 7.11 所示的界面,点击"Finish"完成 PLL 锁相环模块的定制与调用。

提示:定制好的 PLL 模块默认以 VHDL 文本方式调用,若欲以图形符号方式调用,则需在 File 列表中勾选"PLL.bsf"。

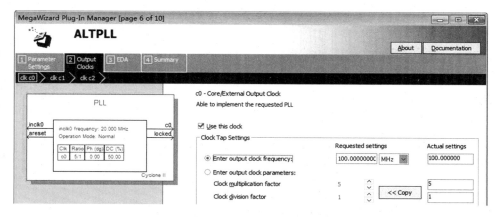

图 7.10　PLL 参数定制——设置输出频率为 100 MHz

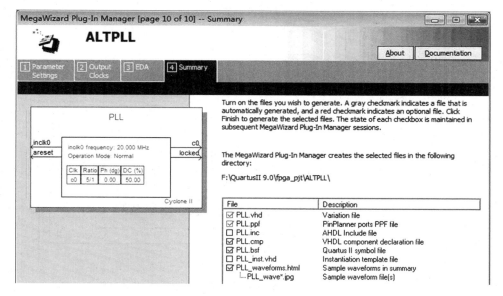

图 7.11　PLL 参数定制——完成界面

7.1.3　模块功能仿真验证

PLL 锁相环模块仿真验证步骤如下：

1. 建立工程文件

选择工程路径，建立工程文件，如图 7.12 所示。

2. 定制 PLL 锁相环模块

在原理图编辑界面下，按照第 7.1.2 节中介绍的两种 PLL 锁相环模块定制步骤，完成 PLL 锁相环模块的参数设置，并保存在当前的工程文件中。

提示：定制的 PLL 锁相环模块名不能与工程文件名相同！如本例中 PLL 锁相环模块取名为 PLL，而工程文件则命名为 PLL_SXH，不能同名，因为 PLL 只是当前工程中的一个底层模块。

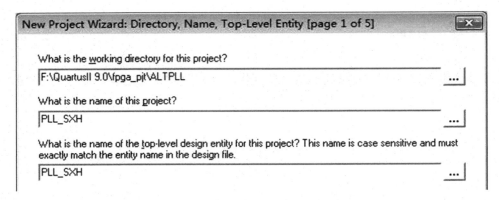

图 7.12　建立工程文件(文件名:PLL_SXH)

3. 调用 PLL 锁相环模块

双击桌面,调用当前 Project 工程下刚刚定制的 PLL 锁相环模块,如图 7.13 所示。

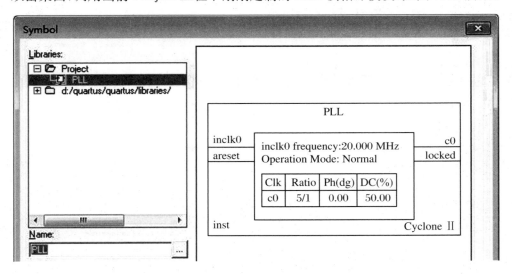

图 7.13　调用 PLL 锁相环模块

4. 进行电路设计

在原理图设计输入界面,双击桌面调用输入、输出引脚,完成 PLL 锁相环端口定义与连接,并保存为 PLL_SXH. bdf 设计文件,如图 7.14 所示。

提示:当前设计文件名一定要与工程文件名相同,否则会导致编译报错!

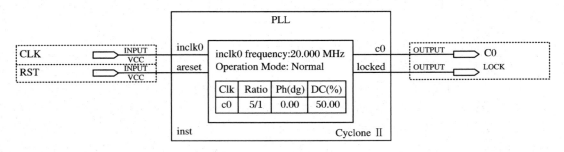

图 7.14　PLL 锁相环电路

5．工程编译与仿真

点击"Compilation"，编译完成后进行 Simulation（仿真），PLL 锁相环电路的仿真波形如图 7.15 所示。

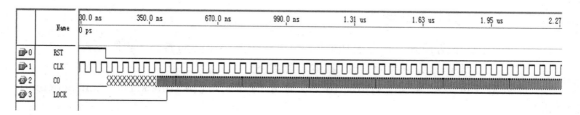

图 7.15　PLL 锁相环电路仿真波形图

仿真分析与说明：

① RST 信号高电平复位，PLL 锁相环不工作，C0 端输出为"0"，在 RST 信号低电平期间，PLL 锁相环开始工作；

② CLK 为 PLL 锁相环输入时钟信号，设置频率一般不得小于 16 MHz；

③ 经过一段延时后，PLL 锁相环的 C0 端输出 5 倍于 CLK 频率的时钟信号；

④ 当 PLL 锁相环 C0 端倍频输出信号稳定后，locked 输出高电平 1，该锁定信号通常可以作为后级电路模块的使能信号；

⑤ PLL 锁相环的倍频因子也可设置为分数，即用作分频输出。

7.2　除法器模块

7.2.1　模块端面图及功能描述

除法器模块接口及端面如图 7.16 所示。

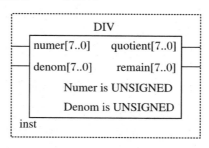

图 7.16　除法器模块接口及端面图

本例中，模块输入接口包括 8 位被除数 numer 和 8 位除数 denom，两者都是无符号整数类型；输出接口 quotient 为除法器的商，而 remain 则为除法器的余数。

7.2.2 模块定制调用步骤

7.2.2.1 打开宏功能库

可以使用如下两种方法打开宏功能库(与第 7.1 节中相同的界面不再附图)。

方法一:在原理图编辑界面打开,具体步骤如下:

① 点击"File"→"New",打开如图 7.2 所示的界面,选择"Block Diagram/Schematic File";

② 在原理图界面双击空白处,打开如图 7.3 所示的界面,在 Libraries 中选择"megafunctions";

③ 点击"megafunctions"下的 arithmetic 子库,打开如图 7.17 所示的界面,选择"divide"后,点击左下方的"OK",给模块取名保存后,即可跳转至 divide 参数定制向导页面。

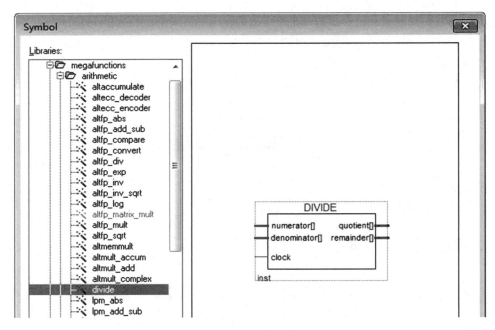

图 7.17 选择宏功能器件"divide"

方法二:利用工具 Tools 打开,具体步骤如下:

① 点击"Tools",打开如图 7.5 所示的界面,选择"MegaWizard Plug-In Manager...";

② 打开 MegaWizard Plug-In Manager [page 1],选择"Create a new custom megafunction variation",如图 7.6 所示,点击下方的"Next",进入 [page 2];

③ 打开 MegaWizard Plug-In Manager [page 2],展开 Arithmetic 子库选择"LPM_DIVIDE",如图 7.18 所示,取名保存后,点击下方的"Next"即可跳转至 divide 参数定制向导页面。

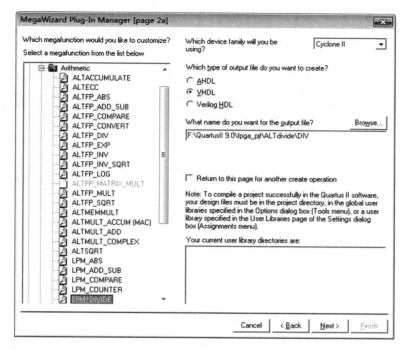

图 7.18　选择宏功能模块"LPM_DIVIDE"

7.2.2.2　模块参数定制与调用

模块参数的定制与调用过程可根据设计向导逐步完成,具体步骤如下:

① 设定除法器分子、分母的位数与数据类型,本例中,分子、分母均设为 8 位二进制数,数据设为无符号数类型,如图 7.19 所示;

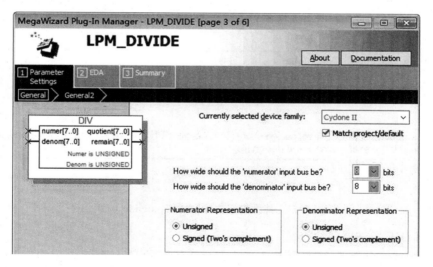

图 7.19　DIVIDE 参数设置——分子、分母均设为 8 位二进制无符号数

② 若不设置流水线功能,连续点击"Next",即可完成除法器模块的定制与调用,如图 7.20 所示。

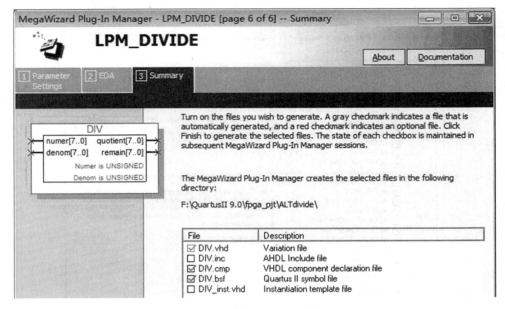

图 7.20　DIVIDE 参数设置——完成界面

7.2.3　模块功能仿真验证

DIV 除法器模块仿真验证步骤如下:

1. 建立工程文件

选择工程路径,建立工程文件,如图 7.21 所示。

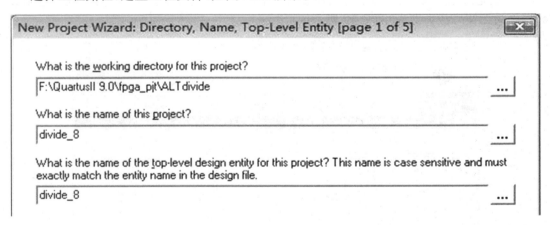

图 7.21　建立工程文件(文件名:divide_8)

2. 定制 DIV 除法器模块

在原理图编辑界面下,按照第 7.2.2 节中介绍的两种 DIV 除法器模块定制步骤操作,完成 DIV 除法器模块的参数设置,并保存在当前的工程文件中。

提示:定制的 DIV 除法器模块名不能与工程文件名相同! 如本例中 DIV 除法器模块取名为 DIV,工程文件名为 divide_8,不能同名,因为 DIV 只是当前工程中的一个底层模块。

3. 调用 DIV 除法器模块

双击桌面,调用当前 Project 工程下刚刚定制的 DIV 除法器模块,如图 7.22 所示。

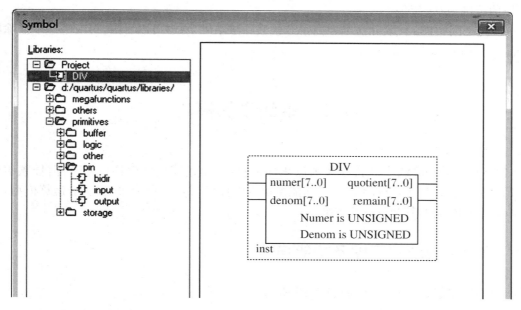

图 7.22　调用 DIV 除法器模块

4. 进行电路设计

在原理图设计输入界面,双击桌面调用输入、输出引脚,完成 DIV 除法器端口定义与连接,并保存为 divide_8.bdf 设计文件,如图 7.23 所示。

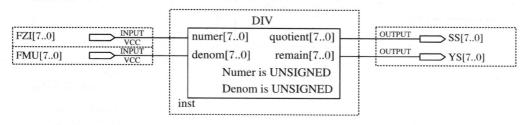

图 7.23　DIV 除法器电路

提示:当前设计文件名一定要与工程文件名相同,否则会导致编译报错!

5. 工程编译与仿真

点击"Compilation",编译完成后进行 Simulation(仿真),DIV 除法器电路的仿真波形如图 7.24 所示。

0	FZI	100	200	84	128		188
9	FMU	25	12	6	8	5	100
18	SS	4	16	14	16	25	1
27	YS	0	8	0	0	3	88

图 7.24　DIV 除法器电路仿真波形图

仿真分析与说明:

① 仿真图中,FZI 代表被除数,FMU 代表除数,两者均定义为 8 位二进制无符号数类型,取值范围为 0~255;

② 仿真图中,SS 代表除法结果商,YS 代表除法结果余数,可以看出,对应每一个被除数和除数值,仿真结果正确。

7.3 乘法累加模块

数字信号处理算法中经常涉及乘法累加运算,如快速傅里叶变换(FFT)、信号频谱分析、FIR 滤波器设计等,Quartus Ⅱ宏功能模块库中提供了若干个乘法-加法器运算模型,下面将介绍其中一种,其余可以此类推。

7.3.1 模块端面图及功能描述

乘法累加模块接口及端面如图 7.25 所示。

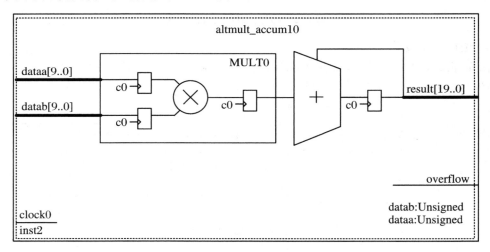

图 7.25　乘法累加模块接口及端面图

本例中,模块输入接口包括 1 个时钟信号 clock0、10 位乘数 dataa 和 10 位被乘数 datab,两者都是无符号整数类型;输出接口 result 为乘法累加的结果,而 overflow 则为结果溢出信号,当乘法累加结果超出 20 位时 overflow 输出高电平 1。

7.3.2 模块定制调用步骤

7.3.2.1 打开宏功能库

可以使用如下两种方法打开宏功能库(与第 7.1 节中相同的界面不再附图)。

方法一：在原理图编辑界面打开，具体步骤如下：

① 点击"File"→"New"，打开如图 7.2 所示的界面，选择"Block Diagram/Schematic File"；

② 在原理图界面双击空白处，打开如图 7.3 所示的界面，在 Libraries 中选择"megafunctions"；

③ 点击 megafunctions 下的 arithmetic 子库，打开如图 7.26 所示的界面，选择"altmult_accum"后点击左下方的"OK"，给模块取名保存后，即可跳转至 altmult_accum 参数定制向导页面。

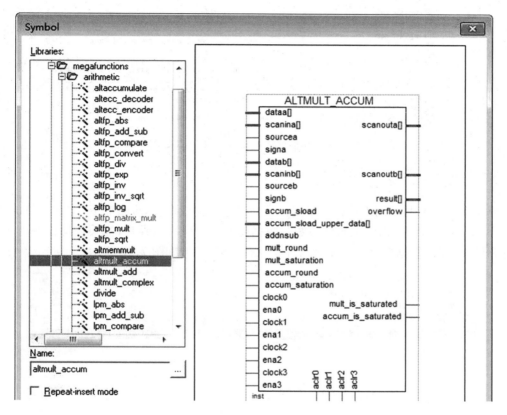

图 7.26　选择宏功能器件"altmult_accum"

方法二：利用工具 Tools 打开，具体步骤如下：

① 点击"Tools"，打开如图 7.5 所示的界面，选择"MegaWizard Plug-In Manager..."；

② 打开 MegaWizard Plug-In Manager［page 1］，选择"Create a new custom megafunction variation"，如图 7.6 所示，点击下方的"Next"，进入［page 2］；

③ 打开 MegaWizard Plug-In Manager［page 2］，展开 Arithmetic 子库选择"ALTMULT_ACCUM(MAC)"，如图 7.27 所示，取名保存后，点击下方的"Next"即可跳转至 MULT_ACCUM 参数定制向导页面。

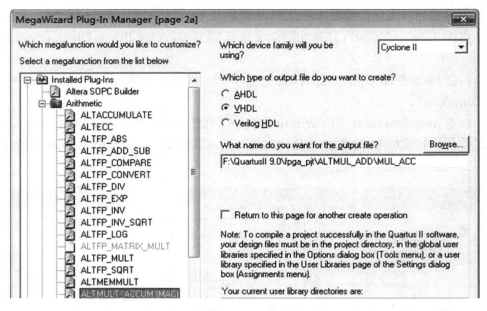

图 7.27   选择宏功能模块"ALTMULT_ACCUM(MAC)"

7.3.2.2   模块参数定制与调用

模块参数的定制与调用过程可根据设计向导逐步完成,具体步骤如下：

① 设定乘法器乘数、被乘数的位数与数据类型；本例中,当乘数、被乘数均设置为 10 位二进制数时,输出数据自动变为 20 位,都是无符号数类型,如图 7.28 所示；

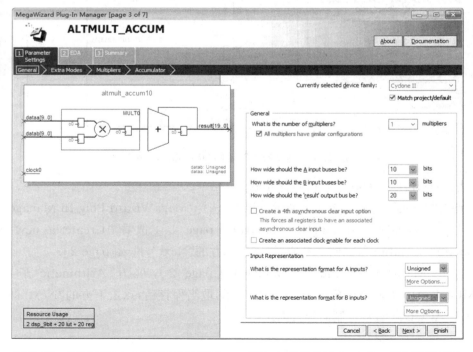

图 7.28   ALTMULT_ACCUM 参数设置——乘数、被乘数均设为 10 位二进制无符号数

② 点击"Next"，可根据需要添加附加功能端，本例中，增加了一个输出结果溢出端 overflow，如图 7.29 所示；

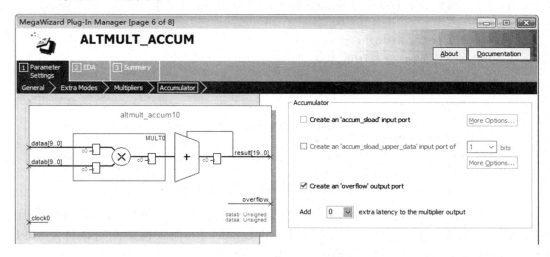

图 7.29　ALTMULT_ACCUM 参数设置——添加一个结果溢出端 overflow

③ 若不再设置其他功能，连续点击"Next"，出现如图 7.30 所示的界面时，点击"Finish"即可完成乘法累加模块的定制与调用。

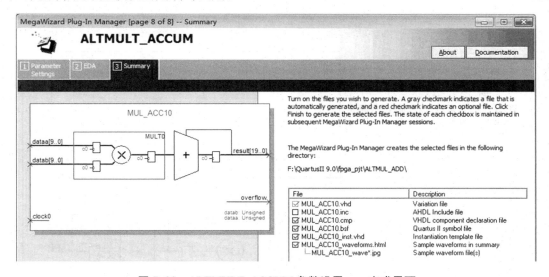

图 7.30　ALTMULT_ACCUM 参数设置——完成界面

7.3.3　模块功能仿真验证

ALTMULT_ACCUM 乘法累加模块仿真验证步骤如下：

1. 建立工程文件

选择工程路径，建立工程文件，如图 7.31 所示。

2. 定制 ALTMULT_ACCUM 乘法累加模块

在原理图编辑界面下，按照第 7.3.2 节中介绍的两种 ALTMULT_ACCUM 乘法累加模块定制步骤操作,完成 ALTMULT_ACCUM 的参数设置,并保存在当前工程文件中。

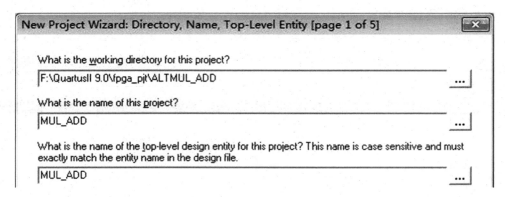

图 7.31　建立工程文件(文件名:MUL_ADD)

提示:定制的 ALTMULT_ACCUM 乘法累加模块名不能与工程文件名相同! 本例中 ALTMULT_ACCUM 乘法累加模块取名为 MUL_ACC10,而工程文件则命名为 MUL_ ADD。因为 MUL_ACC10 只是当前工程中的一个底层模块。

3.调用 ALTMULT_ACCUM 乘法累加模块

双击桌面,调用当前 Project 下刚刚定制的 MUL_ACC10 乘法累加模块,如图 7.32 所示。

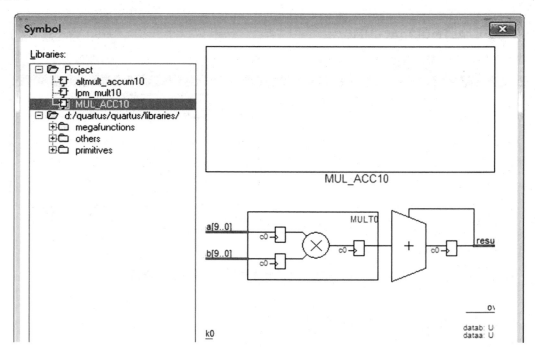

图 7.32　调用 MUL_ACC10 乘法累加模块

4.进行电路设计

在原理图设计输入界面,双击桌面调用输入、输出引脚,完成 MUL_ACC10 乘法累加端口定义与连接,并保存为 MUL_ADD.bdf 设计文件,如图 7.33 所示。

提示：当前设计文件名一定要与工程文件名相同，否则会导致编译报错！

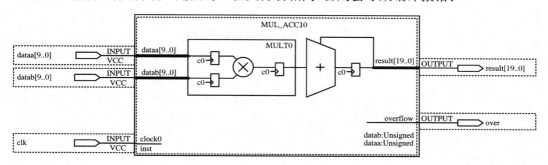

图 7.33 MUL_ACC10 乘法累加电路

5. 工程编译与仿真

点击"Compilation"，编译完成后进行 Simulation（仿真），ALTMUL_ADDUM 乘法累加电路的仿真波形如图 7.34 所示。

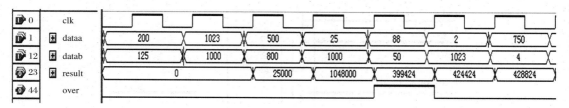

图 7.34 ALTMUL_ADDUM 乘法累加电路仿真波形图

仿真分析与说明：

① 仿真图中，dataa 代表乘数，datab 代表被乘数，两者均定义为 10 位二进制无符号数类型，取值范围为 0～1023。

② 仿真图中，result 代表乘法累加运算的结果，定义为 20 位二进制无符号数类型，取值范围为 0～1048575，当运算结果超出最大值 1048575 时，溢出信号 over 输出高电平 1。

③ 仿真图中，clk 为时钟信号，每个乘法累加运算周期需要 3 个 clk。当第一个 clk 的上升沿到来时，首先对乘数、被乘数以及上一次的结果值进行采样；当第二个 clk 的上升沿到来时，先进行乘法运算；当第三个 clk 的上升沿到来时进行累加运算并输出结果。

④ 乘法累加运算过程采用流水线并行操作方式，宏观上一开始有 3 个 clk 的延时，后续每个 clk 上升沿到来时都会输出乘法累加运算结果。本例中：

当第三个 clk 上升沿到来时，运算结果 $result = 200 \times 125 + 0 = 25000$，直接输出；

当第四个 clk 上升沿到来时，运算结果 $result = 1023 \times 1000 + 25000 = 1048000$，直接输出；

当第五个 clk 上升沿到来时，运算结果 $result = 500 \times 800 + 1048000 = 1448000$，已超出 20 位二进制无符号数的取值范围，故输出 $result = 1448000 - 1048576 = 399424$，同时溢出信号 over 输出高电平 1。

后续数据以此类推，可以看出，仿真结果正确。

7.4 双口 RAM 模块

在数字信号采集或数字通信过程中经常涉及信息数据的存储问题,Quartus Ⅱ 宏功能模块库中提供了多种存储器模型,包括可读写 RAM 和只读 ROM。本节先介绍双口 RAM,下节将介绍只读 ROM。

7.4.1 模块端面图及功能描述

双口 RAM 模块接口及端面如图 7.35 所示。

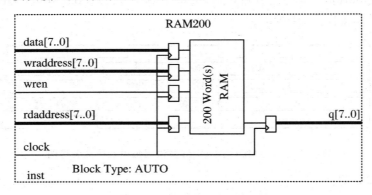

图 7.35 双口 RAM 模块接口及端面图

以 200 存储单元的双口 RAM 模块为例,clock 是时钟信号,它是读、写时序的控制信号,上升沿有效;wren 是读、写使能信号,wren 为 1 时进行写数据操作,将 data 数据总线上的并行数据存入写地址总线 wraddress 指向的地址单元中;wren 为 0 时进行读数据操作,将 rdaddress 指向的地址单元中的数据取出,并输出到数据总线 q 上。

7.4.2 模块定制调用步骤

7.4.2.1 打开宏功能库

可以使用如下两种方法打开宏功能库(与第 7.1 节中相同的界面不再附图)。

方法一:在原理图编辑界面打开,具体步骤如下:

① 点击"File"→"New",打开如图 7.2 所示的界面,选择"Block Diagram/Schematic File";

② 在原理图界面双击空白处,打开如图 7.3 所示的界面,在 Libraries 中选择"megafunctions";

③ 点击 megafunctions 下的 storage 子库,打开如图 7.36 所示的界面,选择"lpm_ram_dp"后点击左下方的"OK",给模块取名保存后,即可跳转至 lpm_ram_dp 参数定制向导

页面。

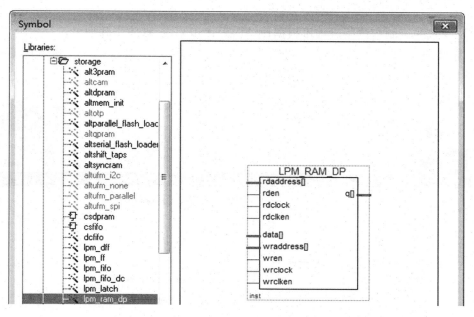

图 7.36　选择宏功能器件"lpm_ram_dp"

方法二:利用工具 Tools 打开,具体步骤如下:

① 点击"Tools",打开如图 7.5 所示的界面,选择"MegaWizard Plug-In Manager...";

② 打开 MegaWizard Plug-In Manager［page 1］,选择"Create a new custom megafunction variation",如图 7.6 所示,点击下方的"Next",进入［page 2］;

③ 打开 MegaWizard Plug-In Manager［page 2］,展开 Memory Compiler 子库后选择"RAM:2-PORT",如图 7.37 所示,取名保存后,点击下方的"Next"即可跳转至 RAM 参数定制向导页面。

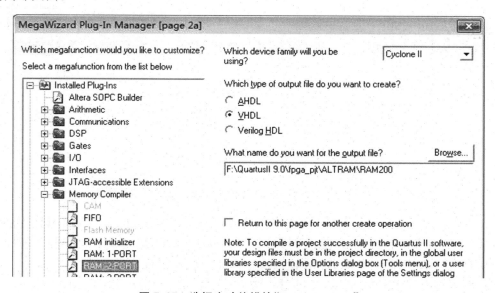

图 7.37　选择宏功能模块"RAM_2-PORT"

7.4.2.2 模块参数定制与调用

模块参数的定制与调用过程可根据设计向导逐步完成,具体步骤如下:

① 在如图 7.38 所示的界面中,可以选择设定双口 RAM 端口的组数,本例中,选择一组读、写端口,且默认存储单元以字(节)为单位计数。

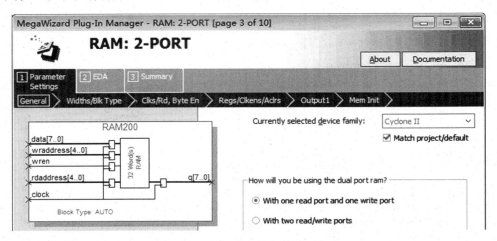

图 7.38　RAM 参数设置——选择一组读、写端口

② 在如图 7.39 所示的界面中,可以选择设定双口 RAM 存储单元的数量以及每个存储单元的字长位数,本例中,当 RAM 存储单元的数量为 200 时,读、写地址总线宽度自动变为 8 位,表示寻址范围为 0~199。当每个存储单元的字长默认选择为 8 位时,读、写数据总线宽度将显示为 8 bit。

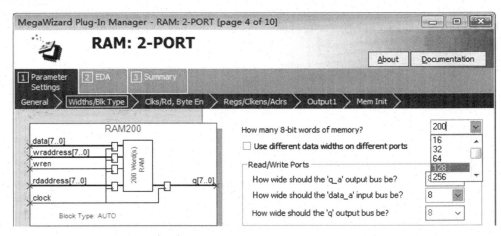

图 7.39　RAM 参数设置——选择存储单元数量及字长位数

③ 在如图 7.40 所示的界面中,可以根据需要选择增加时钟 clk 的数量或其他附加使能端,本例中,选择单时钟方式,即读、写地址以及存取数据均在同一个时钟的控制下进行。

④ 点击"Next",确定双口 RAM 输入、输出端口,如图 7.41 所示。

⑤ 若不再设置其他功能,连续点击"Next",当出现如图 7.42 所示的界面时,点击"Finish"即可完成双口 RAM 模块的定制与调用。

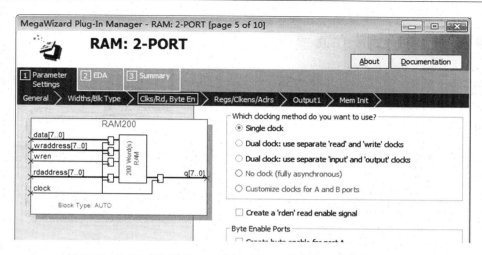

图 7.40　RAM 参数设置——增加时钟 clk 的数量或其他附加使能端

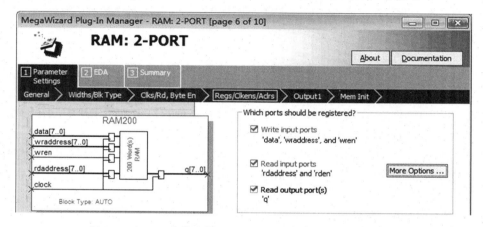

图 7.41　RAM 参数设置——确定双口 RAM 输入、输出端口

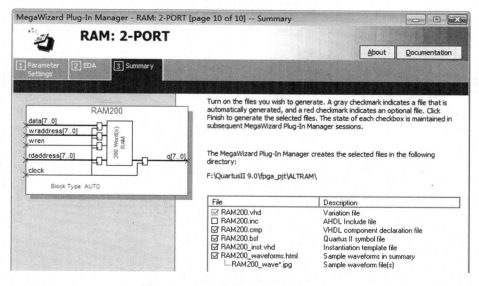

图 7.42　RAM 参数设置——完成界面

7.4.3 模块功能仿真验证

双口 RAM 模块仿真验证步骤如下:

1. 建立工程文件

选择工程路径,建立工程文件,如图 7.43 所示。

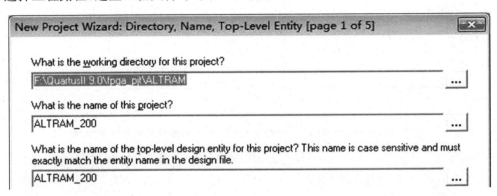

图 7.43 建立工程文件(文件名:ALTRAM_200)

2. 定制双口 RAM 模块

在原理图编辑界面下,按照第 7.4.2 节中介绍的两种双口 RAM 模块定制步骤操作,完成双口 RAM 模块的参数设置,并保存在当前的工程文件中。

提示:定制的双口 RAM 模块名不能与工程文件名相同! 本例中,双口 RAM 模块取名为 RAM200,而工程文件则命名为 ALTRAM_200。因为 RAM200 只是当前工程中的一个底层模块。

3. 调用 RAM200 模块

双击桌面,调用当前 Project 工程下刚刚定制的 RAM200 模块,如图 7.44 所示。

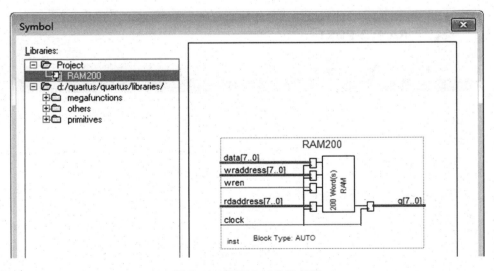

图 7.44 调用 RAM200 模块

4．进行电路设计

在原理图设计输入界面，双击桌面调用输入、输出引脚，完成 RAM200 端口定义与连接，并保存为 ALTRAM_200.bdf 设计文件，如图 7.45 所示。

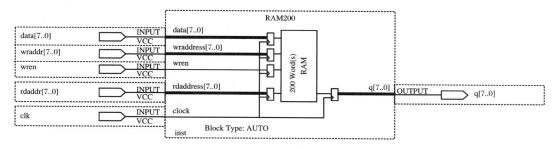

图 7.45　RAM200 存储器电路

提示：当前设计文件名一定要与工程文件名相同，否则会导致编译报错！

5．工程编译与仿真

点击"Compilation"，编译完成后进行 Simulation（仿真），双口 RAM 电路的仿真波形如图 7.46 所示。

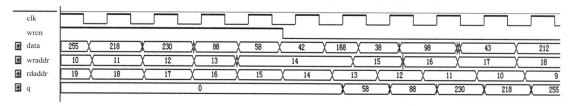

图 7.46　RAM200 存储器电路仿真波形图

仿真分析与说明：

① 仿真图中，在 wren 为高电平 1 期间进行数据存储操作，在时钟信号的控制下，将 8 位数据总线 data 上的数据写入对应的写地址 wraddr 单元，如将数据 255、218、230、88、58 依次写入 10～14 地址单元进行存储；

② 仿真图中，在 wren 为低电平 0 期间进行数据读取操作，在时钟信号的控制下，读取当前地址 rdaddr 指向单元中的 8 位数据，并输出到 8 位数据总线 q 上，例如，当时钟信号的上升沿到来时，将 rdaddress 指向的 14、13、12、11、10 地址单元中的数据 58、88、230、218、255 依次取出，并输出到数据总线 q 上；

③ 仿真图中，读取存储器数据时有 1 个 clk 的延时。

7.5　只读 ROM 模块

与可读写 RAM 模块不同，只读 ROM 模块只能在时钟信号的控制下，从存储器指定的地址单元中读取数据，而这些数据需要以存储器初始化文件的形式提前准备好，在参数定制过程中加载到只读 ROM 中，其他过程与双口 RAM 类似。

7.5.1 模块端面图及功能描述

只读 ROM 模块接口及端面如图 7.47 所示。

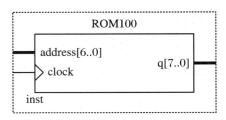

图 7.47 只读 ROM 模块接口及端面图

以 100 个存储单元只读 ROM 模块为例,clock 是时钟信号,它是读取时序的控制信号,当 clk 的上升沿到来时,将 address 指向的地址单元中的数据取出,输出到 8 位数据总线 q 上。

7.5.2 模块定制调用步骤

7.5.2.1 打开宏功能库

可以使用如下两种方法打开宏功能库(与第 7.1 节中相同的界面不再附图)。

方法一:在原理图编辑界面打开,具体步骤如下:

① 点击"File"→"New",打开如图 7.2 所示的界面,选择"Block Diagram/Schematic File";

② 在原理图界面双击空白处,打开如图 7.3 所示的界面,在 Libraries 中选择"megafunctions";

③ 点击 megafunctions 下的 storage 子库,打开如图 7.48 所示的界面,选择"lpm_rom"后点击左下方的"OK",取名保存后即可跳转至 lpm_rom 参数定制向导页面,如图 7.49 所示。

方法二:利用工具 Tools 打开,具体步骤如下:

① 点击"Tools",打开如图 7.5 所示的界面,选择"MegaWizard Plug-In Manager...";

② 打开 MegaWizard Plug-In Manager〔page 1〕,选择"Create a new custom megafunction variation",如图 7.6 所示,点击下方的"Next",进入〔page 2〕;

③ 打开 MegaWizard Plug-In Manager〔page 2〕,展开 Memory Compiler 子库后选择"ROM:1-PORT",如图 7.50 所示,取名保存后,点击下方的"Next"即可跳转至 RAM 参数定制向导页面。

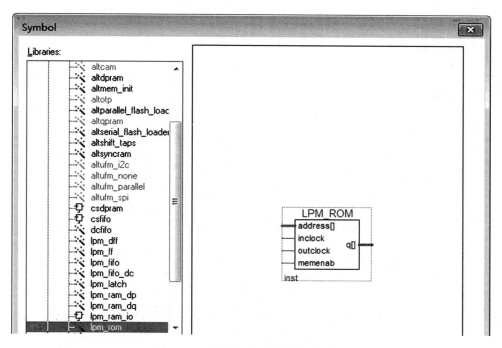

图 7.48　选择宏功能器件"lpm_rom"

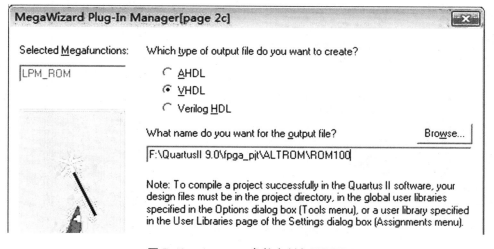

图 7.49　lpm_rom 参数定制向导页面

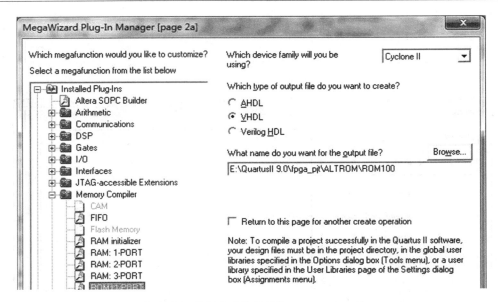

图 7.50　选择宏功能器件"ROM:1-PORT"

7.5.2.2　模块参数定制与调用

首先准备只读 ROM 初始化文件,具体步骤如下:

① 点击"File"→"New",打开如图 7.51 所示的界面,选择编辑文件"Memory Files"。

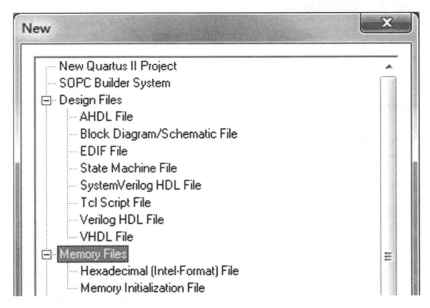

图 7.51　选择编辑文件类型

② 在如图 7.51 所示的界面中,可以选择 hex 或 mif 两种初始化文件的格式,本例中,选择 Memory Initialization File 格式,双击弹出如图 7.52 所示的界面。

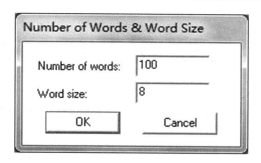

图 7.52　选择存储字数量及位数

③ 在如图 7.52 所示的界面中,可以设置 ROM 中存储单元的数量以及每个单元字的位数,本例中,设置存储 100 个单元字,每个单元字长为 8 位;点击"OK"即可弹出 100 个存储单元编辑界面,如图 7.53 所示。

Addr	+0	+1	+2	+3	+4	+5	+6	+7
0	0	0	0	0	0	0	0	0
8	0	0	0	0	0	0	0	0
16	0	0	0	0	0	0	0	0
24	0	0	0	0	0	0	0	0
32	0	0	0	0	0	0	0	0
40	0	0	0	0	0	0	0	0
48	0	0	0	0	0	0	0	0
56	0	0	0	0	0	0	0	0
64	0	0	0	0	0	0	0	0
72	0	0	0	0	0	0	0	0
80	0	0	0	0	0	0	0	0
88	0	0	0	0	0	0	0	0
96	0	0	0	0				

图 7.53　存储单元编辑界面

④ 在图 7.53 中,预设的 100 个存储单元以行、列矩阵的形式排列,矩阵列数可设置,一般默认为 8 列,地址矩阵列号从 0~7,地址矩阵行号也从 0 开始,后续依次加 8,这样每个存储单元的地址可以用其行号加列号的方法计算。本例中,100 个存储单元构成一个 13 行 8 列矩阵,前 12 行,每行 8 个存储单元,分配 0~95 个地址单元,第 13 行行号为 96,按行号加列号的方法计算,剩下的 4 个存储单元地址分别为 96、97、98、99,共 100 个存储单元,预设的 100 个存储单元目前均处于激活可编辑状态,可根据需要一一点击进行编辑。本例中,存储单元初始化设置如图 7.54 所示。

⑤ 点击"File"→"Save As",打开如图 7.55 所示的界面,将编辑好的 ROM 初始化文件以 .mif 格式保存至当前工程路径下。

需要指出的是,ROM 的初始化文件编辑方式不止一种,上述方式较为直观方便,在存储单元数量不多的场合较为常用,后面还将结合实训案例介绍其他编辑方式。

图 7.54　存储单元初始化设置

图 7.55　保存 ROM 初始化文件

接着根据设计向导进行 ROM 模块参数的定制与调用,具体步骤如下:

① 在如图 7.56 所示的界面中,可选择设定 ROM 的存储单元数量以及每个存储单元的字长位数,本例中,当将 ROM 存储单元的数量设置为 100 时,地址总线宽度自动变为 7 位,表示寻址范围为 0～127,存储单元字长默认选择为 8 位,即输出数据总线 q 的宽度为 8 bit;

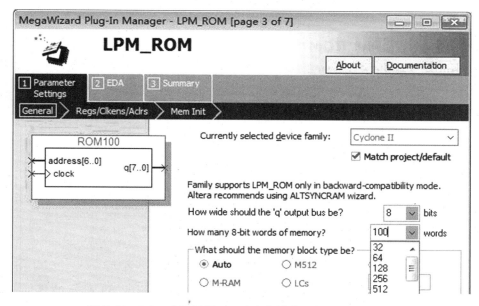

图 7.56　ROM 参数设置——确定存储单元数量及字长位数

② 在如图 7.57 所示的界面中,可根据需要选择增加 clken、aclr 等其他功能端,本例中不进行添加,直接点击"Next"跳过;

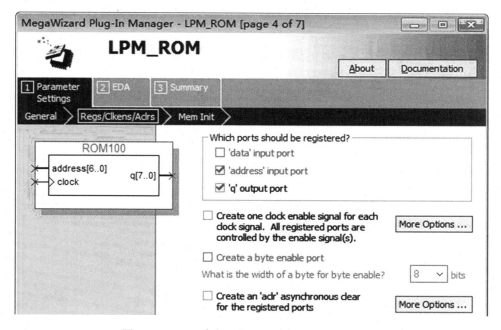

图 7.57　ROM 参数设置——选择添加其他功能端

③ 在如图 7.58 所示的界面中,需要将准备好的初始化文件加载到 ROM 中,具体做法是通过 Browse 浏览指定欲加载的 mif 初始化文件,如本例中的 ROM100.mif;

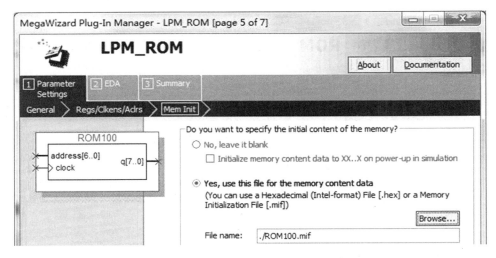

图 7.58　ROM 参数设置——指定加载初始化文件

④ 若不再设置其他功能,连续点击"Next",当出现如图 7.59 所示的界面时,点击"Finish"即可完成只读 ROM 模块的定制与调用。

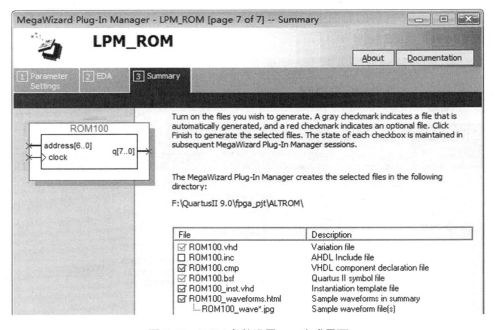

图 7.59　ROM 参数设置——完成界面

7.5.3　模块功能仿真验证

只读 ROM 模块仿真验证步骤如下:

1. 建立工程文件

选择工程路径,建立工程文件,如图 7.60 所示。

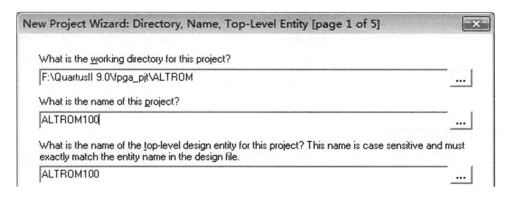

图 7.60　建立工程文件(文件名:ALTROM100)

2. 定制只读 ROM 模块

在原理图编辑界面下,按照第 7.5.2 节中介绍的两种只读 ROM 模块定制步骤操作,完成只读 ROM 模块的参数设置,并保存在当前的工程文件中。

提示:定制的只读 ROM 模块名不能与工程文件名相同! 本例中,只读 ROM 模块取名为 ROM100,而工程文件则命名为 ALTROM100。因为 ROM100 只是当前工程中的一个底层模块。

3. 调用 ROM100 模块

双击桌面,调用当前 Project 工程下刚刚定制的 ROM100 模块,如图 7.61 所示。

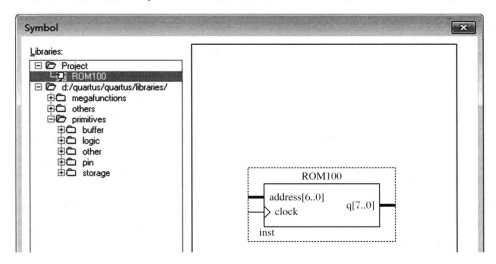

图 7.61　调用 ROM100 模块

4. 进行电路设计

在原理图设计输入界面,双击桌面调用输入、输出引脚,完成 ROM100 端口定义与连接,并保存为 ALTROM100.bdf 设计文件,如图 7.62 所示。

提示:当前设计文件名一定要与工程文件名相同,否则会导致编译报错!

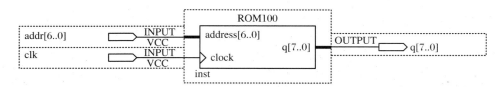

图 7.62　ROM100 存储器电路

5. 工程编译与仿真

点击"Compilation",编译完成后进行 Simulation(仿真),只读 ROM 电路的仿真波形如图 7.63 所示。

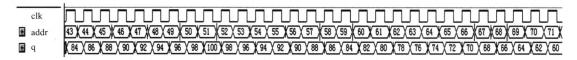

图 7.63　ROM100 存储器电路仿真波形图

仿真分析与说明:

如前所述,只读 ROM 模块的功能就是在时钟信号 clk 的控制下,将当前地址 addr 所指向单元中的存储数据读出,并输出到 8 位数据总线 q 上;对照图 7.54 不难看出,在时钟信号 clk 的控制下,地址单元 43~70 中存储的数据依次从 q 端输出,仿真验证正确,但存在 1 个 clk 的延时。

章 末 小 结

Quartus Ⅱ开发平台支持 Altera 的 IP 核,自带参数可定制的 LPM、MegaFunction 宏功能模块库,使用户可以充分地利用成熟的模块进行复杂的系统设计。特别是在数字信号处理系统设计中,需要进行大量的乘法累加或除法运算,若应用 VHDL 或 Verilog 语言编程设计,则代码较为复杂,调试困难。在这种情况下可考虑直接定制调用 Quartus Ⅱ平台宏功能库中的 Arithmatic 组件,以降低设计难度,加快设计速度,弥补其运算能力的不足。本章以集成数字系统设计中常用的 PLL 锁相环模块、除法器模块、乘法累加模块、双口 RAM 模块和只读 ROM 模块为例,在简要介绍各宏功能模块的端口配置及时序功能的基础上,详细说明了各宏功能模块的参数设置方法与具体定制步骤,最后调用宏功能模块构建电路,通过仿真分析对宏模块功能进行验证。

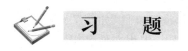　习　题

1. 参考举例说明,通过定制调用 PLL 锁相环模块,设计一个倍频电路并进行仿真验证。要求:

① 设输入时钟信号的频率为 20 MHz；

② 2 路倍频输出信号频率分别为 50 MHz 和 80 MHz。

2. 参考举例说明，通过定制调用 Arithmatic 组件，设计一个运算电路并进行仿真验证。要求：

① 实现 $(A \times B) + (C \times B)$ 运算，其中 A、B、C 均为 8 位二进制数；

② 实现 $(A \times B)/C$ 运算，其中 A、B、C 均为 4 位二进制数。

3. 参考举例说明，通过定制调用双口 RAM 模块，设计一个存储回放电路并进行仿真验证。要求：

① 顺序存储"0～F"16 个数据，存满即回放；

② 以 2 倍频率从 0 地址开始依次循环回放存储的数据。

4. 参考举例说明，通过编辑 mif 初始化文件，定制调用一个只读 ROM 模块，设计电路并进行仿真验证。要求：

① 存储深度为 360，数据宽度为 10 位；

② 存储数据按正弦函数 $\sin x$ 规律产生。

第二部分

EDA实训案例

第 8 章　集成数字系统实训 1——温湿度检测系统设计

温湿度检测是环境监测最基本的内容,是智能测控系统的传感前端,被广泛应用于工农业生产、仓储配送、数码电器等领域,与日常生活密切相关。本章选用 DHT11 为传感器,以 FPGA 为控制芯片,采用自顶向下的层次化、模块化设计方式,应用硬件描述语言 VHDL 进行温湿度检测系统的数据采集、分组处理及 LED 显示设计。

8.1　设计任务及原理说明

8.1.1　设计任务

基于 DHT11 设计一个温湿度检测系统,检测参数要求如下:
(1) 温度测量
范围:$-20\sim60\ \text{℃}$;精度:$\pm2\ \text{℃}$;分辨率:$0.1\ \text{℃}$。
(2) 湿度测量
范围:$5\%\sim95\%\text{RH}$;精度:$\pm5\%\text{RH}$;分辨率:$1\%\text{RH}$。
(3) 显示方式
温湿度检测值通过按键切换,用 2 位数码管显示。

8.1.2　检测原理

8.1.2.1　DHT11 传感器简介

DHT11 是一款温湿度复合检测的数字传感器,内含 1 个电容式感湿元件和 1 个 NTC 测温元件,传感数据经其内部高性能的 8 位单片机处理后,以单总线方式输出。虽然 DHT11 的温度测量精度比 DS18B20 略低,但控制时序简单,且可同时采集温湿度值,具有成本低、响应快、工作稳定、抗干扰能力强等优点,受到业内广泛欢迎。

DHT11 传感器及其引脚定义如图 8.1 所示。

VDD DATA NC GND

引脚	功能
GND	接地
VCC	电源
NC	空
SIG	触发和温湿度数据信号

图 8.1　DHT11 传感器及其引脚定义

8.1.2.2　DHT11 数据帧格式

DHT11 温湿度传感器采用单总线方式与控制器连接,每个测量周期用串行方式输出一帧 40 位数据,代表温湿度测量值,数据帧组成格式如图 8.2 所示。

8 bit	8 bit	8 bit	8 bit	8 bit
39…32	31…24	23…16	15…8	7…0
湿度测量值整数	湿度测量值小数	温度测量值整数	温度测量值小数	校验码

图 8.2　DHT11 数据帧格式

图 8.2 中,40 位数据自高到低分为 5 组,1 个字节(8 位)为 1 组,bit39～bit32 代表湿度测量值的整数部分,bit31～bit24 代表湿度测量值的小数部分;bit23～bit16 代表温度测量值的整数部分,bi15～bit8 代表温度测量值的小数部分;最后 1 个字节 bit7～bit0 是效验码,用于检验数据帧传输过程中有无错误。单线传输时,高位先传。

例如,当控制器串行接收到下列 40 位数据时,其代表的温湿度测量值为:

$$\underset{\text{湿度值整数}}{0011\ 0101}\ \underset{\text{湿度值小数}}{0000\ 0000}\ \underset{\text{温度值整数}}{0001\ 1000}\ \underset{\text{温度值小数}}{0000\ 0100}\ \underset{\text{校验码}}{0101\ 0001}$$

即湿度测量值为:35H = 53%RH;温度测量值为: + (18H + 0.4) = + 24.4 ℃。

提示:

① 因湿度值分辨率为 1%RH,故其小数部分始终为 0;

② 温度值小数部分的最高位代表正号或负号,0 代表零上正温度,1 代表零下负温度;

③ 校验码应为前 4 个字节之和(保留低 8 位),正确则表明数据传输无差错,否则,丢弃重传。

8.1.2.3　DHT11 数据传输时序

DHT11 温湿度传感器待机时处于低功耗休眠模式,只有接收到主机(控制器)测量启动信号后才会转入高速工作模式,并按照一定的控制时序开始传输温湿度测量数据。

DHT11 数据传输时序如图 8.3 所示。

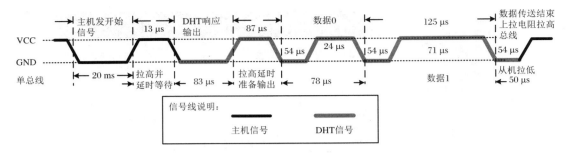

图 8.3 DHT11 数据传输时序

由图 8.3 我们可将 DHT11 一个测量周期的数据传输过程分为 7 个时段:

① 第 1 个时段:控制器主机拉低总线电平 20 ms,发出读取数据启动信号。

② 第 2 个时段:控制器主机拉高总线电平 13 μs,等待从机 DHT11 的响应信号。

③ 第 3 个时段:从机 DHT11 拉低总线电平 83 μs,向控制器主机发出响应信号。

④ 第 4 个时段:从机 DHT11 拉高总线电平 87 μs,准备向控制器主机传输数据。

⑤ 第 5 个时段:从机 DHT11 从最高位开始向控制器主机发送 40 位数据。先拉低总线电平 54 μs,再拉高总线电平 24 μs 表示数据 0;先拉低总线电平 54 μs,再拉高总线电平 71 μs 表示数据 1。

⑥ 第 6 个时段:从机 DHT11 拉低总线电平 54 μs,向控制器主机发出数据传输结束信号。

⑦ 第 7 个时段:控制器主机释放总线拉高电平,等待下一次测量的触发启动信号。

DHT11 温湿度传感器数据传输时序参数值见表 8.1。

表 8.1 DHT11 温湿度传感器数据传输时序参数值

符号	参数	最小值	典型值	最大值	单位
T_{be}	主机起始信号拉低时间	18	20	30	ms
T_{go}	主机释放总线时间	10	13	20	μs
T_{rel}	响应低电平时间	81	83	85	μs
T_{reh}	响应高电平时间	85	97	88	μs
T_{LOW}	信号"0""1"低电平时间	52	54	56	μs
T_{H0}	信号"0"高电平时间	23	24	27	μs
T_{H1}	信号"1"高电平时间	68	71	74	μs
T_{en}	传感器释放总线时间	52	54	56	μs

提示:

① DHT11 上电后,建议等待 1 s 后再发送指令,这样可以跳过不稳定状态;

② DHT11 发出传输结束信号后立即重测当前环境温湿度,并保存数据;

③ 主机控制器每次触发启动得到的数据总是前一次的测量值,若两次测量间隔较长应连续测量两次并以第二次数据为准;

④ DHT11 的每个测量传输周期大于 1 s,若需连续测量,建议主机控制器的触发启动间隔大于 2 s。

8.1.2.4　DHT11 硬件连接

DHT11 的单总线引脚 DQ 可直接与主机控制器 I/O 口相连,并通过上拉电阻接到 VCC 上,以便主机释放总线时 DQ 为高电平 1,如图 8.4 所示。

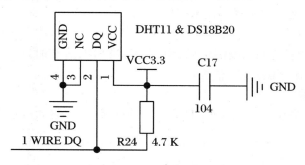

图 8.4　DHT11 硬件连接示意图

8.2　设　计　方　案

根据 DHT11 温湿度传感器的数据格式及其传输过程,基于 FPGA 的温湿度检测系统结构组成方案如图 8.5 所示。

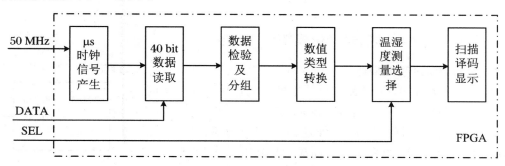

图 8.5　DHT11 温湿度检测系统设计方案

如图 8.5 所示,温湿度检测系统主要由 μs 时钟信号产生、40 bit 数据读取、数据校验及分组、数值转换、温湿度测量选择、译码显示等 6 个基本单元模块组成。

1. μs 时钟信号产生模块

由 DHT11 的数据传输过程可知,μs 是其控制时序的最小计量单位;设计中将 50 MHz 系统时钟经 50 分频即可产生 1 MHz 的 μs 量级时钟信号。

2. 40 bit 数据读取模块

根据 DHT11 数据传输的 7 个时段,采用状态机设计方式,依次进行触发启动、等待响应、读取数据、释放总线等状态转换过程的设计,并将 40 bit 数据暂存在内部寄存器中。

3. 数据校验及分组模块

按照(bit7～bit0) = (bit39～bit32) + (bit31～bit24) + (bit23～bit16) + (bit15～bit8)

规则进行校验,若正确,将 bit39～bit32 暂存在湿度寄存器中,将 bit23～bit16 暂存在温度整数寄存器中,将 bit15～bit8 暂存在温度小数寄存器中;若校验不正确,则丢弃重测。

4. 数值转换模块

将代表湿度和温度测量值的 3 个寄存器中的 8 bit 二进制数分别转化成对应的十进制数,再分成十位、个位两组送到译码显示模块。

5. 测量选择模块

利用按键 SEL 的状态来切换测量显示的内容:当 SEL 为 0 时,显示温度测量值(整数),当 SEL 为 1 时,显示湿度测量值(整数)。

6. 译码显示模块

完成数码管的动态位选扫描及 BCD-7 段 LED 的译码与驱动显示。

8.3　设　计　实　现

根据 DHT11 温湿度检测系统设计方案框图,采用 EDA 自顶向下的层次化设计理念,应用 VHDL 逻辑建模与行为描述,进行系统中各个功能模块的设计与仿真,最后通过对底层模块的调用与连接,基于原理图输入方式完成顶层系统集成设计。

8.3.1　各功能模块设计

8.3.1.1　μs 时钟信号产生模块

1. 模块封装及功能描述

据前述分析可知,μs 时钟信号产生模块的作用就是产生时序控制计量单位的 μs 时钟信号。设系统时钟为 50 MHz,则 50 分频即可获得 μs 时钟信号;另外还需要通过分频产生 1 路 1 kHz 的输出 clk_1k,用来作为后面显示模块的动态扫描信号。分频模块封装如图 8.6 所示,当输入端 clk50M 为 50 MHz 时,输出端 clk_1M 即可作为 μs 时钟信号。

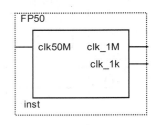

图 8.6　分频模块封装图

2. 程序设计及仿真验证

VHDL 参考程序如下:

```
library ieee;
use ieee.std_logic_1164.all;
use ieee.std_logic_unsigned.all;
entity FP50 is
   port (clk50M: in std_logic;
         clk_1M,clk_1K: out std_logic);
end FP50;
architecture bhv of FP50 is
begin
```

```
process(clk50M)
   variable cnt1:integer range 0 to 25;        --1 MHz 信号半分频系数
   variable cnt2:integer range 0 to 25000;     --1 kHz 信号半分频系数
   variable clk1M,clk1k:std_logic;
begin
   if clk50M'event and clk50M = '1' then
       if cnt1 = 24 then cnt1:= 0;
         clk1M:= not clk1M;
         else
           cnt1:= cnt1 + 1;
       end if;
       if cnt2 = 24999 then cnt2:= 0;
         clk1K:= not clk1K;
         else
           cnt2:= cnt2 + 1;
       end if;
   end if;
   clk_1M <= clk1M;
   clk_1K <= clk1K;
end process;
end bhv;
```

分频模块仿真波形如图 8.7 所示。

图 8.7　分频模块仿真波形图

程序说明及仿真分析：

① 程序在进程中定义了两个计数器变量 cnt1 和 cnt2，模值分别为 25 和 25000，对 50 MHz 的系统时钟进行了计数分频；

② 程序在进程中定义了两个逻辑型变量 clk_1M 和 clk_1K，当 cnt1、cnt2 计数到模值清零时，clk_1M、clk_1K 逻辑取反，周而复始可分别得到 1/2 占空比的 1 MHz 和 1 kHz 分频信号；

③ 程序编译仿真后，通过 File 菜单中的 Create Symbol Files for Current File 命令将其创建并封装为 FP50.bsf 图形文件，用以系统集成时调用。

8.3.1.2　40 bit 数据读取模块

1. 模块封装及功能描述

40 bit 数据读取模块 DHT11_drive 采用状态机设计，在 μs 时钟信号的控制下，按照 DHT11 的数据传输时序过程读取 40 bit 温湿度数据，封装如图 8.8 所示。输入端 clk_1M 为 μs 时钟信号，rst_n 为低电平有效的复位或测量触发信号，data 为双向 I/O 口信号，外接上拉电阻后与 DHT11 的单总线相连接，可以发送指令也可以接收数据；读取的 40 bit 温湿度数据通过输出端 reg[39..0]接至后面的数据校验及分组模块。

参数	值	类型
POWER_ON_NUM	1000000	有符号整数
st_power_on_wait	0	有符号整数
st_low_20ms	1	有符号整数
st_high_13us	2	有符号整数
st_rec_low_83us	3	有符号整数
st_rec_high_87us	4	有符号整数
st_rec_data	5	有符号整数
st_delay	6	有符号整数

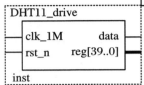

图 8.8   40 bit 数据读取模块封装图

2. 程序设计及相关说明

VHDL 参考程序如下：

```
LIBRARY ieee;        --库及程序包调用说明
USE ieee.std_logic_1164.all;
USE ieee.std_logic_unsigned.all;
USE ieee.std_logic_arith.all;
ENTITY DHT11_drive IS
  GENERIC (      --类属参数定义说明
        POWER_ON_NUM       :INTEGER:= 1000000;      --定义开机稳定时长 1 s
        st_power_on_wait   :INTEGER:= 0;      --定义开机等待为状态 0
        st_low_20ms        :INTEGER:= 1;      --定义拉低 20 ms 为状态 1
        st_high_13us       :INTEGER:= 2;      --定义拉高 13 μs 为状态 2
        st_rec_low_83us    :INTEGER:= 3;        --定义接收低 83 μs 响应为状态 3
        st_rec_high_87us   :INTEGER:= 4;        --定义接收高 87 μs 响应为状态 4
        st_rec_data        :INTEGER:= 5;        --定义接收 40 bit 数据为状态 5
        st_delay           :INTEGER:= 6);       --定义测量结束延迟 2 s 为状态 6
  PORT (clk_1M:IN STD_LOGIC;      --1 MHz/μs 时钟信号输入
        rst_n:IN STD_LOGIC;       --低有效复位信号输入
        data:INOUT STD_LOGIC;      --双向单数据总线 I/O
        reg:OUT STD_LOGIC_VECTOR(39 DOWNTO 0));        --40 bit 数据输出
END DHT11_drive;

ARCHITECTURE trans OF DHT11_drive IS      --内部信号定义说明
  SIGNAL cur_state:STD_LOGIC_VECTOR(2 DOWNTO 0);      --定义当前状态
  SIGNAL next_state:STD_LOGIC_VECTOR(2 DOWNTO 0);       --定义下一个状态
  SIGNAL us_cnt:STD_LOGIC_VECTOR(20 DOWNTO 0);      --定义 μs 计数器
  SIGNAL us_cnt_clr:STD_LOGIC;       --定义 μs 计数器清零
  SIGNAL data_temp:STD_LOGIC_VECTOR(39 DOWNTO 0);       --定义 40 bit 暂存器
  SIGNAL step:STD_LOGIC;      --定义数据接收步骤
  SIGNAL data_cnt:STD_LOGIC_VECTOR(5 DOWNTO 0);       --定义数据接收计数器
  SIGNAL dht11_buf:STD_LOGIC;      --定义缓存信号,代表主机加载到单总线的电平
  SIGNAL dht11_d0:STD_LOGIC;      --定义内部信号,代表当前采样的单总线电平
  SIGNAL dht11_d1:STD_LOGIC;      --定义内部信号,代表前次采样的单总线电平
```

```
    SIGNAL dht11_pos:STD_LOGIC;       --定义内部信号,代表单总线电平产生正跳变
    SIGNAL dht11_neg:STD_LOGIC;       --定义内部信号,代表单总线电平产生负跳变
BEGIN
    data<=dht11_buf;   --主机加载指令到单总线
    dht11_pos<=NOT(dht11_d1) AND dht11_d0;      --单总线产生正跳变时赋值"1"
    dht11_neg<=dht11_d1 AND NOT(dht11_d0);      --单总线产生负跳变时赋值"1"
P1:PROCESS (clk_1M,rst_n)    --P1 进程,采样单总线状态
    BEGIN
      IF ((NOT(rst_n))='1') THEN
          dht11_d0<='1';
          dht11_d1<='1';
        ELSIF (clk_1M'EVENT AND clk_1M='1') THEN
          dht11_d0<=data;
          dht11_d1<=dht11_d0;
        END IF;
    END PROCESS;
P2:PROCESS (clk_1M,rst_n)    --P2 进程,复位触发后 μs 计数器开始计数
    BEGIN
      IF ((NOT(rst_n))='1') THEN
          us_cnt<="000000000000000000000";
        ELSIF (clk_1M'EVENT AND clk_1M='1') THEN
          IF (us_cnt_clr='1') THEN
            us_cnt<="000000000000000000000";
            ELSE
              us_cnt<=us_cnt + "000000000000000000001";
            END IF;
        END IF;
    END PROCESS;
P3:PROCESS (clk_1M,rst_n)      --P3 进程,复位触发后从状态 0 开始依次转换
    BEGIN
      IF ((NOT(rst_n))='1') THEN
          cur_state<=conv_std_logic_vector(st_power_on_wait,3);
        ELSIF (clk_1M'EVENT AND clk_1M='1') THEN
          cur_state<=next_state;
        END IF;
    END PROCESS;
P4:PROCESS (clk_1M,rst_n)      --P4 进程,状态机工作,根据条件判断顺序执行
    BEGIN
      IF ((NOT(rst_n))='1') THEN       --复位触发转向状态 0,信号初始化
          next_state<=conv_std_logic_vector(st_power_on_wait,3);
          data_temp<="0000000000000000000000000000000000000000";
          step<='0';
          us_cnt_clr<='0';
          data_cnt<="000000";
          dht11_buf<='Z';
        ELSIF (clk_1M'EVENT AND clk_1M='1') THEN
          CASE cur_state IS
          WHEN conv_std_logic_vector(st_power_on_wait,3) =>        --状态 0 时……
            IF (us_cnt < conv_std_logic_vector(POWER_ON_NUM,21)) THEN
                dht11_buf<='Z';     --计时< 1 s,释放总线,上拉为"1"
                us_cnt_clr<='0';
            ELSE     --计时> 1 s 转向状态 1,μs 计数器清零
                next_state<=conv_std_logic_vector(st_low_20ms,3);
                us_cnt_clr<='1';
            END IF;
```

```
WHEN conv_std_logic_vector(st_low_20ms,3) =>          --状态 1 时……
   IF (us_cnt < "000000100111000100000") THEN
        dht11_buf <= '0';      --计时 < 20 ms, 总线下拉为"0"
        us_cnt_clr <= '0';
     ELSE    --计时 > 20 ms 转向状态 2, 总线上拉为"1", μs 计数器清零
        dht11_buf <= 'Z';
        next_state <= conv_std_logic_vector(st_high_13us,3);
        us_cnt_clr <= '1';
   END IF;
WHEN conv_std_logic_vector(st_high_13us,3) =>       --状态 2 时……
   IF (us_cnt 计时 < "000000000000000010100") THEN
        us_cnt_clr <= '0';     --计时 < 20 μs 期间等待从机响应
        IF (dht11_neg = '1') THEN    --总线负跳变转向状态 3, μs 计数器清零
           next_state <= conv_std_logic_vector(st_rec_low_83us,3);
              us_cnt_clr <= '1';
        END IF;
     ELSE    --计时 > 20 μs, 从机无响应转向状态 6
        next_state <= conv_std_logic_vector(st_delay,3);
   END IF;
WHEN conv_std_logic_vector(st_rec_low_83us,3) =>       --状态 3 时……
   IF (dht11_pos = '1') THEN      --总线正跳变转向状态 4, μs 计数器清零
        next_state <= conv_std_logic_vector(st_rec_high_87us,3);
        us_cnt_clr <= '1';
   END IF;
WHEN conv_std_logic_vector(st_rec_high_87us,3) =>       --状态 4 时……
   IF (dht11_neg = '1') THEN      --总线负跳变转向状态 5, μs 计数器清零
        next_state <= conv_std_logic_vector(st_rec_data,3);
        us_cnt_clr <= '1';
     ELSE
        data_cnt <= "000000";
        data_temp <= "0000000000000000000000000000000000000000";
        step <= '0';
   END IF;
WHEN conv_std_logic_vector(st_rec_data,3) =>        --状态 5 时……
   CASE step IS    --数据读取步骤 0 或 1
     WHEN '0' =>    --代表数据 54 μs 低电平期间
        IF (dht11_pos = '1') THEN      --总线正跳变转步骤 1, μs 计数器清零
           step <= '1';
           us_cnt_clr <= '1';
        ELSE
           us_cnt_clr <= '0';
        END IF;
     WHEN '1' =>     --代表数据 24 μs 或 71 μs 高电平期间
        IF (dht11_neg = '1') THEN     --总线负跳变表示已读取 1 位数据
          data_cnt <= data_cnt + "000001";      --数据位计数器加 1
           IF (us_cnt < "000000000000000111100") THEN     --高电平计时 < 60 μs
           data_temp <= (data_temp(38 DOWNTO 0)&'0');     --代表数据 0
        ELSE    --否则
           data_temp <= (data_temp(38 DOWNTO 0)&'1');     --代表数据 1
        END IF;
        step <= '0';    --1 位数据读取后重新回到步骤 0
        us_cnt_clr <= '1';    --μs 计数器清零 0
     ELSE
        us_cnt_clr <= '0';
     END IF;
```

```
            END CASE;
            IF(data_cnt = ''101000'') THEN      --数据位计数器 = 40,则转向状态 6
              next_state<=conv_std_logic_vector(st_delay,3);
                reg<=data_temp(39 DOWNTO 0);      --40 位暂存数据送至输出端 reg
            ELSE      --数据位计数器< 40,则继续在状态 5 接收数据
              next_state<=conv_std_logic_vector(st_rec_data,3);
            END IF;
          WHEN conv_std_logic_vector(st_delay,3) =>      --状态 6 时……
            IF (us_cnt < ''111101000010010000000'') THEN      --计时< 2 s 继续
              us_cnt_clr<='0';
            ELSE      --计时> 2 s 转向状态 1,开始下一轮测量
                next_state<=conv_std_logic_vector(st_low_20ms,3);
                us_cnt_clr<='1';      --μs 计数器清零 0
              END IF;
              WHEN OTHERS =>
            END CASE;
          END IF;
        END PROCESS;
  END trans;
```

在单总线数据传输的时序控制过程中涉及从机应答等环节,不便仿真,故针对程序进行下述说明:

① 程序中所有端口、信号定义以及关键代码参见注释;

② 通过类属参数说明语句将数据传输的 7 个状态分别定义为整型数 0~6;

③ 因为 cur_state 和 next_state 被定义为 3 位逻辑矢量 STD_LOGIC_VECTOR(2 DOWNTO 0),故状态转换时使用了 next_state<=conv_std_logic_vector(cur_state,3)语句,将代表当前状态的整型数 0~6 先转化为 3 位逻辑矢量再赋值给 next_state;

④ 整个构造体包括 4 个进程,各司其职并行工作,其中第四个进程完成 40 bit 串行数据的读取,较为复杂,请参照 DHT11 的数据传输时序及程序注释阅读理解;

⑤ 程序编译通过后,通过 File 菜单中的 Create Symbol Files for Current File 命令将其创建并封装为 DHT11_drive.bsf 图形文件,用以系统集成时调用。

8.3.1.3　数据校验及分组模块

1. 模块封装及功能描述

数据校验及分组模块 XY_32 的功能是:按照 DHT11 数据校验的方式对接收到的 40 bit 数据进行校验,传输无误后保留高 32 位,并根据数据帧格式定义分为 3 组 byte 输出,封装如图 8.9 所示。输入端 clk_1M 为 μs 时钟信号,rst_n 为低电平有效复位信号,reg_in 为 40 bit 测量数据。模块输出 data_rh 表示湿度的整数测量值;data_t1 表示温度的整数测量值;data_t0 表示温度的小数测量值,它们均为 8 bit 二进制数。

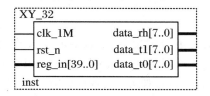

图 8.9　数据校验及分组模块封装图

2. 程序设计及仿真验证

VHDL 参考程序如下：

```
LIBRARY ieee;
USE ieee.std_logic_1164.all;
USE ieee.std_logic_unsigned.all;
USE ieee.std_logic_arith.all;
ENTITY XY_32 IS
    PORT (
      clk_1M:IN STD_LOGIC;
      rst_n:IN STD_LOGIC;
      reg_in:IN STD_LOGIC_VECTOR(39 DOWNTO 0);
      data_rh:OUT STD_LOGIC_VECTOR(7 DOWNTO 0);
      data_t1:OUT STD_LOGIC_VECTOR(7 DOWNTO 0);
      data_t0:OUT STD_LOGIC_VECTOR(7 DOWNTO 0));
END XY_32;
ARCHITECTURE bhv OF XY_32 IS
   SIGNAL data_temp:STD_LOGIC_VECTOR(31 DOWNTO 0);
BEGIN
PROCESS (clk_1M,rst_n,reg_in)
   BEGIN
    IF ((NOT(rst_n)) = '1') THEN
       data_temp<="00000000000000000000000000000000";
     ELSIF (clk_1M'EVENT AND clk_1M = '0') THEN
      IF(reg_in(7 DOWNTO 0)) = reg_in(39 DOWNTO 32) + reg_in(31 DOWNTO 24) + reg_in(23 DOWNTO
                   16) + reg_in(15 DOWNTO 8))      --校验
        THEN data_temp<=reg_in(39 DOWNTO 32) & reg_in(31 DOWNTO 24) & reg_in(23 DOWNTO 16) &
                   reg_in(15 DOWNTO 8);      --正确,保存高 32 位数据
        ELSE data_temp<="00000000000000000000000000000000";      --错误,不保存数据
        END IF;
       data_rh<=data_temp(31 DOWNTO 24);    --分组输出湿度数据
       data_t1<=data_temp(15 DOWNTO 8);    --分组输出温度整数部分
       data_t0<=data_temp(7 DOWNTO 0);    --分组输出温度小数部分
     END IF;
END PROCESS;
END bhv;
```

数据校验及分组模块仿真波形如图 8.10 所示。

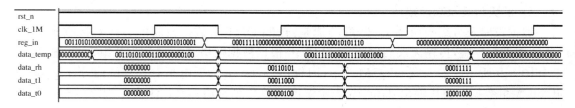

图 8.10　数据校验及分组模块仿真波形图

程序说明及仿真分析：

① 因输入数据 reg_in 是逻辑矢量类型，而校验时需要进行"＋"运算，故必须在库说明语句部分调用 std_logic_unsigned.all 和 std_logic_arith.all 程序包；

② 考虑到数据读取模块到数据校验及分组模块的信号时延，本模块以时钟信号 clk_1M 的下降沿作为数据采样触发信号；

③ 仿真图中,当输入 reg_in 为"00110101 00000000 00011000 00000100 01010001"时,"00110101"＋"00000000"＋"00011000"＋"00000100"＝"01010001",校验通过并分组输出 (data_rh ＝ 00110101＝35H;data_t1 ＝ 00011000＝18H;data_t0 ＝ 00000100＝04H);

④ 仿真图中,当输入 reg_in 为"00011111 00000000 00000111 10001000 10101110"时,"00011111"＋"00000000"＋"00000111"＋"10001000"＝"10101110",校验通过并分组输出 (data_rh ＝ 00011111＝1FH;data_t1 ＝ 00000111＝07H;data_t0 ＝ 10001000＝88H);

⑤ 程序编译仿真后,通过 File 菜单中的 Create Symbol Files for Current File 命令将其创建并封装为 XY_32.bsf 图形文件,用以系统集成时调用。

8.3.1.4 数值转换模块

1. 模块封装及功能描述

数值转换模块 HEX_D10 的作用是:先将代表温湿度测量值的 8 bit 二进制数表示的十六进制数转换为十进制,再将十位和个位转换为 4 bit_BCD 码输出,封装如图 8.11 所示。输入端 clk1M 为时钟信号,H_rh 为湿度测量值的整数部分,H_t1 为温度测量值的整数部分,H_t0 为温度测量值的小数部分。由 DHT11 器件手册可知,温湿度测量值整数部分的绝对值为 0~99,故模块输出 rh_h 表示湿度测量值的十位,rh_l 表示湿度测量值的个位;tt_h 表示温度测量值的十位,tt_l 表示温度测量值的个位;tt_s 表示温度正、负号,0 表示正(零上),1 表示负(零下)。本例中忽略温度的小数部分。

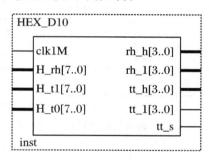

图 8.11 数值转换模块封装图

2. 程序设计及仿真验证

VHDL 参考程序如下:

```
Library ieee;
USE ieee.std_logic_1164.all;
USE ieee.std_logic_arith.all;
USE ieee.std_logic_unsigned.all;
entity HEX_D10 is
port(clk1M: in std_logic;
H_rh: in std_logic_vector(7 downto 0);
H_t1: in std_logic_vector(7 downto 0);
H_t0: in std_logic_vector(7 downto 0);
rh_h, rh_l: out std_logic_vector(3 downto 0);
tt_h, tt_l: out std_logic_vector(3 downto 0);
tt_s: out std_logic);
end HEX_D10;
architecture behav of HEX_D10 is
```

```
begin
process(clk1M,H_rh,H_t1,H_t0)
variable rh_tmp,t1_tmp: integer range 0 to 99;
variable qrh,qrl,qth,qtl: integer range 0 to 9;
begin
rh_tmp:= conv_integer(H_rh);        --8 位逻辑量转整数型
t1_tmp:= conv_integer(H_t1);
qrh:= (rh_tmp/10);        --除法运算
qrl:= (rh_tmp rem 10);      --取余操作
qth:= (t1_tmp/10);
qtl:= (t1_tmp rem 10);
if clk1M'event and clk1M = '1' then        --整型数转 4 位逻辑量输出
  rh_h<=conv_std_logic_vector(qrh,4);
  rh_l<=conv_std_logic_vector(qrl,4);
  tt_h<=conv_std_logic_vector(qth,4);
  tt_l<=conv_std_logic_vector(qtl,4);
  tt_s<=H_t0(7);
end if;
end process;
end behav;
```

数值转换模块仿真波形如图 8.12 所示。

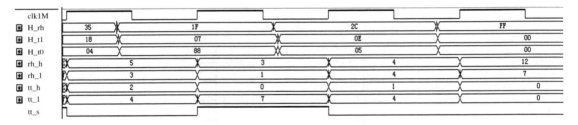

图 8.12　数值转换模块仿真波形图

程序说明及仿真分析：

① 数值转换程序中进行了除法“/”及取余“rem”等运算，故必须在库说明语句部分调用 std_logic_unsigned. all 和 std_logic_arith. all 程序包。

② 仿真图中，当输入 H_rh 为 35H,H_t1 为 18H,H_t0 为 04H 时，经过数值转换得到十进制数的输出：rh_h＝5,rh_l＝3,即湿度为 53%RH;tt_h＝2,tt_l＝4,即温度为 24 ℃。另外，由于 H_t0 的最高位为 0 代表正，即(零上)＋24 ℃。

③ 仿真图中，当输入 H_rh 为 1FH,H_t1 为 07H,H_t0 为 88H 时，经过数值转换可得到十进制数的输出：rh_h＝3,rh_l＝1,即湿度为 31%RH;tt_h＝0,tt_l＝7,即温度为 7 ℃。另外，由于 H_t0 的最高位为 1 代表负，即(零下)－7 ℃。

④ 仿真图中，当输入 H_rh 为 2CH,H_t1 为 0EH,H_t0 为 05H 时，经过数值转换得到十进制数的输出：rh_h＝4,rh_l＝4,即湿度为 44%RH;tt_h＝1,tt_l＝4,即温度为 14 ℃。另外，由于 H_t0 的最高位为 0 代表正，即(零上)＋14 ℃。

⑤ 程序编译仿真后，通过 File 菜单中的 Create Symbol Files for Current File 命令将其创建并封装为图形文件 HEX_D10. bsf,用以系统集成时调用。

8.3.1.5　测量选择模块

1. 模块封装及功能描述

测量选择模块 R_T_sel 的功能是在测量选择按键 sel 的控制下,将温度或湿度测量数据选择输出至译码显示模块,封装如图 8.13 所示。输入端 clk1M 为时钟信号,sel 为选择信号,R_H 为湿度值的十位,R_L 为湿度值的个位;T_H 为温度值的十位,T_L 为温度值的个位。当 sel 为 1 时,将湿度值送到输出端 BCD_H 和 BCD_L,当 sel 为 0 时,将温度值送到输出端 BCD_H 和 BCD_L。

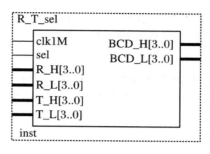

图 8.13　测量选择模块封装图

2. 程序设计及仿真验证

VHDL 参考程序如下:

```
library ieee;
use ieee.std_logic_1164.all;
entity R_T_sel is
port(clk1M,sel:in std_logic;
R_H,R_L,T_H,T_L:in std_logic_vector(3 downto 0);
BCD_H,BCD_L:out std_logic_vector(3 downto 0));
end R_T_sel;
architecture behav of R_T_sel is
begin
process(clk1M,sel,R_H,R_L,T_H,T_L)
begin
if clk1M'event and clk1M = '1' then
    if sel = '1' THEN
        BCD_H<=R_H;        --选择输出湿度测量值
        BCD_L<=R_L;
    else
        BCD_H<=T_H;        --选择输出温度测量值
        BCD_L<=T_L;
        end if;
    end if;
end process;
end behav;
```

测量选择模块仿真波形如图 8.14 所示。

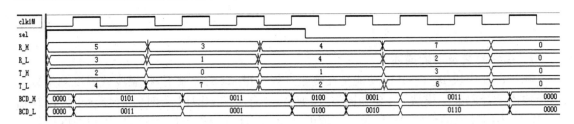

图 8.14　测量选择模块仿真波形图

程序说明及仿真分析：

① 选择赋值程序有多种描述方式，本例采用的是 if_else 语句；

② 仿真图中，当 sel 为 1 时，输出湿度测量值为 53、31、44，当 sel 为 0 时，输出温度测量值为 12、36，仿真验证正确；

③ 程序编译仿真后，通过 File 菜单中的 Create Symbol Files for Current File 命令将其创建并封装为 R_T_sel.bsf 图形文件，用以系统集成时调用。

8.3.1.6　译码显示模块

1. 模块封装及功能描述

根据系统设计方案，温湿度测量结果可通过按键选择切换并使用两个共阴数码管进行显示，译码显示模块 display 封装如图 8.15 所示。输入端 clk1k 为动态扫描时钟信号，BCD_H 及 BCD_L 即前面测量切换模块的输出，显示模块采用动态扫描译码驱动方式，输出包括 2 个位选信号 bt[1..0]和 7 个段码信号 sg[6..0]。

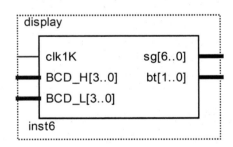

图 8.15　译码显示模块封装图

2. 程序设计及仿真验证

VHDL 参考程序如下：

```
library ieee;
use ieee. std_logic_1164. all;
use ieee. std_logic_arith. all;
use ieee. std_logic_unsigned. all;
entity display is
port (clk1K: in std_logic;        --扫描时钟信号输入
BCD_H,BCD_L: in std_logic_vector(3 downto 0);
sg: out std_logic_vector(6 downto 0);        -- 段控制信号输出(g~a)
bt: out std_logic_vector(1 downto 0));        -- 位控制信号输出(b1~b0)
end display;
```

```
architecture one of display is
signal cnt2:std_logic;
signal bcd:std_logic_vector(3 downto 0);
begin
p1:process(clk1K)
begin
if clk1K'event and clk1K = '1'
then cnt2 <= not cnt2;
end if;
end process p1;
p2:process(cnt2)
begin
case cnt2 is
when '0' => bt <= "01";bcd <= BCD_H;        --选择十位
when '1' => bt <= "10";bcd <= BCD_L;        --选择个位
when others => null;
end case;
end process p2;
p3:process(bcd)
begin
case bcd is        --BCD-7 段共阴数码管译码驱动
when "0000" => sg <= "0111111";
when "0001" => sg <= "0000110";
when "0010" => sg <= "1011011";
when "0011" => sg <= "1001111";
when "0100" => sg <= "1100110";
when "0101" => sg <= "1101101";
when "0110" => sg <= "1111101";
when "0111" => sg <= "0000111";
when "1000" => sg <= "1111111";
when "1001" => sg <= "1101111";
when others => sg <= "1110001";
end case;
end process p3;
end one;
```

译码显示模块仿真波形如图 8.16 所示。

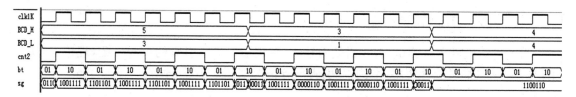

图 8.16　译码显示模块仿真波形图

程序说明及仿真分析：

① 构造体中包含 3 个进程：

P1 进程：在每个 CLK1k 的上升沿到来时对 cnt2 进行取反操作；

P2 进程：在 cnt2 高、低电平期间进行个位、十位的选择切换；

P3 进程：则完成 BCD-7 段共阴数码管的译码与显示驱动。

② 仿真图中，当欲显示的数值为 53 时，cnt2 高电平期间位选输出 bt 为"10"，表示选择

的是个位,这时 7 段码输出 sg 为"1001111",接到共阴数码管上即可显示 3;cnt2 低电平期间位选输出 bt 为"01",表示选择的是十位,这时 7 段码输出 sg 为"1101101",接到共阴数码管上即可显示 5,动态译码正确。

③ 仿真图中,当欲显示的数值为 31、44 时,参照上述分析方法同样可以验证。

④ 程序编译仿真后,通过 File 菜单中的 Create Symbol Files for Current File 命令将其创建并封装为 display.bsf 图形文件,用以系统集成时调用。

8.3.2 顶层系统设计

8.3.2.1 顶层系统集成

在原理图输入方式下,调用各功能模块封装图形文件,按设计方案连接,构建温湿度检测系统顶层电路,如图 8.17 所示,其中 clk 为 50 MHz 系统时钟,data 为 DHT11 数据总线。

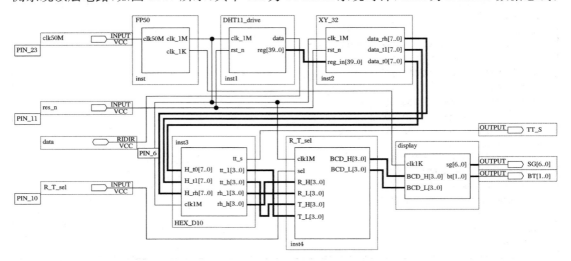

图 8.17　温湿度检测系统顶层电路图

8.3.2.2 引脚约束分配

为了进行硬件下载测试,首先需要对输入、输出端口进行引脚约束与分配,理论上,所有用户的 I/O 口都可选择使用,本例中,引脚配置情况如图 8.18 所示。

8.3.2.3 编译综合适配

引脚配置后需重新保存才能点击"Compiler"进行编译,编译过程包括逻辑综合、布局布线及结构适配等,编译完成后会自动弹出编译总结报告,提供与当前工程项目相关的编译信息,包括载体芯片、资源占用率、引脚分配率、主要端子间信号传输时间等,如图 8.19所示。

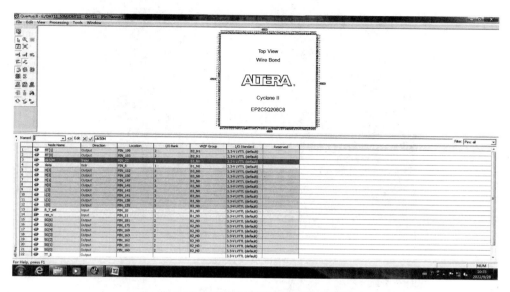

图 8.18　温湿度检测系统引脚配置图

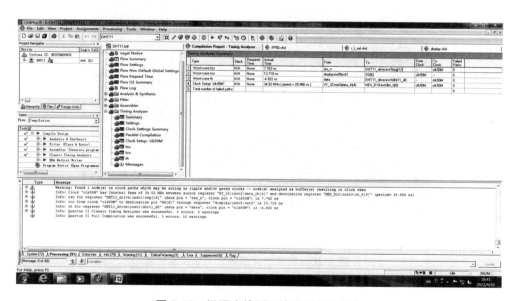

图 8.19　温湿度检测系统编译总结报告

8.3.2.4　芯片下载测试

通过 USB 线连接电脑和下载器（第一次操作时需安装 usb-blaster 驱动），点击 "Program" 进行下载，下载成功后即可进行基于 DHT11 传感器的温湿度测量硬件测试。实验结果如图 8.20 所示（温度测量值为 27 ℃，湿度测量值为 34%RH）。

（a）温度测量值

（b）湿度测量值

图 8.20　温湿度测量硬件测试实验

章 末 小 结

　　DHT11 是一款温湿度复合检测的数字传感器,接线简单,价格便宜,在对精度要求不高的环境参数测量与监控场合被广泛应用。本案例首先介绍了 DHT11 的数据帧格式及其基于单总线的数据传输时序。接着,依据 EDA 技术自顶向下的层次化、模块化设计理念,以 FPGA 为主控单元,根据 DHT11 的传输时序给出了温湿度测量系统的设计方案及其单元电路组成结构框图,并详细说明了各单元模块的作用及其设计思路。在此基础上,应用

VHDL 硬件描述语言进行了 μs 时钟产生、DHT11 数据读取、校验与分组、数值转换、输出选择、译码显示等单元电路的程序设计、模块封装与仿真分析。最后,在原理图输入方式下,调用底层各功能模块封装图形文件,按照设计方案连接,构建了温湿度检测系统的顶层电路,在引脚配置、编译综合、编程下载后进行了系统测试,通过硬件实验结果对设计方案进行了验证。

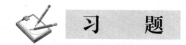

习　题

1. 在实训案例的基础上补充温度值小数部分的测量,并进行仿真验证,最终基于原理图输入方式完成整个系统的顶层设计。

2. 参考实训案例,设计一个基于 18b20 数字传感器的环境温度测量与显示系统,并进行仿真验证。

第9章 集成数字系统实训2——直接法数字频率计设计

频率测量在电子测量领域及实际工程应用中具有重要意义。本章采用大规模可编程逻辑器件 FPGA 作为设计载体,应用直接法测频原理,采用硬件描述语言 VHDL 进行频率检测设计,将整个测频系统集成在一块芯片上,具有体积小、功耗低、稳定性高的特点,且编程灵活、调试方便,可实现集成数字系统的芯片化设计。

9.1 设计任务及原理说明

9.1.1 设计任务

应用直接法测频原理,设计一个 6 位数码管显示频率计,主要参数如下:
(1) 频率测量范围
1 Hz～1 MHz(频率分辨率为 1 Hz)。
(2) 频率显示方式
通过 6 位数码管稳定显示测量结果。

9.1.2 直接法测频原理

直接法又称 M 法或计数法,闸门信号一般选用频率较低的基准频率信号,在固定闸门时间 T 内对被测信号脉冲进行计数,测量原理如图 9.1 所示。

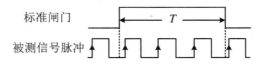

图 9.1 直接法测频原理

若计数结果为 N,则被测信号的频率为

$$f_x = 1/\left(\frac{T}{N}\right) = \frac{N}{T} \tag{9.1}$$

式(9.1)中,T 为计数闸门时间,来自于对基准时钟 f_c 的精确计数,即 $T = M \cdot T_c = \dfrac{M}{f_c}$,具体实现时由系统时钟信号 f_c 分频获得,T_c 为系统时钟信号周期,M 为分频系数。

直接法的测量误差是由闸门时间 T 和计数误差引起的。闸门时间 T 来自对基准时钟 f_c 的计数分频,所以测频误差与系统基准时钟的 f_c 有关。通过推导可得,直接法测频的最大相对误差为

$$\frac{\Delta f_x}{f_x} = \pm \left(\frac{f_c}{M f_x} + \frac{\Delta f_c}{f_c} \right) \tag{9.2}$$

上式可见,忽略 f_c 的影响,被测频率 f_x 越高,闸门开启时间 T 越长,测频的相对误差 $\frac{\Delta f_x}{f_x}$ 越小,测频精度越高。因此,直接法更适用于高频信号的测量,频率越高,闸门时间越长,测量结果越精准。通常,将计数闸门时间 T 设为 1 s。

9.2　设　计　方　案

根据直接法测频的原理,基于 FPGA 的 6 位直接法数字频率计结构组成及设计方案如图 9.2 所示。

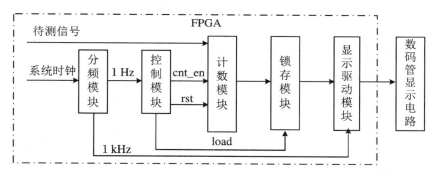

图 9.2　6 位直接法数字频率计结构组成及设计方案

图 9.2 中,直接法数字频率计主要由分频模块、控制模块、计数模块、锁存模块和显示驱动模块组成。

1. 分频模块

50 MHz 的系统时钟信号,经分频分别产生 1 Hz 和 1 kHz 的时钟信号,1 Hz 信号作为控制模块的时钟输入,1 kHz 信号作为显示模块的扫描时钟。

2. 控制模块

控制模块可产生计数使能信号 cnt_en、清零信号 rst 和锁存信号 load。cnt_en 和 rst 控制计数模块的使能与清零复位,而 load 则对锁存模块进行控制。其中,cnt_en 为脉宽 1 s 的周期脉冲,即计数闸门信号。

3. 计数模块

计数模块共包括 6 个十进制计数器,待测频率信号连接到首个计数器的时钟输入端,rst 连接到 6 个计数器的清零端,cnt_en 连接到 6 个计数器的使能端,使之能在 1 s 的闸门时间内完成对待测频率信号的计数测频,计数结果输出至锁存模块。

4. 锁存模块

当锁存信号 load 为 1 时,将 1 s 闸门时间内 6 个计数器的测频计数值锁存并输出到显示

驱动模块。

5. 显示驱动模块

其功能是进行 6 个数码管的动态位选扫描以及 BCD-7 段 LED 的译码与驱动。

9.3　设　计　实　现

根据 6 位直接法数字频率计结构框图，采用 EDA 工具自顶向下的层次化设计理念，应用 VHDL 逻辑建模与行为描述，进行频率计各功能模块的设计与仿真，最后通过对底层模块的调用与连接，基于原理图输入方式完成顶层系统集成。

9.3.1　直接法测频各功能模块设计

直接法测频方案如图 9.2 所示，主要由分频模块、控制模块、计数模块、锁存模块和显示驱动模块组成。

9.3.1.1　分频模块

1. 模块封装及功能描述

分频模块 FP 的封装如图 9.3 所示，输入端 clk 为 50 MHz 系统时钟信号，分频输出信号 clk_1hz 接到控制模块输入端，而分频输出的 clk_1khz 则作为显示模块的动态扫描信号。

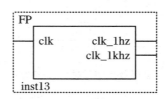

图 9.3　分频模块封装图

2. 程序设计及仿真验证

VHDL 参考程序如下：

```
library ieee;
use ieee.std_logic_1164.all;
use ieee.std_logic_unsigned.all;
entity FP is
  port (clk:in std_logic;
        clk_1hz:out std_logic;
        clk_1khz:out std_logic);
end FP;
architecture bhave of FP is
begin
process(clk)
  variable cnt1:integer range 0 to 49999999;    --clk_1hz 分频系数
  variable cnt2:integer range 0 to 49999;       --clk_1khz 分频系数
```

```
begin
    if clk'event and clk = '1' then
        if cnt1 = 49999999 then cnt1 := 0;
        else
            if cnt1 < 25000000 then clk_1hz <= '1';
                else clk_1hz <= '0';
            end if;
        cnt1 := cnt1 + 1;
        end if;
        if cnt2 = 49999 then cnt2 := 0;
        else
            if cnt2 < 25000 then clk_1khz <= '1';
                else clk_1khz <= '0';
            end if;
        cnt2 := cnt2 + 1;
        end if;
    end if;
end process;
end bhave;
```

分频模块仿真波形如图 9.4 所示。

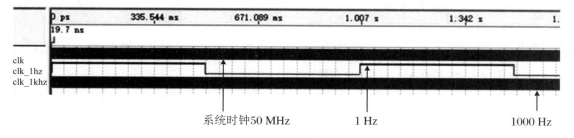

图 9.4　分频模块仿真波形图

程序说明及仿真分析：

① 程序在进程中定义了两个计数变量 cnt1 和 cnt2，通过对 50 MHz 系统时钟的计数完成分频，得到 1 Hz 和 1 kHz 两路输出时钟信号；

② 程序编译仿真后，通过 File 菜单中的 Create Symbol Files for Current File 命令将其创建并封装为 FP.bsf 图形文件，用以系统集成时调用。

9.3.1.2　控制模块

1. 模块封装及功能描述

直接法测频控制模块 ftctrl 的封装如图 9.5 所示，其中输入端 clkk 为 50 MHz 系统时钟分频后的 1 Hz 信号，输出 cnt_en 对 1 Hz 的 clkk 又进行了 2 分频，即 0.5 Hz，其高电平持续的 1 s 时间即为闸门时间，作为计数使能信号，接到后续计数器的 en 端口，进行测频计数。根据控制器时序要求，每次测频前计数器需清零，通过内部信号逻辑与操作可得到 rst_cnt 信号输出，接到后续计数器的 rst 端口，以保证在每个测频周期开始前对计数器进行清零复位；而 cnt_en 逻辑取反后可得到 load 信号，即在 cnt_en 的低电平期间产生 load 输出信号，将测频计数值进行锁存。

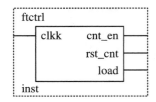

图 9.5　直接法测频控制模块封装图

2. 程序设计及仿真验证

VHDL 参考程序如下:

```vhdl
library ieee;
use ieee.std_logic_1164.all;
use ieee.std_logic_unsigned.all;
entity ftctrl is     --测频控制模块
     port (clkk:in std_logic;       --1 Hz 信号
    cnt_en:out std_logic;     --计数使能信号
    rst_cnt:out std_logic;      --计数清零信号
    load:out std_logic);     --计数锁存信号
end ftctrl;
architecture behav of ftctrl is
    signal div2clk:std_logic;
begin
process(clkk)
begin
if clkk'event and clkk = '1' then
    div2clk <=not div2clk;       --1 Hz 时钟 2 分频
end if;
end process;
process (clkk,div2clk)
begin
    if clkk = '0' and div2clk = '0'
    then rst_cnt <='1';      --计数清零信号
    else rst_cnt <='0';
    end if;
end process;
    load <=not div2clk;      --1 s 计数锁存信号
    cnt_en <=div2clk;      --1 s 计数闸门信号
end behav;
```

直接法测频控制模块仿真波形如图 9.6 所示。

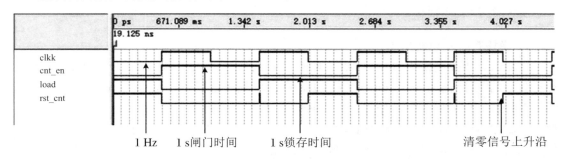

图 9.6　直接法测频控制模块仿真波形图

程序说明及仿真分析:

① 程序在构造体中定义了 1 个内部信号 div2clk,代表着对 1 Hz 信号的 2 分频,其周期为 2 s,高电平 1 s 期间使能计数器工作,即计数闸门时间;

② 内部信号 div2clk 在取反操作后输出锁存信号,即在控制时序上保证前 1 s 计数,后 1 s 计数值锁存;

③ 通过 1 Hz 的时钟信号 clkk 和 0.5 Hz 的内部信号 div2clk 进行逻辑与操作,可产生计数器复位信号,以保证在每个测频周期开始前对计数器进行清零复位;

④ 程序编译仿真后,通过 File 菜单中的 Create Symbol Files for Current File 命令将其创建并封装为图形文件 ftctrl.bsf,用以系统集成时调用。

9.3.1.3　计数模块

1. 模块封装及功能描述

十进制计数器 CNT10 的封装如图 9.7 所示,整个计数模块是通过 6 个十进制计数器级联而成的。图中的 EN 为计数器使能信号,RST 为清零信号,分别与控制模块的输出 cnt_en、rst_cnt 对应相接,CLK 为计数输入信号,与被测信号相接,CQ[3..0]为计数输出信号,COUT 为进位输出信号,从最低位依次向高位级联进位。

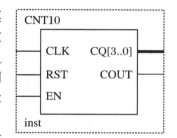

图 9.7　计数模块封装图

被测信号首先接入最低位计数器的 CLK 端,其余 5 个计数器 CLK 均与前一个计数器的进位输出 COUT 相连(第一个计数器的 COUT 接第二个计数器的 CLK,第二个计数器的 COUT 接第三个计数器的 CLK,以此类推),以实现进位级联操作。

计数器的输出信号 CQ[3..0]为 4 位 BCD 码,计数值为 0~9,逢 10 进位,6 个计数器输出信号从低到高,依次命名为 Q[3..0]、Q[7..4]、Q[11..8]、Q[15..12]、Q[19..16]、Q[23..20]。

2. 程序设计及仿真验证

VHDL 参考程序如下:

```
LIBRARY IEEE;
USE IEEE. STD_LOGIC_1164. ALL;
USE IEEE. STD_LOGIC_UNSIGNED. ALL;
ENTITY CNT10 IS
    PORT (CLK,RST,EN: IN STD_LOGIC;
        CQ: OUT STD_LOGIC_VECTOR(3 DOWNTO 0);
        COUT: OUT STD_LOGIC);
END CNT10;
ARCHITECTURE behav OF CNT10 IS
BEGIN
PROCESS(CLK,RST,EN)
VARIABLE CQI: STD_LOGIC_VECTOR(3 DOWNTO 0);
  BEGIN
  IF RST = '1' THEN CQI:= "0000";      --计数器复位
   ELSIF CLK'EVENT AND CLK = '1' THEN      --检测时钟上升沿
     IF EN = '1' THEN      --检测是否允许计数
```

```
         IF CQI<"1001" THEN CQI:= CQI + 1;    --允许计数
         ELSE CQI:= "0000";    --大于9,计数值清零
         END IF;
      END IF;
    END IF;
    IF CQI = "1001" THEN COUT <='1';    --计数大于9,输出进位信号
    ELSE COUT <='0';
    END IF;
    CQ <=CQI;    --计数值从 CQ 端输出
END PROCESS;
END behav;
```

十进制计数器仿真波形如图 9.8 所示。

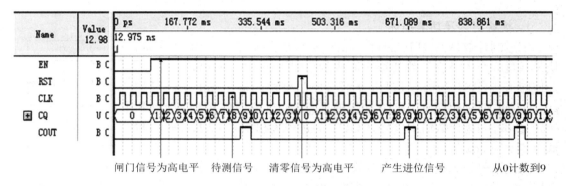

闸门信号为高电平　待测信号　清零信号为高电平　　产生进位信号　　从0计数到9

图 9.8　十进制计数器仿真波形图

程序说明及仿真分析:

① 仿真图中,CLK 代表被测信号,在 EN 信号为高电平期间对 CLK 计数,并通过 RST 高电平复位清零,为下一次计数做准备;

② 程序编译仿真后,通过 File 菜单中的 Create Symbol Files for Current File 命令将其创建并封装为图形文件 CNT10.bsf,在原理图输入方式下通过级联构成 6 位计数模块。

9.3.1.4　锁存模块

1. 模块封装及功能描述

锁存模块 REG24B 封装如图 9.9 所示。图中的 LK 接控制模块的锁存输出端 load,DIN[23..0]与 6 个计数器输出信号 CQ[23..20]、CQ[19..16]、CQ[15..2]、CQ[11..8]、CQ[7..4]、CQ[3..0]相接,其锁存输出端 DOUT[23..0]则要接到显示模块的输入端 a6[3..0]、a5[3..0]、a4[3..0]、a3[3..0]、a2[3..0]、a1[3..0],进行译码驱动。

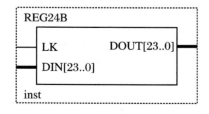

图 9.9　锁存模块封装图

2. 程序设计及仿真验证

VHDL 参考程序如下：

```
LIBRARY IEEE;
USE IEEE.STD_LOGIC_1164.ALL;
ENTITY REG24B IS      --24位锁存器
PORT (LK: IN STD_LOGIC;
        DIN: IN STD_LOGIC_VECTOR(23 DOWNTO 0);      --24位数据输入
        DOUT: OUT STD_LOGIC_VECTOR(23 DOWNTO 0));      --24位数据锁存输出
END REG24B;
ARCHITECTURE behav OF REG24B IS
BEGIN
PROCESS(LK,DIN)
BEGIN
    IF LK'EVENT AND LK = '1' THEN      --锁存信号上升沿到来
    DOUT<=DIN;      --锁存输出
    END IF;
END PROCESS;
END behav;
```

锁存模块仿真波形如图 9.10 所示。

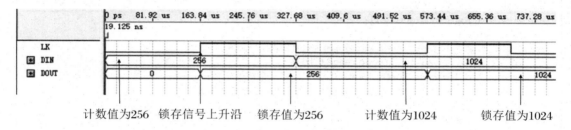

图 9.10　锁存模块仿真波形图

程序说明及仿真分析：

① 由仿真图可以看出，每一个锁存信号 LK 的上升沿到来时，计数模块的输出值由 DIN 端输入并锁存，直至下一个 LK 的上升沿到来时被 DIN 端数据更新；

② 程序编译仿真后，通过 File 菜单中的 Create Symbol Files for Current File 命令将其创建并封装为图形文件 REG24B.bsf，用以系统集成时调用。

9.3.1.5　显示驱动模块

1. 模块封装及功能描述

共阳数码管驱动显示模块 display 封装如图 9.11 所示。图中的 clk 与 50 MHz 系统时钟分频输出的 1 kHz 扫描信号相接，a1[3..0]～a6[3..0] 自低到高依次与锁存器的输出端 DOUT[23..0] 相连，即 a1[3..0] 接 DOUT[3..0]，a2[3..0] 接 DOUT[7..4]，a3[3..0] 接 DOUT[11..8]，a4[3..0] 接 DOUT[15..12]，a5[3..0] 接 DOUT[19..16]，a6[3..0] 接 DOUT[23..20]。显示模块采用动态扫描译码驱动方式，故输出 6 个位选信号 bt[5..0] 和 7 个段码信号 sg[6..0]。

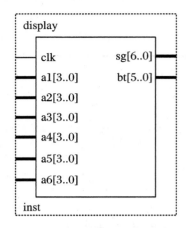

图 9.11　共阳数码管驱动显示模块封装图

2. 程序设计及仿真验证

VHDL 参考程序如下:

```vhdl
library ieee;
use ieee.std_logic_1164.all;
use ieee.std_logic_unsigned.all;
entity display is
port (clk:in std_logic;          --1 kHz 扫描时钟信号输入
    a1,a2,a3,a4,a5,a6:in integer range 0 to 9;
    sg:out std_logic_vector(6 downto 0);     --7 个段码信号输出(g~a)
    bt:out std_logic_vector(5 downto 0));    --6 个位选信号输出
end display;
architecture one of display is
signal cnt6:std_logic_vector(2 downto 0);
signal a:integer range 0 to 9;
begin
p1:process(cnt8) begin     --动态扫描位选
    case cnt6 is
    when "000" => bt <= "000001";a <= a1;
    when "001" => bt <= "000010";a <= a2;
    when "010" => bt <= "000100";a <= a3;
    when "011" => bt <= "001000";a <= a4;
    when "100" => bt <= "010000";a <= a5;
    when "101" => bt <= "100000";a <= a6;
    when others => null;
    end case;
end process p1;
p2:process(clk) begin     --模 6 循环计数
    if clk'event and clk = '1' then
      If cnt6 >= "101" then
        cnt6 <= "000";
      else
        cnt6 <= cnt6 + 1;
      end if;
    end if;
end process p2;
p3:process(a) begin     --共阳数码管译码驱动
    case a is
```

```
        when 0 => sg <= "1000000";
        when 1 => sg <= "1111001";
        when 2 => sg <= "0100100";
        when 3 => sg <= "0110000";
        when 4 => sg <= "0011001";
        when 5 => sg <= "0010010";
        when 6 => sg <= "0000010";
        when 7 => sg <= "1111000";
        when 8 => sg <= "0000000";
        when 9 => sg <= "0010000";
        when others => null;
        end case;
    end process p3;
end one;
```

显示模块仿真波形如图 9.12 所示。

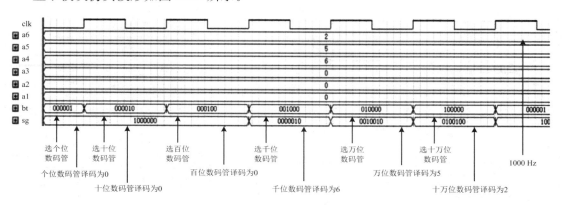

图 9.12　显示模块仿真波形图

程序说明及仿真分析：

① 共阳数码管驱动显示程序共包括 3 个进程。其中，p1 进程在模 6 计数循环控制下，完成高电平有效的位选信号输出，并将对应位计数值送去译码；p3 进程对所选择的计数值进行 BCD-7 段译码，输出低电平有效的段码信号去驱动 LED 数码管。

② 程序编译仿真后，通过 File 菜单中的 Create Symbol Files for Current File 命令将其创建并封装为图形文件 display.bsf，用以系统集成时调用。

9.3.2　直接法测频系统顶层设计

9.3.2.1　系统顶层集成

在原理图输入方式下，调用各功能模块封装图形文件，按照设计方案连接，构建顶层测频系统电路，如图 9.13 所示。其中，clk 为 50 MHz 系统时钟，而 fin 为被测频率输入信号。

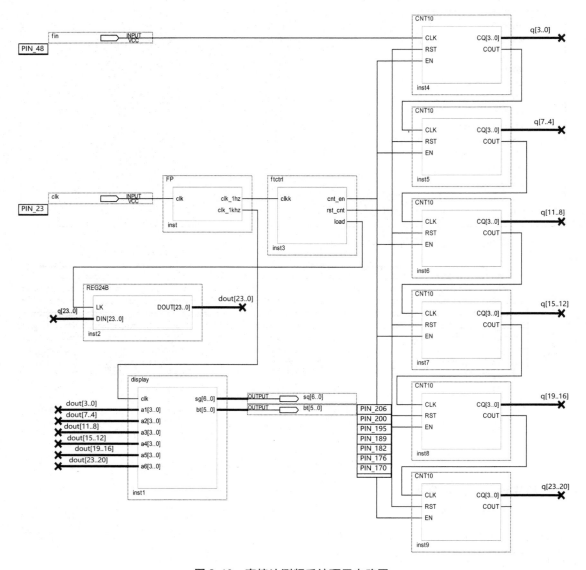

图 9.13 直接法测频系统顶层电路图

9.3.2.2 引脚约束分配

为了进行硬件下载测试，首先需要对输入、输出端口进行引脚约束与分配，从理论上说，所有用户的 I/O 口都可选择使用，本例中，引脚配置情况如图 9.14 所示。

9.3.2.3 编译综合适配

引脚配置后需重新保存才能点击"Compiler"进行编译，全编译过程包括逻辑综合、布局布线及结构适配等，编译完成后会自动弹出编译总结报告，提供与当前的工程项目相关的编译信息，包括载体芯片、资源占用率、引脚分配率、主要端子间信号传输时间等。如图 9.15 所示。

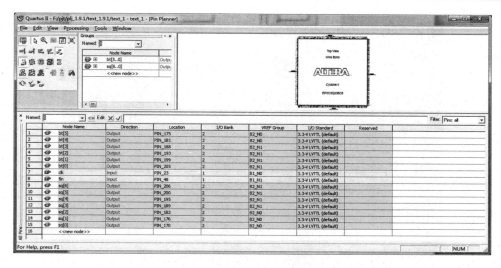

图 9.14　直接法测频系统引脚配置图

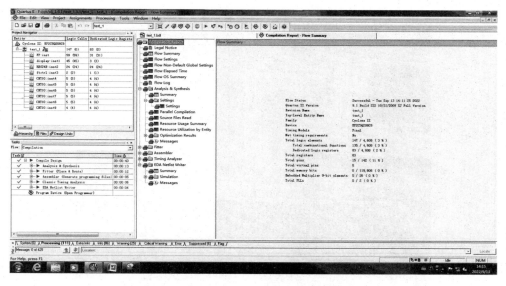

图 9.15　直接法测频系统编译总结报告

9.3.2.4　芯片下载测试

通过 USB 线连接电脑和下载器(第一次操作时需安装 usb-blaster 驱动),点击 "Program"进行下载,下载成功后即可进行硬件测试。例如,将实验箱上的 1024 Hz 时钟作为被测频率信号接到 fin 端,可看到数码管稳定显示测量值为 1024,如图 9.16 所示。

当通过旋钮调节被测频率大小时,可以看到测频显示随之改变,但与示波器测量值几乎相同,如图 9.17 所示。

图 9.16   fin = 1024 Hz 时测频结果显示

图 9.17   fin 改变时测频结果与示波器相同

章 末 小 结

直接法测频又称计数法,测频的基本思路是在固定闸门时间内对被测信号脉冲进行计数,原理简单,易于实现,测量高频信号时相对误差不大,被广泛应用于工业生产或电力系统的频率检测设计中。本案例首先介绍了直接法的测频原理。接着,依据 EDA 技术自顶向下的层次化、模块化设计理念,以 FPGA 为主控单元,给出了直接法测频系统的设计方案及单元电路组成结构框图,并详细说明了各单元模块的作用及其设计思路。在此基础上,应用 VHDL 硬件描述语言进行了时钟分频、时序控制、闸门计数、数据锁存、译码显示等单元电路的程序设计、模块封装与仿真分析。最后,在原理图输入方式下,调用底层各功能模块封装图形文件,按照设计方案连接,构建了直接法测频系统的顶层电路,在引脚配置、编译综合、编程下载后进行了系统测试,通过硬件实验结果对设计方案进行了验证。

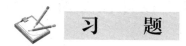

习　　题

1. 在实训案例的基础上扩展测频范围(测频范围为 1 Hz～100 MHz,分辨率为 1 Hz),并进行相关仿真验证,最终基于原理图输入方式完成整个系统的顶层设计。
2. 参考实训案例,设计一个数字式相位差测量与显示系统,并进行仿真验证。

第 10 章　集成数字系统实训 3—— 等精度法数字频率计设计

与直接法测频相比,等精度法测频的实际闸门时间与被测信号相关,是被测信号周期的整数倍,可以消除被测信号 ±1 个时钟周期的误差,能够满足全频段等精度测量的要求,被广泛应用在某些对低频测量精度有特殊要求的场合。本章应用等精度法测频原理,将整个测频系统集成在一块芯片上,体积小、功耗低、系统稳定性高,且编程灵活、调试方便,可实现集成数字系统的芯片化设计。

10.1　设计任务及原理说明

10.1.1　设计任务

应用等精度法测频原理,设计一个 4 位数码管显示频率计,主要参数如下:

(1) 频率测量范围

1 Hz～2000 Hz(频率分辨率为 1 Hz)。

(2) 频率显示方式

通过 4 位数码管稳定显示测量结果。

10.1.2　等精度法测频原理

等精度法测频的特点是,实际测量的闸门时间不是一个固定值,它与被测信号相关,是被测信号周期的整数倍。当预置闸门开启时,计数器 1 和计数器 2 并不工作,只有当被测信号 f_x 的上升沿到来时,实际计数闸门才开启,这时计数器 1 对标准时钟进行计数,计数器 2 对被测信号进行计数,最终再通过计算求出被测信号 f_x 的频率。测频原理如图 10.1 所示。

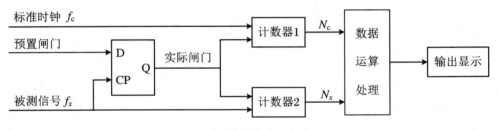

图 10.1　等精度法测频原理

等精度法测频过程如图 10.2 所示。

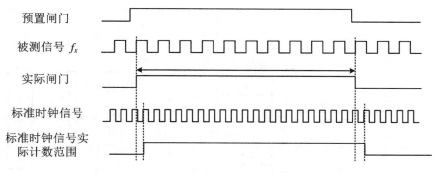

预置闸门

被测信号 f_x

实际闸门

标准时钟信号

标准时钟信号实际计数范围

图 10.2 等精度法测频过程

值得注意的是,当预置闸门关闭时,计数器 1、2 并不立即停止计数,而是要等到被测信号 f_x 的上升沿到来时才停止计数。若计数器 1 对标准时钟信号的计数值为 N_c,计数器 2 对被测信号的计数值为 N_x,则 $N_c \cdot T_c = N_x \cdot T_x$,其中 T_c 为系统标准时钟信号的周期,T_x 为被测信号的周期,那么被测信号的频率为

$$f_x = \frac{N_x}{N_c} \cdot f_c \qquad (10.1)$$

测量过程中,计数器 2 的开、闭与被测信号是完全同步的,即在实际闸门中包含了整数个被测信号的周期,因而不存在直接法中对被测信号计数的 ±1 误差。

通过推导,等精度法测频的相对误差为

$$\frac{\Delta f_x}{f_x} = \pm \left(\frac{1}{Tf_c} + \frac{\Delta f_c}{f_c} \right) \qquad (10.2)$$

因为等精度法测频的实际测量闸门是被测信号周期的整数倍,所以消除了被测信号 ±1 个时钟周期的误差,仅存在系统基准信号 ±1 个时钟周期的误差,由于系统基准信号的频率通常较高,所以误差较直接法测频有所降低。另外由式(10.2)可以看出,等精度法测频的相对误差仅与闸门时间 T 和基准时钟频率 f_c 有关,与被测信号频率 f_x 的大小无关,从而实现了等精度测量。一般来说,闸门时间越长,基准时钟频率越高,测频误差越小。

需要指出的是,由于直接法测频存在 ±1 个被测时钟周期的误差,所以直接法测频更适用于对高频信号的测量,频率越高,闸门时间越长,测量结果越精准;而等精度法测频的相对误差与被测信号的频率值无关,仅与闸门时间和基准时钟频率有关,闸门时间越长,基准时钟频率越高,测量相对误差越小,理论上能够满足全频段等精度法测频的要求,但实际上,由于被测信号频率计算式(10.1)中涉及乘、除法运算,当应用 VHDL 进行设计时,首先必须将计数或锁存值转换为整数类型,而正整数的最大取值为($2^{31} - 1$),因此,与 f_c 相乘的 N_x 的数值不能太大。本例中,设系统基准时钟频率为 1 MHz,被测信号频率范围为 1 Hz ～ 2000 Hz。

10.2 设 计 方 案

根据等精度法测频原理,基于 FPGA 的 4 位等精度法数字频率计结构组成及设计方案如图 10.3 所示。

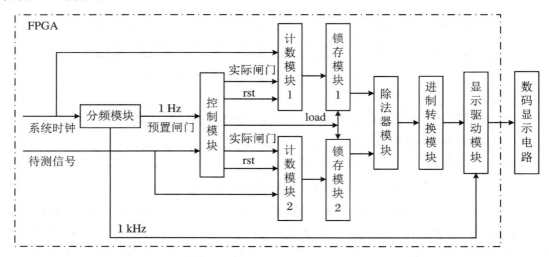

图 10.3　4 位等精度法数字频率计结构组成及设计方案

在图 10.3 中,等精度法数字频率计主要由分频模块,控制模块,计数模块 1、2,锁存模块 1、2,除法器模块,进制转换模块以及显示驱动模块组成。其中,分频模块和显示驱动模块的功能与第 9 章直接法测频方案中基本类似,控制、计数、锁存、除法器、进制转换等模块的功能介绍如下。

1. 控制模块

不同于直接法测频,等精度法测频的控制模块需在待测信号的上升沿到来时,将预置闸门转化为实际闸门。具体过程如下:首先将系统时钟分频产生的 1 Hz 时钟信号作为预置闸门接至控制模块,当预置闸门开启且被测信号的上升沿到来时,才开启实际闸门,产生 1 s 脉宽的计数使能信号,接到计数模块 1、2;当预置闸门关闭且被测信号的上升沿到来时,控制两个计数模块停止计数。

2. 计数模块

计数模块包括两个多位二进制计数器,其中,计数器 1 在实际闸门开启期间对系统基准时钟信号进行计数,输出数据线宽度为 20 位(计数范围为 0～1 M);而计数器 2 在实际闸门开启期间对待测频率信号进行计数,输出数据线宽度为 14 位(计数范围为 0～16 K)。两个二进制计数器输出分别接至锁存模块 1、2 进行锁存和处理。

3. 锁存模块

锁存模块 1 的作用与直接法相同,即在锁存信号 load 为 1 期间把系统基准时钟信号的 20 位计数值进行锁存,然后再连接到除法器模块的除数 denom 输入端;锁存模块 2 的作用是在锁存信号 load 为 1 期间,先将待测频率信号的 14 位计数值与 f_c 相乘,锁存后再连接到除法器模块的被除数 numer 输入端。

4. 除法器模块

根据式(10.1),被除数 numer 输入端的值代表 $N_x \cdot f_c$,而除数 denom 输入端的值代表 N_c,运算结果即为被测信号的频率值。需要指出的是,本例中忽略了除法运算的余数部分,测量精度将会受到一定影响。

5. 进制转换模块

为能利用 4 个数码管进行动态扫描译码显示,必须先将除法器输出的商由多位二进制转换成十进制,再分组转为 BCD 码输出后才能连接到数码管位选扫描和译码驱动模块的输入端,经 BCD-7 段译码后驱动数码管显示测频结果。

10.3　设计实现

根据 4 位等精度法数字频率计结构框图,采用 EDA 自顶向下的层次化设计理念,应用 VHDL 逻辑建模与行为描述,进行频率计各功能模块的设计与仿真,最后通过对底层模块的调用与连接,基于原理图输入方式完成顶层系统集成。

10.3.1　等精度法测频各功能模块设计

等精度法测频方案如图 10.3 所示,主要由分频模块,控制模块,计数模块 1、2,锁存模块 1、2,除法器模块,进制转换模块和显示驱动模块组成。

10.3.1.1　分频模块

1. 模块封装及功能描述

分频模块 FP 的封装如图 10.4 所示,输入端 clk 为 1 MHz 系统时钟信号,分频输出信号 clk_1hz 接到控制模块的输入端,而分频输出信号 clk_1khz 则作为显示模块的动态扫描信号。

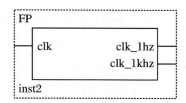

图 10.4　等精度法测频之分频模块封装图

2. 程序设计及仿真验证

VHDL 参考程序如下:

```
library ieee;
use ieee.std_logic_1164.all;
use ieee.std_logic_unsigned.all;
entity FP is
  port (clk:in std_logic;
        clk_1hz:out std_logic;
        clk_1khz:out std_logic);
end FP;
architecture bhave of FP is
begin
process(clk)
  variable cnt1:integer range 0 to 999999;    --clk_1hz 分频系数
  variable cnt2:integer range 0 to 999;       --clk_1khz 分频系数
```

```
begin
    if clk'event and clk = '1' then
        if cnt1 = 999999 then cnt1 := 0;
        else
            if cnt1<500000 then clk_1hz <='1';
            else clk_1hz <='0';
            end if;
        cnt1 := cnt1 + 1;
        end if;
        if cnt2 = 999 then cnt2 := 0;
        else
            if cnt2<500 then clk_1khz <='1';
            else clk_1khz <='0';
            end if;
        cnt2 := cnt2 + 1;
        end if;
    end if;
end process;
end bhave;
```

分频模块仿真波形如图 10.5 所示。

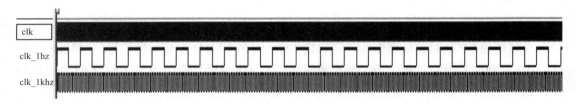

图 10.5 等精度法测频之分频模块仿真波形图

程序说明及仿真分析:

① 程序在进程中定义了两个计数变量 cnt1 和 cnt2,通过对 1 MHz 系统时钟的计数完成分频,得到 1 Hz 和 1 kHz 两路输出时钟信号;

② 程序编译仿真后,通过 File 菜单中的 Create Symbol Files for Current File 命令将其创建并封装为图形文件 FP.bsf,用以系统集成时调用。

10.3.1.2 控制模块

1. 模块封装及功能描述

等精度法测频控制模块 ftctrl 封装如图 10.6 所示,其中输入端 clk_fx 为被测频率信号,输入端 clkk 为 1 MHz 系统时钟分频后的 1 Hz 信号,经内部信号 div2clk 对 clkk 又进行了 2 分频,即 0.5 Hz,其高电平持续的 1 s 时间即为预置闸门;预置闸门时段通过对 clk_fx 上升沿的检测,输出端 cnt_en 作为实际闸门信号,允许计数使能,接到后面计数器 1、2 的 en 端口,分别对标准时钟和被测信号进行测频计数。另外,根据控制时序要求,每次测频前计数器需清零,通过内部信号逻辑与操作可得到 rst_cnt 信号输出,接到后面计数器 1、2 的 rst 端口,以保证在每个测频周期开始前对计数器进行清零复位;而 cnt_en 逻辑取反后可得到 load 信号,即在 cnt_en 低电平期间产生 load 输出信号,将计数器 1、2 的测频计数值进行锁存。

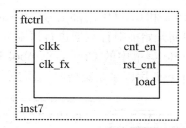

图 10.6　等精度法测频之控制模块封装图

2. 程序设计及仿真验证

VHDL 参考程序如下：

```
library ieee;
use ieee.std_logic_1164.all;
use ieee.std_logic_unsigned.all;
entity ftctrl is      --测频控制电路
    port (clkk: in std_logic;      --1 Hz 时钟信号
    clk_fx: in std_logic;      --被测频率信号
    cnt_en: out std_logic;      --计数使能信号
    rst_cnt: out std_logic;      --计数清零信号
    load: out std_logic);      --计数锁存信号
end ftctrl;
architecture behav of ftctrl is
    signal div2clk: std_logic;      --1 s 预置闸门信号
    signal cnt_men: std_logic;      --实际闸门信号
begin
process(clkk)
begin
if clkk'event and clkk = '1' then      --1 Hz 信号 2 分频
    div2clk <= not div2clk; end if;      --1 s 预置闸门信号
end process;
process (clk_fx, div2clk)
begin
if clk_fx'event and clk_fx = '1' then
    if div2clk = '1' then cnt_men <= '1';
    else cnt_men <= '0'; end if;
    if clkk = '0' and cnt_men = '0'
    then rst_cnt <= '1';      --计数清零信号
    else rst_cnt <= '0'; end if;
end if;
end process;
    load <= not cnt_men;      --计数锁存信号输出
    cnt_en <= cnt_men;      --实际闸门信号输出
end behav;
```

等精度法测频控制模块仿真波形如图 10.7 所示。

程序说明及仿真分析：

① 程序在构造体中定义了两个内部信号 div2clk 和 cnt_men，在第一个进程中，div2clk 先对 1 Hz 信号进行 2 分频，获得高电平持续 1 s 的预置闸门；在第二个进程中，div2clk 高电平期间对被测信号 clk_fx 的上升沿进行检测，获得 cnt_men，即实际计数闸门时间 cnt_en。

② 内部信号 cnt_men 在取反操作后输出锁存信号，即在控制时序上保证前 1 s 计数，后 1 s 计数值锁存。

③ 通过对 1 Hz 时钟信号 clkk 和 0.5 Hz 内部信号 cnt_men 进行逻辑操作,产生计数器复位信号,以保证在每个测频周期开始前对计数器进行清零复位。

④ 程序编译仿真后,通过 File 菜单中的 Create Symbol Files for Current File 命令将其创建并封装为图形文件 ftctrl.bsf,用以系统集成时调用。

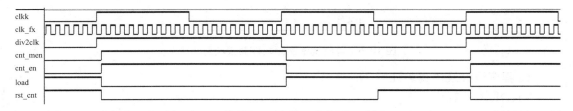

图 10.7　等精度法测频之控制模块仿真波形图

10.3.1.3　计数模块 1、2

1. 模块封装及功能描述

根据等精度法测频方案,在实际闸门开启期间,两个二进制计数器分别对系统基准时钟和待测时钟进行计数。本例中,设系统基准时钟为 1 MHz,故计数器 1 的输出数据线宽度为 20 位;而 4 位显示的被测频率的最大值为 9999 Hz,故计数器 2 的输出数据线宽度为 14 位。与直接法相似,EN 为计数使能信号,RST 为计数清零信号,均与控制模块的输出端 cnt_en 和 rst_cnt 对应相接。两个二进制计数器模块封装如图 10.8 所示。

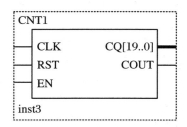 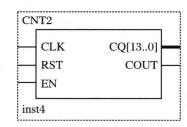

图 10.8　等精度法测频之计数器 1、2 封装图

2. 程序设计及仿真验证

VHDL 参考程序(CNT1)如下:

```
LIBRARY IEEE;
USE IEEE.STD_LOGIC_1164.ALL;
USE IEEE.STD_LOGIC_UNSIGNED.ALL;
ENTITY CNT1 IS
    PORT (CLK,RST,EN:IN STD_LOGIC;
        CQ:OUT STD_LOGIC_VECTOR(19 DOWNTO 0);
        COUT:OUT STD_LOGIC);
END CNT1;
ARCHITECTURE behav OF CNT1 IS
BEGIN
PROCESS(CLK,RST,EN)
VARIABLE CQI:STD_LOGIC_VECTOR(19 DOWNTO 0);
BEGIN
IF RST = '1' THEN CQI:= "00000000000000000000";
```

```
        ELSIF CLK'EVENT AND CLK = '1' THEN
           IF EN = '1' THEN
             CQI := CQI + 1 ; COUT <= '0' ;
           END IF ;
    END IF ;
    CQ <= CQI ;
    END PROCESS ;
    END behav ;
```

VHDL 参考程序(CNT2)如下：

```
LIBRARY IEEE ;
USE IEEE. STD_LOGIC_1164. ALL ;
USE IEEE. STD_LOGIC_UNSIGNED. ALL ;
ENTITY CNT2 IS
    PORT (CLK, RST, EN : IN STD_LOGIC ;
        CQ : OUT STD_LOGIC_VECTOR(13 DOWNTO 0) ;
        COUT : OUT STD_LOGIC) ;
END CNT2 ;
ARCHITECTURE behav OF CNT2 IS
BEGIN
PROCESS(CLK, RST, EN)
VARIABLE CQI : STD_LOGIC_VECTOR(13 DOWNTO 0) ;
BEGIN
IF RST = '1' THEN CQI := "00000000000000" ;
    ELSIF CLK'EVENT AND CLK = '1' THEN
       IF EN = '1' THEN
         CQI := CQI + 1 ; COUT <= '0' ;
       END IF ;
END IF ;
CQ <= CQI ;
END PROCESS ;
END behav ;
```

等精度法测频方案中，二进制计数器 CNT1 的仿真波形如图 10.9 所示，CNT2 与之类似。篇幅所限，不再赘述。

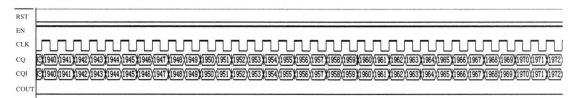

图 10.9　等精度法测频之二进制计数器仿真波形图

程序说明及仿真分析：

① 二进制计数器 CNT1 的仿真波形如图 10.9 所示，CLK 代表系统基准时钟信号，在 EN 信号为高电平期间对 CLK 计数，并通过 RST 高电平复位清零，为下一次计数做准备；CNT2 与之类似，但输入 CLK 要接被测信号。

② 程序编译仿真后，通过 File 菜单中的 Create Symbol Files for Current File 命令将其创建并封装为图形文件 CNT1. bsf 和 CNT2. bsf，用以系统集成时调用。

10.3.1.4 锁存模块 1、2

1. 模块封装及功能描述

在等精度法测频方案中，两个计数器对应地需要两个锁存器。在锁存信号 LK 高电平期间，锁存器模块 1 连接 CNT1 的输出端，直接锁存基准时钟信号的 20 位计数值；锁存器模块 2 连接 CNT2 的输出端。先将被测信号的 14 位计数值与基准时钟信号相乘，在完成 $N_x \cdot f_c$ 运算后再进行锁存，故锁存模块 1 定义为 20 位的 REG，锁存模块 2 定义为 34 位的 REG。两个锁存器模块封装如图 10.10 所示，图中 LK 均与控制模块的锁存输出端 load 相连。

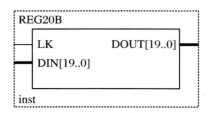
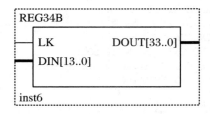

图 10.10 等精度法测频之锁存器 1、2 封装图

2. 程序设计及仿真验证

VHDL 参考程序（REG20B）如下：

```
LIBRARY IEEE;
USE IEEE.STD_LOGIC_1164.ALL;
ENTITY REG20B IS      --20 位锁存器
PORT (LK:IN STD_LOGIC;
      DIN:IN STD_LOGIC_VECTOR(19 DOWNTO 0);
      DOUT:OUT STD_LOGIC_VECTOR(19 DOWNTO 0));
END REG20B;
ARCHITECTURE behav OF REG20B IS
BEGIN
PROCESS(LK,DIN)
BEGIN
IF LK'EVENT AND LK = '1' THEN
    DOUT <=DIN;      --20 位计数值直接锁存输出
  END IF;
END PROCESS;
END behav;
```

VHDL 参考程序（REG34B）如下：

```
LIBRARY ieee;
USE IEEE.STD_LOGIC_1164.ALL;
USE IEEE.STD_LOGIC_ARITH.ALL;
USE IEEE.STD_LOGIC_UNSIGNED.ALL;
ENTITY REG34B IS      --34 位锁存器
PORT (LK:IN STD_LOGIC;
      DIN:IN STD_LOGIC_VECTOR(13 DOWNTO 0);
      DOUT:OUT STD_LOGIC_VECTOR(33 DOWNTO 0));
END REG34B;
ARCHITECTURE behav OF REG34B IS
```

```
BEGIN
PROCESS(LK,DIN)
VARIABLE DIN_V:INTEGER RANGE 0 TO 9999;
VARIABLE DOUT_V:INTEGER RANGE 0 TO 2147483647;        --正整数取值范围
BEGIN
IF LK'EVENT AND LK = '1' THEN
   DIN_V:= CONV_INTEGER(DIN);         --计数值转换为整数类型
   DOUT_V:= DIN_V * 1000000;          --完成 Nₓ·fc 运算
   DOUT <=CONV_STD_LOGIC_VECTOR(DOUT_V,34);        --转换为 34 位二进制数锁存输出
END IF;
END PROCESS;
END behav;
```

在等精度法测频方案中,锁存模块 REG34B 兼有乘法锁存功能,仿真波形如图 10.11 所示,REG20B 则直接将 20 位计数结果锁存,与直接法类似。篇幅所限,不再赘述。

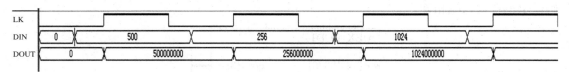

图 10.11　等精度法测频之乘法锁存模块仿真波形图

程序说明及仿真分析:

① 由仿真图可以看出,当每一个锁存信号 LK 的上升沿到来时,计数模块的输出值由 DIN 端输入后,首先与 f_c 的数值(1000000)相乘,然后再被锁存,直至下一个 LK 的上升沿到来时才被更新;DOUT 端输出的锁存数据接后面的除法器模块。

② 程序编译仿真后,通过 File 菜单中的 Create Symbol Files for Current File 命令将其创建并封装为图形文件 REG34B.bsf 和 REG20B.bsf,用以系统集成时调用。

10.3.1.5　除法器模块

1. 模块封装及功能描述

在等精度法测频方案中,锁存器模块 REG34B 的输出值代表 $N_x·f_c$ 的值,锁存器模块 REG20B 的输出值代表标准时钟计数值 N_c,由式(10.1)可知,需经除法计算才能得到被测信号频率值。本例中,利用 Quartus Ⅱ 的宏功能库资源,定制调用了一个除法器模块,其封装如图 10.12 所示。

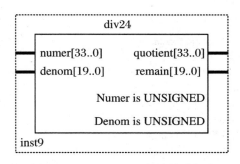

图 10.12　等精度法测频之除法器模块封装图

在图 10.12 中，除法器模块的 34 bit 被除数输入端与前面锁存模块 REG34B 的输出端 DOU 相连；其 20 bit 除数输入端则与前面锁存模块 REG20B 的输出端 DOU 相连；除法运算结果从 quotient 端输出（本例中余数 remain 忽略）。

2. 模块定制与调用

等精度法测频设计中除法器模块 div24 的定制、调用及仿真过程与第 7.2 节中的例子类同，可作为设计参考。篇幅所限，不再赘述。

10.3.1.6　进制转换模块

1. 模块封装及功能描述

由图 10.12 可以看出，除法器输出的商是一组二进制数，需要分组并转换为 BCD 码后才能进行 BCD-7 段译码，驱动数码管显示结果。进制转换模块 HEX_BCD1 封装如图 10.13 所示。图中 qin 接除法器模块的 quotient 输出端，转换后输出的 4 组 BCD 码与后续的译码显示模块输入端相连。

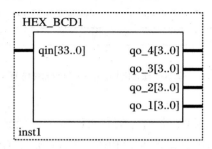

图 10.13　等精度法测频之进制转换模块封装图

2. 程序设计及仿真验证

VHDL 参考程序如下：

```
Library ieee;
USE ieee.std_logic_1164.all;
USE ieee.std_logic_arith.all;
USE ieee.std_logic_unsigned.all;
entity HEX_BCD1 is
port(qin:in std_logic_vector(33 downto 0);
qo_4,qo_3,qo_2,qo_1:out std_logic_vector(3 downto 0));
end HEX_BCD1;
architecture behav of HEX_BCD1 is
begin
process(qin)
variable qin_16:std_logic_vector(15 downto 0);
variable q_tmp:integer range 0 to 9999;
variable q4,q3,q2,q1:integer range 0 to 9;
begin
qin_16:= qin(15 downto 0);      --取 16 位有效数值
q_tmp:= conv_integer(qin_16);      --转换为整数类型
q4:= (q_tmp/1000);      --计算最高位"千"的值
q3:= ((q_tmp-(q4*1000))/100);      --计算次高位"百"的值
q2:= ((q_tmp-(q4*1000)-(q3*100))/10);      --计算次低位"十"的值
```

```
q1 := ((q_tmp - (q4 * 1000) - (q3 * 100)) rem 10);      --计算最低位"个"的值
qo_4 <= conv_std_logic_vector(q4,4);      --"千"值转换为 BCD 码
qo_3 <= conv_std_logic_vector(q3,4);      --"百"值转换为 BCD 码
qo_2 <= conv_std_logic_vector(q2,4);      --"十"值转换为 BCD 码
qo_1 <= conv_std_logic_vector(q1,4);      --"个"值转换为 BCD 码
end process;
end behav;
```

等精度法测频方案中进制转换模块 HEX_BCD1 的仿真波形如图 10.14 所示。

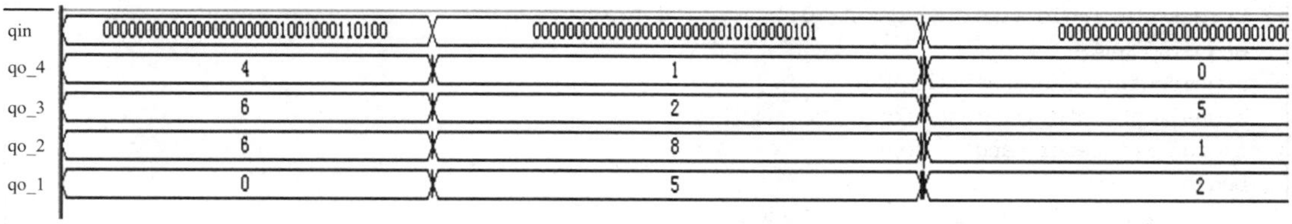

qin	0000000000000000001001000110100	0000000000000000000010100000101	0000000000000000000000001000
qo_4	4	1	0
qo_3	6	2	5
qo_2	6	8	1
qo_1	0	5	2

图 10.14 等精度法测频之进制转换模块仿真波形图

程序说明及仿真分析：

① 程序首先通过 conv_转换函数将多位矢量转换为整数，然后借助整数操作符除法"/"及取余"rem"等运算完成"个、十、百、千"的分组及进制转换，故必须在库说明语句部分调用 std_logic_unsigned.all 和 std_logic_arith.all 程序包；

② 由仿真图可以看出，输入的 3 组 qin 低 16 位有效数值"0001001000110100""0000010100000101""0000001000000000"转换后的输出值分别为"4660""1285""0512"，验算结果正确；

③ 程序编译仿真后，通过 File 菜单中的 Create Symbol Files for Current File 命令将其创建并封装为图形文件 HEX_BCD1.bsf，用以系统集成时调用。

10.3.1.7 显示驱动模块

1. 模块封装及功能描述

4 个共阴数码管的位选扫描及显示驱动模块 display4 的封装如图 10.15 所示。图中 clk 接 1 MHz 系统时钟分频输出的 1 kHz 扫描信号，a4[3..0]、a3[3..0]、a2[3..0]、a1[3..0] 自高到低依次与进制转换模块 HEX_BCD1 的输出端对应相连，显示驱动模块采用动态扫描译码驱动方式，故输出包括 4 个位选信号 bt[3..0]和 7 个段码信号 sg[6..0]。

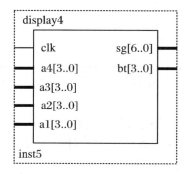

图 10.15 等精度法测频之译码显示模块封装图

2. 程序设计及仿真验证

VHDL 参考程序如下:

```vhdl
library ieee;
use ieee.std_logic_1164.all;
use ieee.std_logic_unsigned.all;
entity display4 is
port (clk: in std_logic;        --1 kHz 扫描时钟信号输入
a4,a3,a2,a1: in integer range 0 to 9;
sg: out std_logic_vector(6 downto 0);       -- 7 个段码信号输出(g～a)
bt: out std_logic_vector(3 downto 0));       -- 4 个位选信号输出
end display4;
architecture one of display4 is
signal cnt4: std_logic_vector(1 downto 0);
signal a: integer range 0 to 9;
begin
p1: process(cnt4) begin      --动态扫描位选
case cnt4 is
when "00" => bt <= "1110"; a <= a1;
when "01" => bt <= "1101"; a <= a2;
when "10" => bt <= "1011"; a <= a3;
when "11" => bt <= "0111"; a <= a4;
when others => null;
end case;
end process p1;
p2: process(clk) begin      --模 4 循环计数
if clk'event and clk = '1' then
cnt4 <= cnt4 + 1;
end if;
end process p2;
p3: process(a) begin      --共阴数码管译码驱动
case a is
when 0 => sg <= "0111111";
when 1 => sg <= "0000110";
when 2 => sg <= "1011011";
when 3 => sg <= "1001111";
when 4 => sg <= "1100110";
when 5 => sg <= "1101101";
when 6 => sg <= "1111101";
when 7 => sg <= "0000111";
when 8 => sg <= "1111111";
when 9 => sg <= "1101111";
when others => null;
end case;
end process p3;
end one;
```

位选扫描及显示驱动模块仿真波形与直接法测频类似。篇幅所限,不再赘述。

程序说明:

① 共阴数码管驱动显示程序共包括 3 个进程。其中,p1 进程在模 4 计数循环控制下,完成低电平有效的位选信号输出,并将对应位的计数值送去译码;p3 进程对所选择的计数值进行 BCD-7 段译码,输出高电平有效的段码信号去驱动 LED 数码管。

② 程序编译仿真后,通过 File 菜单中的 Create Symbol Files for Current File 命令将

其创建并封装为图形文件 display4.bsf，用以系统集成时调用。

10.3.2　等精度法测频系统顶层设计

10.3.2.1　系统顶层集成

在原理图输入方式下，调用各功能模块的封装图形文件，并按照设计方案连接，构建等精度法测频系统的顶层电路，如图 10.16 所示。其中 clk 为 1 MHz 基准时钟，而 fin 为被测频率输入信号。

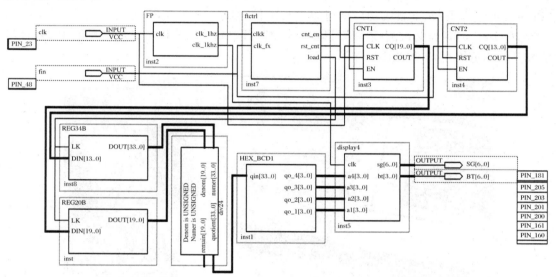

图 10.16　等精度法测频系统顶层电路图

10.3.2.2　引脚约束分配

为了进行硬件下载测试，首先需要对输入、输出端口进行引脚约束与分配，从理论上说，所有用户的 I/O 口都可选择使用，本例中，引脚配置情况如图 10.17 所示。

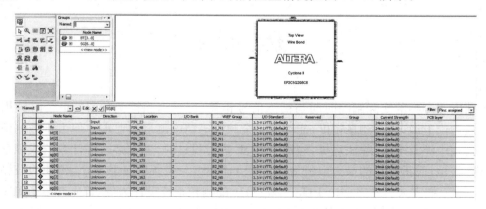

图 10.17　等精度法测频系统引脚配置图

10.3.2.3 编译综合适配

引脚配置后需重新保存才能点击"Compiler"进行编译，全编译过程包括逻辑综合、布局布线及结构适配等，编译完成后会自动弹出编译总结报告，提供与当前的工程项目相关的编译信息，包括载体芯片、资源占用率、引脚分配率、主要端子间信号传输时间等。等精度法测频系统编译报告与如图 9.15 所示的直接法测频类似。篇幅所限，不再赘述。

10.3.2.4 芯片下载测试

通过 USB 线连接电脑和下载器（第一次操作时需安装 usb-blaster 驱动），点击"Program"进行下载，下载成功后即可以进行硬件测试。例如，FPGA 板通电后，将实验箱上的 1024 Hz 时钟作为被测频率信号接到 fin 端，可看到数码管稳定显示测量值 1024，且与示波器的测量值相同，如图 10.18 所示。

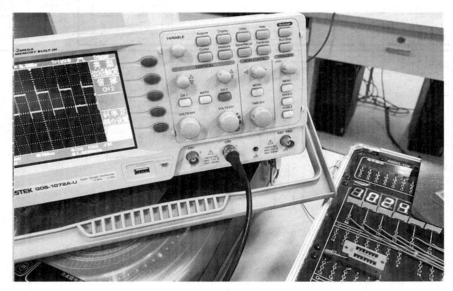

图 10.18 fin = 1024 Hz 时测量波形与结果显示

章 末 小 结

等精度法测频的实际闸门时间与被测信号相关，可以消除被测信号 ±1 个时钟周期的误差。从理论上说，提高测量精度，能够满足全频段等精度测量的要求。但由于被测信号频率计算公式中涉及乘法、除法运算，应用 VHDL 进行设计时，首先必须将计数值或锁存值转换为整数类型，而正整数的最大取值为 $(2^{31} - 1)$，因此，与系统时钟频率 f_c 相乘的被测信号计数值 N_x 不能太大。本案例以 1 Hz～2000 Hz 的测频系统设计为例，首先介绍了等精度法测频的原理。接着，依据 EDA 技术自顶向下的层次化、模块化设计理念，以 FPGA 为主控单元，给出了等精度法测频系统的设计方案及单元电路组成结构框图，并详细说明了各单元模块的作用及其设计思路。在此基础上,应用 VHDL 硬件描述语言编程或定制调用宏功能模块,进行了实际闸门产生、二进制计数、数据锁存、数据除法运算、数值进制转换、译码显示等单元电路的程序设计、模块封装与仿真分析。最后,在原理图输入方式下,调用底层各功能模块封装图形文件,按照设计方案连接,构建了等精度法测频系统的顶层电路,在引脚配置、编译综合、编程下载后进行了系统测试,通过硬件实验结果对设计方案进行了验证。

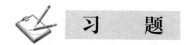

习 题

1. 试应用 Verilog 语言编程设计一个等精度法测频系统(测频范围为 1～2000 Hz,分辨率为 1 Hz),并进行仿真验证。

2. 参考实训案例,设计一个简易的数字计算器,并进行仿真验证。

第 11 章 集成数字系统实训 4——可编程 m 序列发生器设计

　　m 序列是最长线性反馈移存器序列的简称,是一种由线性反馈移位寄存器 LFSR 产生且周期最长的二进制数字序列。一方面,m 序列的结构可以预先确定,且序列内容可被复制、重复产生;另一方面,该序列又具有某些随机特性,故又称作伪随机序列,即 m 序列是一种具有随机性能的确定序列。由于 m 序列具有类似于随机白噪声的统计特性、良好的自相关特性且序列平衡,又便于重复产生与分析处理,因此被广泛应用在数字通信、数据加密、工业产品的可靠性测试等领域中。本章以大规模可编程逻辑芯片 FPGA 为设计载体,应用硬件描述语言 VHDL,进行 m 序列发生器的可编程设计。

11.1　设计任务及原理说明

11.1.1　设计任务

设计一个可编程 m 序列发生器,主要参数如下:
(1) 移存器级数可调
分 3、4、5、6 四级。
(2) 输出序列速率可控
分高速、低速两挡。

11.1.2　m 序列及其产生原理

　　m 序列是由多级移位寄存器或其延迟元件通过线性反馈产生且周期最长的二进制码流序列,其产生原理电路如图 11.1 所示。

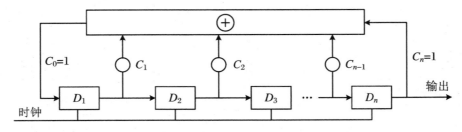

图 11.1　m 序列产生原理电路

图 11.1 中，D_0，D_1，$\cdots$，D_n 表示 n 个移位寄存器，C_0，C_1，$\cdots$，C_n 为反馈连线，代表反馈系数；C_1，C_2，$\cdots$，C_{n-1} 若为 1，表示参与反馈；若为 0，则表示断开反馈线，无反馈连接；其中 $C_0 = C_n$ 恒为 1，表示必须有反馈连接并参与反馈。

由于存在反馈，因此在移位时钟的作用下，各级寄存器的状态将不断变化，每个寄存器的状态取决于时钟控制下当前的输入信息（0 或 1），也即前一个寄存器的输出状态。例如，第 i 个移位寄存器的状态由第 $i-1$ 个移位寄存器的输出决定。

设 n 为移位寄存器的级数，则 n 级移位寄存器共有 2^n 个状态，除去全 0 还剩下 $2^n - 1$ 种状态，因此，它能产生的最大长度的二进制码流序列为 $2^n - 1$ 位，也就是说，一个 n 级线性反馈移位寄存器可以产生周期为 $2^n - 1$ 的 m 序列。

m 序列是一个可重复产生的周期性伪随机序列，其性能由移位寄存器的级数、初始状态、反馈逻辑及时钟速率所决定。当级数和时钟速率一定时，输出序列主要取决于反馈逻辑，即反馈系数 $C_i (i = 0, 1, 2, \cdots, n)$。部分常用 m 序列的反馈系数见表 11.1。

表 11.1　部分 m 序列反馈系数表

级数 n	周期 P	反馈系数 C_i（采用八进制）
3	7	13
4	15	23
5	31	45, 67, 75
6	63	103, 147, 155
7	127	203, 211, 217, 235, 277, 313, 325, 345, 367
8	255	435, 453, 537, 543, 545, 551, 703, 7474
9	511	1021, 1055, 1131, 1157, 1167, 11753
10	1023	2011, 2033, 2157, 2443, 2745, 3471
11	2047	4005, 4445, 5023, 5263, 6211, 7363
12	4095	10123, 11417, 12515, 13505, 14127, 15053
13	8191	20033, 23261, 24633, 30741, 32535, 37505
14	16383	42103, 51761, 55753, 60153, 71147, 67401
15	32765	100003, 110013, 120265, 133663, 142305

11.2　设计方案

根据设计任务，基于 FPGA 的可编程 m 序列发生器主要由时钟速率选择模块、移存器级数及输出选择模块、4 种 m 序列产生模块等几大部分组成，如图 11.2 所示。

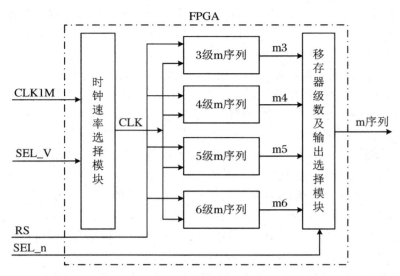

图 11.2　基于 FPGA 的可编程 m 序列发生器

在图 11.2 中,各单元电路模块的功能及实现思路具体如下:

1. 时钟速率选择模块

设计任务指标要求输出序列的速率分高、低两挡可控,而输出的码元速率是由 m 序列产生单元的移位时钟频率决定的,因此时钟速率选择模块就是一个分频模块,可根据速率选择按键 SEL_V 来控制分频系数。设系统输入时钟频率为 1 MHz,则 SEL_V 为 1 时进行100 分频,输出 10 kHz 时钟信号,产生高速 m 序列;SEL_V 为 0 时进行 1000 分频,输出1 kHz 时钟信号,产生低速 m 序列。

2. 3 级 m 序列产生模块

3 级 m 序列产生模块由 3 个移位寄存器及其线性反馈网络组成,序列周期为 7,按照表11.1 中反馈系数 13(八进制)构造的 3 级 m 序列产生电路如图 11.3 所示,其中反馈连线$C_0 = 1, C_1 = 0, C_2 = 1, C_3 = 1$。

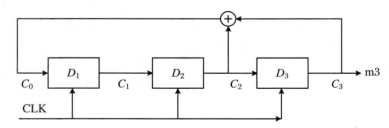

图 11.3　3 级 m 序列电路组成

3. 4 级 m 序列产生模块

4 级 m 序列产生模块由 4 个移位寄存器及其线性反馈网络组成,序列周期为 15,按照表11.1 中反馈系数 23(八进制)构造的 4 级 m 序列产生电路如图 11.4 所示,其中反馈连线$C_0 = 1, C_1 = 0, C_2 = 0, C_3 = 1, C_4 = 1$。

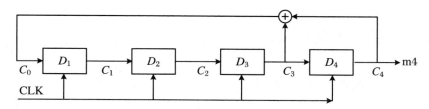

图 11.4　4 级 m 序列电路组成

4. 5 级 m 序列产生模块

5 级 m 序列产生模块由 5 个移位寄存器及其线性反馈网络组成,序列周期为 31,按照表 11.1 中反馈系数 67(八进制)构造的 5 级 m 序列产生电路如图 11.5 所示,其中反馈连线 $C_0 = 1, C_1 = 1, C_2 = 0, C_3 = 1, C_4 = 1, C_5 = 1$。

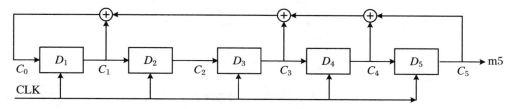

图 11.5　5 级 m 序列电路组成

5. 6 级 m 序列产生模块

6 级 m 序列产生模块由 6 个移位寄存器及其线性反馈网络组成,序列周期为 63,按照表 11.1 中反馈系数 155(八进制)构造的 6 级 m 序列产生电路如图 11.6 所示,其中反馈连线 $C_0 = 1, C_1 = 1, C_2 = 0, C_3 = 1, C_4 = 1, C_5 = 0, C_6 = 1$。

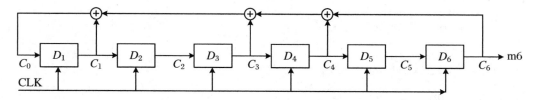

图 11.6　6 级 m 序列电路组成

6. 移存器级数及输出选择模块

设计任务指标要求移存器级数分 3、4、5、6 四级可调,故系统方案中应用 VHDL 语言分别设计了 m3、m4、m5、m6 四个 m 序列产生模块,通过移存器级数选择按键 SEL_n 来进行输出选择。

11.3　设 计 实 现

根据系统方案框图,采用 EDA 自顶向下的层次化设计理念,应用 VHDL 逻辑建模与宏模块的定制调用,进行 m 序列发生器各个功能单元的设计与仿真,最后通过对底层模块的调用与连接,基于原理图输入方式完成顶层系统集成。

11.3.1　各功能模块设计

11.3.1.1　时钟速率选择模块

1. 模块封装及功能描述

时钟速率选择模块封装如图 11.7 所示。系统输入时钟频率为 1 MHz，clk_out 为分频后的输出，与后面 4 个 m 序列产生模块的时钟输入端相连，控制输出序列的速率；SEL_V 为 1 时进行 100 分频，输出 10 kHz 时钟信号；SEL_V 为 0 时进行 1000 分频，输出 1 kHz 时钟信号。

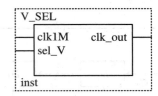

图 11.7　时钟速率选择模块封装图

2. 程序设计及仿真说明

VHDL 参考程序如下：

```
library ieee;
use ieee.std_logic_1164.all;
use ieee.std_logic_unsigned.all;
entity V_SEL is
    port (clk1M,sel_V: in std_logic;
          clk_out: out std_logic);
end V_SEL;
architecture bhave of V_SEL is
signal clk_10khz,clk_1khz: std_logic;
begin
p1: process(clk1M)    --计数分频
    variable cnt1: integer range 0 to 100;      --10 kHz 信号分频计数器变量
    variable cnt2: integer range 0 to 1000;       --1 kHz 信号分频计数器变量
begin
    if clk1M'event and clk1M = '1' then
        if cnt1 = 50 then cnt1:= 0;
          clk_10khz <= not clk_10khz;
        else cnt1:= cnt1 + 1;
        end if;
        if cnt2 = 500 then cnt2:= 0;
            clk_1khz <= not clk_1khz;
        else cnt2:= cnt2 + 1;
        end if;
    end if;
end process;
p2: process(sel_V)    --选择输出
begin
    case sel_V is
```

```
      when'0' => clk_out <= clk_1khz;
      when'1' => clk_out <= clk_10khz;
      when others => clk_out <= clk_1khz;
      end case;
    end process;
end bhave;
```

时钟速率选择模块仿真波形如图 11.8 所示。

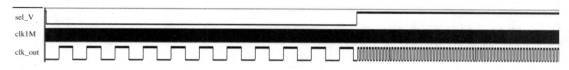

图 11.8　时钟速率选择模块仿真波形图

程序说明及仿真分析：

① 程序较为简单,通过两个计数器变量 cnt1 和 cnt2 分别对输入的 1 MHz 系统时钟进行分频,并根据按键 SEL_V 的状态来选择输出;

② 在图 11.8 中,当 SEL_V 为低电平 0 时,输出 1 kHz 时钟信号,当 SEL_V 为高电平 1 时,输出 10 kHz 时钟信号,仿真验证正确;

③ 程序编译仿真后,通过 File 菜单中的 Create Symbol Files for Current File 命令将其创建并封装为图形文件 V_sel.bsf,用以系统集成时调用。

11.3.1.2　3 级 m 序列产生模块

1. 模块封装及功能描述

3 级 m 序列产生模块封装及 RTL 结构如图 11.9 所示。输入端 CLK 接速率选择模块的输出端 clk_out,有 10 kHz 高速和 1 kHz 低速两挡;RS 为复位开始按钮,高电平有效;而 m3_out 为 3 级 m 序列输出端,以 CLK 的速率循环输出伪随机序列"0010111",序列长度为 7。

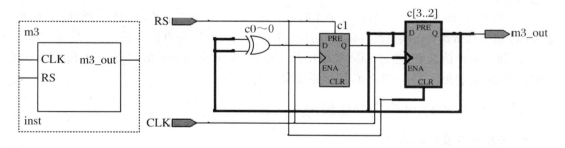

图 11.9　3 级 m 序列产生模块封装及 RTL 结构图

2. 程序设计及仿真说明

VHDL 参考程序如下:

```
LIBRARY IEEE;
  USE IEEE.STD_LOGIC_1164.ALL;
  ENTITY m3 IS
```

```
PORT (CLK,RS:IN STD_LOGIC;
      m3_out:OUT STD_LOGIC);
END m3;
ARCHITECTURE bhv OF m3 IS
  SIGNAL c1,c2,c3:STD_LOGIC;     --3级反馈系数
BEGIN
PROCESS (CLK,RS)
  VARIABLE c0:STD_LOGIC;
BEGIN
IF RS = '1' THEN
  c1<='1';c2<='0';c3<='0';     --RS为"1"时置初值
ELSIF CLK'EVENT AND CLK = '1' THEN
  c0:= c2 XOR c3;     --F = 001 011(八进制数 13)
  c1<=c0;c2<=c1;c3<=c2;
END IF;
END PROCESS;
m3_out<=c3;
END bhv;
```

3 级 m 序列产生模块仿真波形如图 11.10 所示。

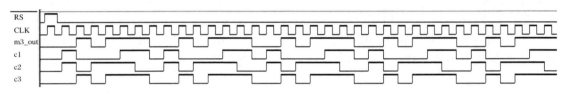

图 11.10　3级 m 序列产生模块仿真波形图

程序说明及仿真分析:

① 程序在构造体说明区定义了 3 个内部信号 c1、c2、c3,通过进程内部的 3 条信号赋值语句,顺序完成移位寄存功能,并从 c3(m3_out)端依次输出;

② 程序在进程中定义了 1 个内部变量 c0,通过 1 条变量赋值语句,实时完成反馈求和与迭代赋值运算;

③ 在图 11.10 中,当 RS 为高电平 1 时,给 c1c2c3 置初值"100",当 RS 为低电平 0 时,以 CLK 速率从 m3_out 端口循环输出伪随机序列"0010111",仿真验证正确;

④ 程序编译仿真后,通过 File 菜单中的 Create Symbol Files for Current File 命令将其创建并封装为图形文件 m3.bsf,用以系统集成时调用。

11.3.1.3　4 级 m 序列产生模块

1. 模块封装及功能描述

4 级 m 序列产生模块封装及 RTL 结构如图 11.11 所示。输入端 CLK 接速率选择模块的输出端 clk_out,有 10 kHz 高速和 1 kHz 低速两挡;RS 为复位开始按钮,高电平有效;而 m4_out 为 4 级 m 序列输出端,以 CLK 的速率循环输出伪随机序列"000100110101111",序列长度为 15。

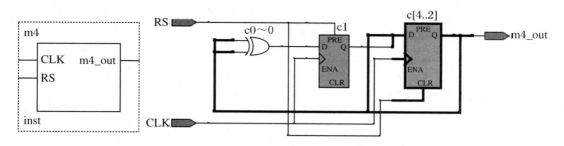

图 11.11　4 级 m 序列产生模块封装及 RTL 结构图

2. 程序设计及仿真说明

VHDL 参考程序如下：

```
LIBRARY IEEE;
USE IEEE.STD_LOGIC_1164.ALL;
ENTITY m4 IS
PORT (CLK,RS:IN STD_LOGIC;
        m4_out:OUT STD_LOGIC);
END m4;
ARCHITECTURE bhv OF m4 IS
  SIGNAL c1,c2,c3,c4:STD_LOGIC;       --4级反馈系数
BEGIN
PROCESS (CLK,RS)
  VARIABLE c0:STD_LOGIC;
BEGIN
IF RS = '1' THEN
   c1<='1';c2<='0';c3<='0';c4<='0';        --RS为1时置初值
ELSIF CLK'EVENT AND CLK = '1' THEN
   c0:= c3 XOR c4;      --F = 010 011(八进制数23)
   c1<=c0;c2<=c1;c3<=c2;c4<=c3;
END IF;
END PROCESS;
m4_out<=c4;
END bhv;
```

4 级 m 序列产生模块仿真波形如图 11.12 所示。

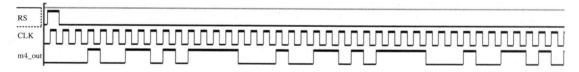

图 11.12　4 级 m 序列产生模块仿真波形图

程序说明及仿真分析：

① 程序在构造体说明区定义了 4 个内部信号 c_1、c_2、c_3、c_4，通过进程内部的 4 条信号赋值语句，顺序完成移位寄存功能，并从 c_4（m4_out）端依次输出；

② 程序在进程中定义了 1 个内部变量 c_0，通过 1 条变量赋值语句，实时完成反馈求和与迭代赋值运算；

③ 在图 11.12 中，当 RS 为高电平 1 时，给 $c_1c_2c_3c_4$ 置初值"1000"，当 RS 为低电平 0 时，以 CLK 速率从 m4_out 端口循环输出伪随机序列"000100110101111"，仿真验证正确；

④ 程序编译仿真后，通过 File 菜单中的 Create Symbol Files for Current File 命令将其创建并封装为图形文件 m4. bsf，用以系统集成时调用。

11.3.1.4　5 级 m 序列产生模块

1. 模块封装及功能描述

5 级 m 序列产生模块封装及 RTL 结构如图 11.13 所示。输入端 CLK 接速率选择模块的输出端 clk_out，有 10 kHz 高速和 1 kHz 低速两挡；RS 为复位开始按钮，高电平有效；而 m5_out 为 5 级 m 序列输出端，以 CLK 的速率循环输出伪随机序列"0000111001101111101000100101011"，序列长度为 31。

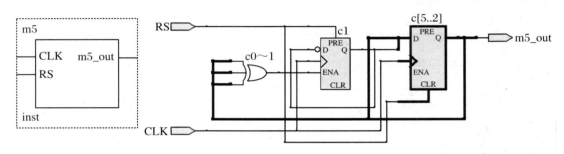

图 11.13　5 级 m 序列产生模块封装及 RTL 结构图

2. 程序设计及仿真说明

VHDL 参考程序如下：

```
LIBRARY IEEE;
USE IEEE.STD_LOGIC_1164.ALL;
ENTITY m5 IS
PORT (CLK,RS:IN STD_LOGIC;
        m5_out:OUT STD_LOGIC);
END m5;
ARCHITECTURE bhv OF m5 IS
  SIGNAL c1,c2,c3,c4,c5:STD_LOGIC;      --5 级反馈系数
BEGIN
PROCESS (CLK,RS)
  VARIABLE c0:STD_LOGIC;
BEGIN
IF RS = '1' THEN
    c1 <='1';c2 <='0';c3 <='0';c4 <='0';c5 <='0';      --RS 为 1 时置初值
ELSIF CLK'EVENT AND CLK = '1' THEN
    c0:= (c1 XOR(c3 XOR(C4 XOR C5)));      --F = 110 111(八进制数 67)
    c1 <=c0;c2 <=c1;c3 <=c2;c4 <=c3;c5 <=c4;
END IF;
END PROCESS;
m5_out <=c5;
END bhv;
```

5 级 m 序列产生模块仿真波形如图 11.14 所示。

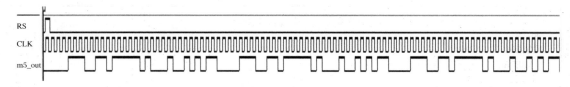

图 11.14　5 级 m 序列产生模块仿真波形图

程序说明及仿真分析：

① 程序在构造体说明区定义了 5 个内部信号 c1、c2、c3、c4、c5，通过进程内部的 5 条信号赋值语句，顺序完成移位寄存功能，并从 c5(m5_out)端依次输出；

② 程序在进程中定义了 1 个内部变量 c0，通过 1 条变量赋值语句，实时完成反馈求和与迭代赋值运算；

③ 在图 11.14 中，当 RS 为高电平 1 时，给 c1c2c3c4c5 置初值"10000"，当 RS 为低电平 0 时，以 CLK 速率从 m5_out 端口循环输出伪随机序列"0000111001101111101000100101011"，仿真验证正确；

④ 程序编译仿真后，通过 File 菜单中的 Create Symbol Files for Current File 命令将其创建并封装为图形文件 m5.bsf，用以系统集成时调用。

11.3.1.5　6 级 m 序列产生模块

1. 模块封装及功能描述

6 级 m 序列产生模块封装及 RTL 结构如图 11.15 所示。输入端 CLK 接速率选择模块的输出端 clk_out，有 10 kHz 高速和 1 kHz 低速两挡；RS 为复位开始按钮，高电平有效；而 m6_out 为 6 级 m 序列输出端，以 CLK 的速率循环输出伪随机序列"000001110000100100011011001011010111011110011000101010011111101"，序列长度为 63。

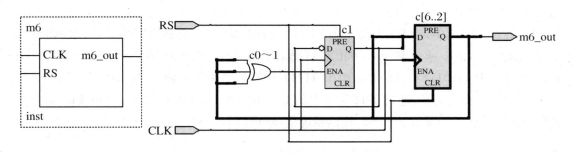

图 11.15　6 级 m 序列产生模块封装及 RTL 结构图

2. 程序设计及仿真说明

VHDL 参考程序如下：

```
LIBRARY IEEE;
USE IEEE.STD_LOGIC_1164.ALL;
ENTITY m6 IS
PORT (CLK,RS:IN STD_LOGIC;
      m6_out:OUT STD_LOGIC);
END m6;
ARCHITECTURE bhv OF m6 IS
```

```
     SIGNAL c1,c2,c3,c4,c5,c6:STD_LOGIC;        --6级反馈系数
BEGIN
PROCESS (CLK,RS)
   VARIABLE c0:STD_LOGIC;
BEGIN
IF RS = '1' THEN
   c1 <= '1';c2 <= '0';c3 <= '0';c4 <= '0';c5 <= '0';c6 <= '0';      --RS为1时置初值
ELSIF CLK'EVENT AND CLK = '1' THEN
   c0:= (c1 XOR(c3 XOR(C4 XOR C6)));      --F = 001 101 101(八进制数155)
   c1 <= c0;c2 <= c1;c3 <= c2;c4 <= c3;c5 <= c4;c6 <= c5;
END IF;
END PROCESS;
m6_out <= c6;
END bhv;
```

6级 m 序列产生模块仿真波形如图 11.16 所示。

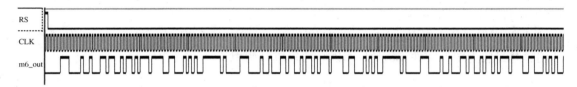

图 11.16　6级 m 序列产生模块仿真波形图

程序说明及仿真分析:

① 程序在构造体说明区定义了 5 个内部信号 c1、c2、c3、c4、c5、c6,通过进程内部的 6 条信号赋值语句,顺序完成移位寄存功能,并从 c6(m6_out)端依次输出;

② 程序在进程中定义了 1 个内部变量 c0,通过 1 条变量赋值语句,实时完成反馈求和与迭代赋值运算;

③ 在图 11.16 中,当 RS 为高电平 1 时,给 c1c2c3c4c5c6 置初值"100000",当 RS 为低电平 0 时,以 CLK 速率从 m6_out 端口循环输出伪随机序列"00000111000010010001 101100101101011101111001100010101001111111101",仿真验证正确;

④ 程序编译仿真后,通过 File 菜单中的 Create Symbol Files for Current File 命令将其创建并封装为图形文件 m6.bsf,用以系统集成时调用。

11.3.1.6　移存器级数及输出选择模块

1. 模块封装及功能描述

移存器级数及输出选择模块的封装如图 11.17 所示。输入端 m3、m4、m5、m6 分别接到 4 个 m 序列产生模块的输出端,通过 2 个移存器级数选择按键 SEL_n 进行选择,并从 m_out 输出;当 SEL_n 为"00"选择输出 3 级 m 序列;当 SEL_n 为"01"选择输出 4 级 m 序列;当 SEL_n 为"10"选择输出 5 级 m 序列;当 SEL_n 为"11"选择输出 6 级 m 序列。

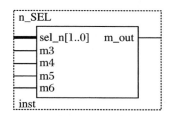

图 11.17　移存器级数及输出选择模块封装图

2. 程序设计及仿真说明

VHDL 参考程序如下：

```
library ieee;
use ieee.std_logic_1164.all;
entity n_SEL is
port (sel_n：in std_logic_vector(1 downto 0);
     m3,m4,m5,m6：in std_logic;
     m_out：out std_logic);
end n_SEL;
architecture bhave of n_SEL is
begin
process(sel_n)
begin
   case sel_n is
   when "00" => m_out <= m3;
   when "01" => m_out <= m4;
   when "10" => m_out <= m5;
   when "11" => m_out <= m6;
   when others => m_out <= m3;
   end case;
end process;
end bhave;
```

移存器级数及输出选择模块仿真波形如图 11.18 所示。

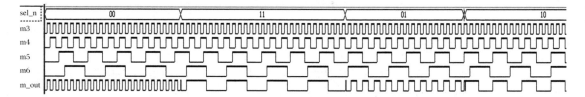

图 11.18　移存器级数及输出选择模块仿真波形图

程序说明及仿真分析：

① 程序较简单，通过 case 语句对输入端 SEL_n 的状态进行比较，完成输出选择；

② 在图 11.18 中，虚拟了 4 路 m3、m4、m5、m6 波形，当 SEL_n 为"00"时输出 m3 序列；当 SEL_n 为"01"时输出 m4 序列，当 SEL_n 为"10"时输出 m5 序列，当 SEL_n 为"11"时输出 m6 序列，仿真验证正确；

③ 程序编译仿真后，通过 File 菜单中的 Create Symbol Files for Current File 命令将其创建并封装为图形文件 n_SEL.bsf，用以系统集成时调用。

11.3.2 顶层系统设计

11.3.2.1 顶层系统集成

在原理图输入方式下,调用各功能模块封装图形文件,并按照设计方案连接,构建可编程 m 序列发生器的顶层电路,如图 11.19 所示。其中 clk 为 1 MHz 的系统时钟,RS 为复位开始按钮,SEL_V 和 SEL_n 分别为时钟速率选择及移存器级数选择按键,伪随机 m 序列则从 m_out 端输出。

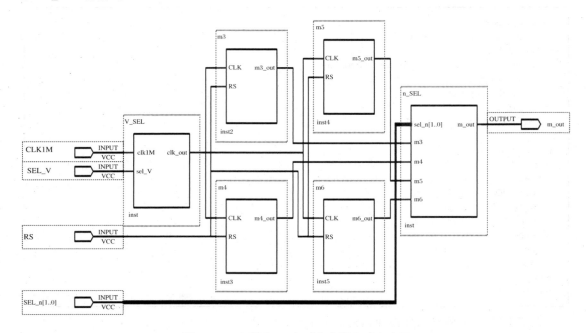

图 11.19　可编程 m 序列发生器顶层电路图

11.3.2.2 引脚约束分配

为了进行硬件下载测试,首先需要对输入、输出端口进行引脚约束与分配,从理论上说,所有用户的 I/O 口都可选择使用,本例中,引脚配置情况如图 11.20 所示。

11.3.2.3 编译综合适配

引脚配置后需重新保存才能点击"Compiler"进行编译,全编译过程包括逻辑综合、布局布线及结构适配等,编译完成后会自动弹出编译总结报告,提供当前工程项目相关的编译信息,包括载体芯片、资源占用率、引脚分配率、主要端子间信号传输时间等。可编程 m 序列发生器的编译报告与前面的实训案例类似。篇幅所限,不再赘述。

11.3.2.4 芯片下载测试

通过 USB 线连接电脑和下载器(第一次操作时需安装 usb-blaster 驱动),点击

"Program"进行下载,下载成功后即可利用示波器观测所产生的 m 序列,如图 11.21 所示。

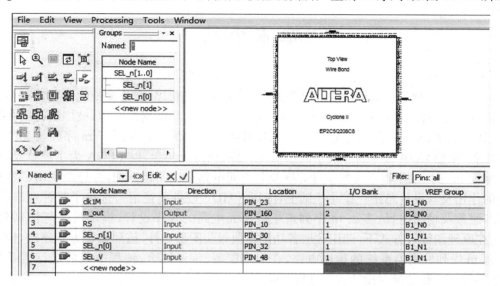

图 11.20　可编程 m 序列发生器引脚配置图

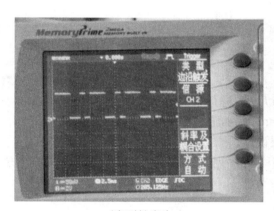

(a) m=3 (序列长度为7)

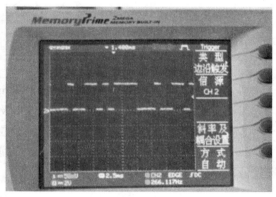

(b) m=4 (序列长度为15)

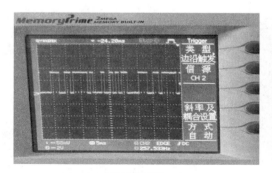

(c) m=5 (序列长度为31)

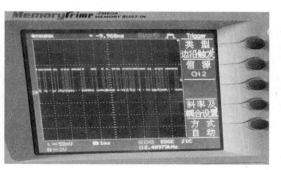

(d) m=6 (序列长度为63)

图 11.21　可编程 m 序列发生器实验测试波形图

章 末 小 结

　　m 序列是一种具有随机性的确定序列，故又称为伪随机序列，是最长线性反馈移存器序列的简称，可通过多级移位寄存器或其延迟元件通过线性反馈网络产生，被广泛应用在数字通信、数据加密、工业产品的可靠性测试等领域中。本案例首先介绍了 m 序列及其产生原理。接着，依据 EDA 技术自顶向下的层次化、模块化设计理念，以 FPGA 为主控单元，给出了可编程 m 序列发生器系统的设计方案及其单元电路组成结构框图，并详细说明了各单元模块的作用及其设计思路。在此基础上，应用 VHDL 硬件描述语言进行了时钟速率选择、移存器级数及输出选择、多级 m 序列产生等单元电路的程序设计、模块封装与仿真分析。最后，在原理图输入方式下，调用底层各功能模块封装图形文件，按照设计方案连接，构建了可编程 m 序列发生器系统的顶层电路，在引脚配置、编译综合、编程下载后进行了系统测试，通过硬件实验结果对设计方案进行了验证。

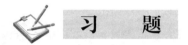

习　　题

　　1. 在实训案例的基础上补充设计：
　① 以反馈系数 45、75（八进制）构造 5 级 m 序列，进行相关仿真验证并封装；
　② 以反馈系数 103、147（八进制）构造 6 级 m 序列，进行相关仿真验证并封装；
　③ 以原理图输入方式完成整个系统的顶层设计。
　　2. 试应用 Verilog 语言编程设计一个可编程 m 序列发生器系统（级数自选），并进行仿真验证。

第 12 章　集成数字系统实训 5——DDS 信号发生器设计

信号源在生产、科研领域有着非常广泛的应用,利用直接数字频率合成技术进行信号合成是一种新的趋势和发展方向。本章应用直接数字频率合成 DDS 技术,以大规模可编程逻辑芯片 FPGA 为设计载体,设计了一个多功能信号发生器,能够产生正弦、三角、方波等模拟信号,且频率可分段调节。

12.1　设计任务及原理说明

12.1.1　设计任务

设计一个多功能信号发生器,其主要参数如下:

(1) 信号类型

正弦、三角、锯齿,共 3 种波形。

(2) 信号频率

10 Hz~10 MHz,分 3 个频段:

10 Hz~1 kHz 频段,最小增量为 10 Hz;

1 kHz~100 kHz 频段,最小增量为 1 kHz;

100 kHz~10 MHz 频段,最小增量为 100 kHz。

12.1.2　DDS 及其信号产生原理

12.1.2.1　DDS 技术

DDS(Direct Digital Synthesizer)意为直接数字频率合成器,它可以将一系列数字信号通过数/模(D/A)转换合成为模拟信号,有 ROM 查表法和计算法两种基本合成方法。ROM 查表法结构简单,只需在 ROM 中预先存放周期性模拟信号不同相位所对应的幅度序列,然后通过相位累加器对其寻址并输出对应的幅值,再经过 D/A 转换和低通滤波(Low Pass Filtering,LPF)便可得到所需的模拟信号输出。

12.1.2.2　DDS 信号产生原理

以周期变化的正弦波信号为例,沿其相位轴方向,以等量相位间隔对其进行相位/幅度采样，即可得到一个完整正弦信号周期的相位/幅度离散序列，再对量化后的幅值进行数据编码，这样就可以把一个周期的正弦波连续信号转换成一系列离散的二进制数字量，然后存入波形数据存储器中，存储器单元的地址即相位取样地址，存储单元的内容即为已经量化了的正弦波幅值。这样，波形数据 ROM 就构成了一个与 2π 周期相位相对应的正弦波函数表。通过周期性的寻址输出并进行 D/A 转换，就可以产生连续的正弦波信号了。

DDS 信号产生的基本原理如图 12.1 所示，其主要由相位累加器、波形存储器、D/A 转换器、输出滤波器等构成。

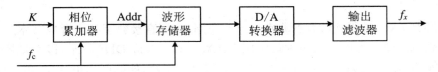

图 12.1　DDS 信号产生的基本原理

在图 12.1 中，f_c 为系统标准频率时钟源，K 为频率控制字。首先，在 f_c 时钟脉冲的控制下，频率控制字 K 通过累加计算得到相应的相位取样地址；然后寻址波形存储单元，输出对应的波形幅值数据，通过 D/A 转换得到相应的阶梯波；最后经低通滤波器对阶梯波进行平滑处理，即可产生由频率控制字 K 决定的周期性变化的输出波形。

图 12.1 中的相位累加器是实现 DDS 的核心，它由一个 N 位字长的二进制加法器和一个 N 位寄存器组成，每个时钟脉冲到达时，寄存器保存当前频率控制字 K 与前一次寄存器值之和，并作为本次的相位地址输出，如图 12.2 所示。

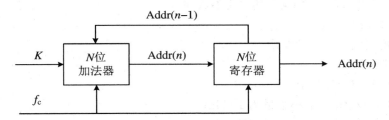

图 12.2　DDS 的相位累加器

图 12.2 中，N 位字长的二进制加法器的模为 2^N，设 t_0 时刻寄存器中的值为 A_0，则 t_1 时刻累加输出的结果 $A_1 = A_0 + K$，同时更新寄存器的值，并作为当前地址输出。N 位二进制加法器在 f_c 的控制下依次迭代累加，当结果大于或等于模值时加法器清零，并重复上述过程。

根据前述分析可知，累加器结果作为相位地址输出，从 $0 \sim 2^N$，正好对应着一个完整的波形数据周期 T_x，其大小与系统标准频率 f_c、频率控制字 K、相位累加器位数 N 有关，频率是周期的倒数，所以，最后输出的信号频率 f_x 可由式（12.1）计算得到。

输出信号频率：

$$f_x = K\left(\frac{f_c}{2^N}\right), \quad K = 1,2,3,\cdots \tag{12.1}$$

12.2　设　计　方　案

根据设计任务,基于 FPGA 的多功能 DDS 信号发生器主要由波形参数设置、波形数据产生、波形输出控制等几大部分组成,如图 12.3 所示。

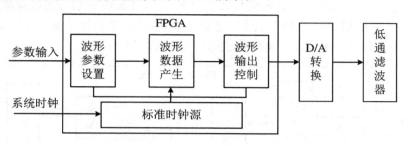

图 12.3　DDS 信号发生器系统组成

正弦、三角、锯齿 3 种信号波形的产生以及整个系统的输入、输出接口时序控制由 FPGA 芯片来实现,波形产生是设计的核心部分。根据 DDS 信号波形产生原理,拟应用 VHDL 编程及定制调用 3 个 ROM 来存储及控制读取波形数据,如图 12.4 所示。

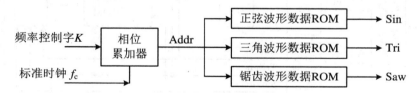

图 12.4　DDS 信号波形产生单元

信号参数设置包括信号波形输出选择、信号频段选择、频率数值输入等,因参数较多,所以本方案选择使用 4×4 矩阵键盘进行参数设置,如图 12.5 所示。

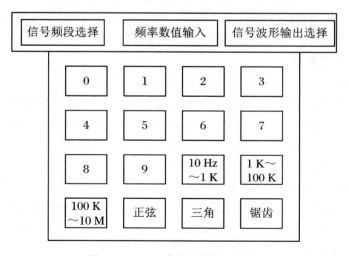

图 12.5　4×4 参数设置矩阵键盘

信号波形输出选择如图 12.6 所示，D/A 转换及滤波电路本章不再赘述。

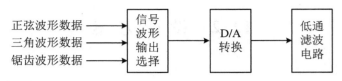

图 12.6　信号波形输出选择

综上所述，FPGA 除了产生 3 种信号波形数据，还要在接收到信号参数设置信息后进行波形、频段及频率控制字的选择与计算，是整个系统的主控芯片。基于 FPGA 的多功能 DDS 信号发生器设计方案及单元电路组成结构如图 12.7 所示。

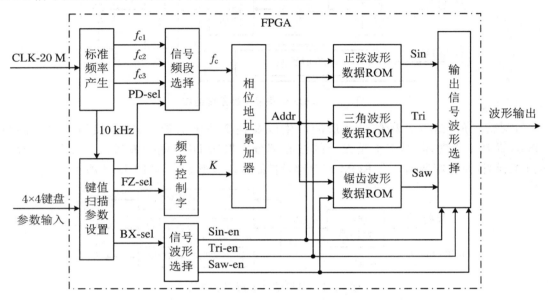

图 12.7　基于 FPGA 的多功能 DDS 信号发生器设计方案及单元电路组成

在图 12.7 中，基于 FPGA 的 DDS 信号发生器主要由标准频率产生、键值扫描参数设置、信号波形选择、信号频段选择、频率控制字、相位地址累加器、波形数据 ROM、输出信号波形选择等单元模块组成，各模块的功能及作用分析如下：

1. 标准频率产生模块

根据任务指标，要求输出信号频率范围为 10 Hz～10 MHz，由式(12.1)可知，若标准频率 f_c 固定，为了能兼顾输出最低频率 10 Hz 与最高频率 10 MHz，不仅 K 值变化区间很大，而且二进制累加器的位数(N 值)也不能小，这意味着需要很大的波形数据存储容量，特别是有多种波形数据存储时，需要占用 FPGA 内部过多的寄存器存储资源，会影响整个芯片的工作性能。本设计方案首先确定了一个合适的累加器位数 N(如 $N=10$)，并将信号输出频率分为 3 个频段：10 Hz～1 kHz、1 kHz～100 kHz、100 kHz～10 MHz，各自对应着 3 个 f_c：10 kHz、1 MHz、100 MHz，分别记作 f_{c1}、f_{c2}、f_{c3}；设系统晶振为 20 MHz，则 10 kHz 和 1 MHz 可以分频获得，而 100 MHz 则需要倍频产生；具体实现可以通过定制调用 PLL 锁相环模块来完成。

2. 键值扫描参数设置模块

信号波形选择及频率设置可通过 4×4 矩阵键盘完成(键值为 0～F)，本例中假设参数选择设置需按序进行:首先进行频段选择,接着进行 2 位频率值输入,最后确定信号波形。如产生 820 Hz 三角波,则首先按下代表 10 Hz~1 kHz 频段的 A 键,接着按下 8 和 2 两个数字键,最后再按下代表三角波的 E 键。键值扫描参数设置模块是根据 4×4 矩阵键盘行列动态扫描原理,应用 VHDL 语言编程判断是否有键按下,接着识读键值,并按约定顺序定义输出。

3.信号波形选择模块

根据按键顺序,第四次的按键值代表信号波形,若 key_4 的键值为 D,表示选择输出正弦波;若键值为 E,表示选择输出三角波;若键值为"F",表示选择输出锯齿波。

4.信号频段选择模块

根据按键顺序,第一次的按键值代表信号频段,可由 key_1 值进行识别:A 键表示 10 Hz~1 kHz,B 键表示 1 kHz~100 kHz,C 键表示 100 kHz~10 MHz。如前所述,3 个频段对应着 3 个标准时钟 f_c,故频段 PD-sel 确定后,信号频段选择模块将从 f_{c1}、f_{c2}、f_{c3} 中选择输出其一。

5.频率控制字模块

由式(12.1)可知,每个频段下信号的输出频率与频率控制字 K 成正比,本例中,K 的取值范围为 1~99,可根据第二、第三次的按键值计算得到,如在 1 kHz~100 kHz 频段下,输入 5、8 两个键值,表示欲产生 58 kHz 信号频率,即频率控制字 $K = 5 \times 10 + 8 = 58$,计算结果输出至后续的相位地址累加器输入端。

6.相位地址累加器模块

该模块在频段标准时钟 f_c 及频率控制字 K 的控制下,通过累加计算输出相位地址,接到后续的波形数据 ROM 地址线上进行寻址。

7.波形数据 ROM 模块

本例中,共定制了 3 个波形数据 ROM,用于存储正弦、三角和锯齿信号的波形数据,每个 ROM 的寻址范围为 0~999,即 1000 个数据存储单元。

8.输出信号波形选择模块

由于只使用了一个相位地址累加器,具体对哪个波形数据 ROM 进行寻址,需要通过波形选择模块输出的使能信号决定。由于 3 组波形数据都接到了输出信号波形选择模块上,具体输出哪路波形,也须由相应的波形输出使能信号决定。

12.3　设 计 实 现

根据系统方案框图,采用 EDA 自顶向下的层次化设计理念,应用 VHDL 逻辑建模与宏模块的定制调用,进行信号源各个功能单元的设计与仿真,最后通过对底层模块的调用与连接,基于原理图输入方式完成顶层系统集成。

12.3.1　各功能模块设计

12.3.1.1　标准频率产生模块

1. 模块封装及功能描述

标准频率产生模块 BP 通过定制 PLL 锁相环模块实现,封装如图 12.8 所示,输入端 inclk0 为 20 MHz 系统时钟;areset 是系统复位按键,高电平有效;输出端 c0 是 2000 分频后的 10 kHz 标准时钟,即 f_{c1};输出端 c1 是 20 分频后的 1 MHz 标准时钟,即 f_{c2};输出端 c2 是 5 倍频后的 100 MHz 标准时钟,即 f_{c3};频率锁相稳定后 locked 端输出高电平 1,可以作为后面频段选择模块的使能信号。

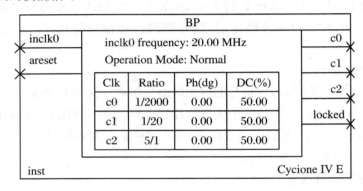

图 12.8　标准频率产生模块封装图

2. 模块定制与调用

本例中,标准频率产生模块 BP 是在 Quartus Ⅱ 13.1 平台上通过定制 PLL 锁相环模块实现的,其定制、调用及仿真过程与第 7.1 节中的内容相似。篇幅所限,不再赘述。

但需要特别指出的是:Quartus Ⅱ 13.1 以下版本中 PLL 锁相环模块对分频输出的最低频率有一定的限制,一般不能小于 10 MHz!若版本受限,标准频率产生模块的 2 路低频标准时钟信号则可以采用偶数分频的方式获得(参见第 6.2 节中的内容)。

12.3.1.2　键值扫描参数设置模块

1. 模块封装及功能描述

键值扫描参数设置模块 Key_scan 的封装如图 12.9 所示,其功能是在 10 kHz 时钟信号的控制下,产生逐行扫描信号 kbcol,与 4×4 矩阵键盘的 4 个行线相连,同时检测 4 个列线上是否有 1 出现。若有,则表示有键按下,接着进行键值识别;若没有,则表示无键按下,继续产生行扫描信号并检测列线状态。按照约定顺序输出的按键值可定义为 key_1、key_2、key_3、key_4,分别代表频段、频率控制字及波形等参数。

4×4 矩阵键盘的按键定义及其与键值扫描参数设置模块的连接方式如图 12.10 所示。

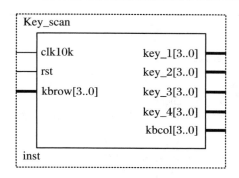

图 12.9 键值扫描参数设置模块封装图

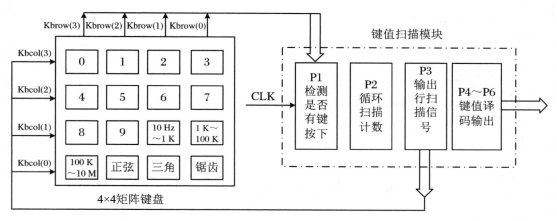

图 12.10 4×4 矩阵键盘定义及其与键值扫描参数设置模块连接示意图

2. 程序设计及相关说明

VHDL 参考程序如下：

```
library ieee;
use ieee.std_logic_1164.all;
use ieee.std_logic_unsigned.all;
entity Key_scan is
port (clk10k,rst: in std_logic;          --时钟和复位信号
  kbrow: in std_logic_vector(3 downto 0);      --列键盘信号输入
  key_1,key_2,key_3,key_4: out std_logic_vector(3 downto 0);      --键值输出
  kbcol: out std_logic_vector(3 downto 0));      --行扫描信号输出
end Key_scan;
Architecture bhv of Key_scan is
  signal scan_en: std_logic;      --无键按下时 scan_en 为 1 输出行扫描信号
  signal key_an: std_logic;      --有键按下时 key_an 为 1 停止行扫描信号
  signal count: std_logic_vector(1 downto 0);      --扫描计数器
  signal key_cnt: integer range 0 to 4;      --按键顺序计数
  signal dat: std_logic_vector(3 downto 0);      --按键值 BCD 码
  signal state: std_logic_vector(1 downto 0);      --行扫描状态标记
  begin
P1: process(clk10k)      --判断是否有键按下
BEGIN
if(clk10k'event and clk10k = '1') then
scan_en<=not(kbrow(0) or kbrow(1) or kbrow(2) or kbrow(3));      --无键按下为 1
key_an<=(kbrow(0) or kbrow(1) or kbrow(2) or kbrow(3));      --有键按下为 1
```

```vhdl
end if;
end process;
p2:process(rst,clk10k,scan_en,kbrow)
begin
if rst = '1' then count <="00";
elsif(clk10k'event and clk10k = '0') then
if scan_en = '1' then count <=count + 1;        --无键按下时扫描计数器循环计数
end if;end if;
end process;
P3:process(clk10k)      --无键按下时循环输出行扫描信号
begin
if clk10k'event and clk10k = '0' then
case count is
when "00" =>kbcol <="0001";
state <="00";
when "01" =>kbcol <="0010";
state <="01";
when "10" =>kbcol <="0100";
state <="10";
when "11" =>kbcol <="1000";
state <="11";
when others =>kbcol <="1111";
end case;
end if;
end process;
P4:process(state)      --根据行扫描状态及列输入信号确定键值
begin
case state is
when "00" =>
  case kbrow is
when "0001" =>dat <="1111";      --键值 F
when "0010" =>dat <="1110";      --键值 E
when "0100" =>dat <="1101";      --键值 D
when "1000" =>dat <="1100";      --键值 C
when others =>null;
end case;
when "01" =>
  case kbrow is
when "0001" =>dat <="1011";      --键值 B
when "0010" =>dat <="1010";      --键值 A
when "0100" =>dat <="1001";      --键值 9
when "1000" =>dat <="1000";      --键值 8
when others =>null;
end case;
when "10" =>
  case kbrow is
when "0001" =>dat <="0111";      --键值 7
when "0010" =>dat <="0110";      --键值 6
when "0100" =>dat <="0101";      --键值 5
when "1000" =>dat <="0100";      --键值 4
when others =>null;
end case;
when "11" =>
  case kbrow is
when "0001" =>dat <="0011";      --键值 3
```

```
when "0010" => dat <= "0010";      --键值 2
when "0100" => dat <= "0001";      --键值 1
when "1000" => dat <= "0000";      --键值 0
when others => null;
end case;
when others => null;
end case;
end process;
p5:process(rst,key_an)      --累计按键顺序计数值
begin
if rst = '1' then key_cnt <= 0;
elsif(key_an'event and key_an = '1') then
if key_cnt >= 4 then key_cnt <= 1;
else key_cnt <= key_cnt + 1;
end if;end if;
end process;
P6:process(clk10k,key_cnt)      --根据按键顺次确定对应键值输出
begin
if clk10k'event and clk10k = '1' then
case key_cnt is
when 1 => if key_an = '1' then key_1 <= dat;end if;      --输出键值 key_1
when 2 => if key_an = '1' then key_2 <= dat;end if;      --输出键值 key_2
when 3 => if key_an = '1' then key_3 <= dat;end if;      --输出键值 key_3
when 4 => if key_an = '1' then key_4 <= dat;end if;      --输出键值 key_4
when others => key_1 <= dat;
end case;
end if;
end process;
end bhv;
```

4×4 矩阵键盘需要按键后才能输出列线信号，因此不便仿真。我们可直接将键值扫描识读程序编译下载，按图 12.10 所示的方式进行硬件连接，经测试验证功能正确。

程序说明：

① 程序中主要端口和内部信号定义以及关键代码可参见注释。

② 整个构造体包括 6 个进程，通过内部信号相互关联，各司其职并行工作。

P1 进程：采样检测是否有键按下，4 根列线信号中有 1 表示有键按下，无键按下时，则输出行扫描信号 scan_en；

P2 进程：在 scan_en 为 1 时启动行扫描计数器 count 并循环计数；

P3 进程：应用 case 语句根据 count 的计数值循环输出行扫描信号；

P4 进程：完成键值识读功能，根据当前行扫描状态以及检测到的列输入信号，应用 case 及其嵌套语句，确定当前按下的键值；

P5 进程：进行按键顺次的累计计数；

P6 进程：按照约定顺次，输出 4 组键值。

③ 程序编译通过后，通过 File 菜单中的 Create Symbol Files for Current File 命令将其创建并封装为图形文件 Key_scan.bsf，用以系统集成时调用。

12.3.1.3　信号波形选择模块

1. 模块封装及功能描述

信号波形选择模块 BX_sel 封装如图 12.11 所示,其功能是按照约定顺次对第四次的按键值 key_4 进行比较判定,当 key_4 的值为 D 时,选择正弦波输出使能;当 key_4 的值为 E 时,选择三角波输出使能;当 key_4 的值为 F 时,选择锯齿波输出使能。

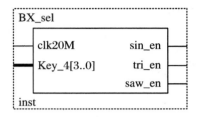

图 12.11　信号波形选择模块封装图

2. 程序设计及仿真说明

VHDL 参考程序如下:

```
library ieee;
use ieee.std_logic_1164.all;
entity BX_sel is
port(clk20M:in std_logic;
     Key_4:in std_logic_vector(3 downto 0);
     sin_en,tri_en,saw_en:out std_logic);
end BX_sel;
architecture rtl of BX_sel is
begin
process(clk20M,Key_4)
Begin
if clk20M'event and clk20M='1' then
case Key_4 is
when "1101"=>sin_en<='1';tri_en<='0';saw_en<='0';    --键值为 D 时
when "1110"=>tri_en<='1';sin_en<='0';saw_en<='0';    --键值为 E 时
when "1111"=>saw_en<='1';sin_en<='0';tri_en<='0';    --键值为 F 时
when others=>sin_en<='0';tri_en<='0';saw_en<='0';    --其他键值时
end case;
end if;
end process;
end rtl;
```

信号波形选择模块仿真波形如图 12.12 所示。

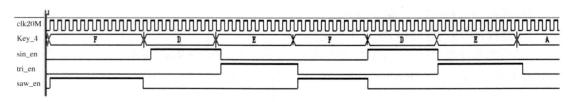

图 12.12　信号波形选择模块仿真波形图

程序说明及仿真分析：

① 程序较简单，应用一条 case 语句对 Key_4 的键值进行比较判断，并输出相应的波形使能信号；

② 仿真验证正确；

③ 程序编译仿真后，通过 File 菜单中的 Create Symbol Files for Current File 命令将其创建并封装为图形文件 BX_sel.bsf，用以系统集成时调用。

12.3.1.4　信号频段选择模块

1. 模块封装及功能描述

信号频段选择模块 PD_sel 封装如图 12.13 所示，其功能是按照约定顺次对第一次的按键值 key_1 进行比较判定，若 key_1 的值为 A，则表示选择输出的频率范围是 10 Hz～1 kHz，该频段相应的标准时钟信号 f_{c1} 被选择输出；若 key_1 的值为 B，则表示选择输出的频率范围是 1 kHz～100 kHz，该频段相应的标准时钟信号 f_{c2} 被选择输出；若 key_1 的值为 C，则表示选择输出的频率范围是 100 kHz～10 MHz，该频段相应的标准时钟信号 f_{c3} 被选择输出。fen 为模块工作使能信号，接到前面 PLL 锁相环模块的稳定输出端 locked 上，而 f_c 则接到后面相位地址累加器模块的时钟输入端上。

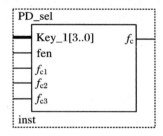

图 12.13　信号频段选择模块封装图

2. 程序设计及仿真说明

VHDL 参考程序如下：

```
library ieee;
use ieee.std_logic_1164.all;
entity PD_sel is
port(Key_1:in std_logic_vector(3 downto 0);
     fc1,fc2,fc3:in std_logic;
     fc:out std_logic);
end PD_sel;
architecture rtl of PD_sel is
begin
process(Key_1,fen,fc1,fc2,fc3)
begin
if fen = '1' then
case Key_1 is
when "1010" => fc <= fc1;      --键值为 A 时输出 f_c1
when "1011" => fc <= fc2;      --键值为 B 时输出 f_c2
when "1100" => fc <= fc3;      --键值为 C 时输出 f_c3
when others => fc <= 'Z';      --其他键值时输出高阻态
```

```
end case;end if;
end process;
end rtl;
```

信号频段选择模块仿真波形如图 12.14 所示。

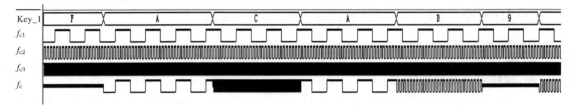

图 12.14　频段选择模块仿真波形图

程序说明及仿真分析：

① 程序结构与波形选择类似,应用一条 case 语句对 Key_1 的键值进行比较判断,并将与之对应的 3 路标准时钟之一选择输出;

② 仿真验证正确,注意,当 Key_1 的值非"A、B、C"时,f_c 输出为高阻状态;

③ 程序编译仿真后,通过 File 菜单中的 Create Symbol Files for Current File 命令将其创建并封装为图形文件 PD_sel.bsf,用以系统集成时调用。

12.3.1.5　频率控制字模块

1. 模块封装及功能描述

频率控制字模块 FZ 的封装如图 12.15 所示,其功能是按照约定顺次将第二、第三次的按键值 Key_2 和 Key_3 进行组合,Key_2 代表十位数,Key_3 代表个位数,计算组合后输出取值范围 1~99 的频率控制字,接到后面相位地址累加模块的 K 输入端。

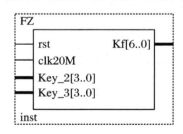

图 12.15　频率控制字模块封装图

2. 程序设计及仿真说明

VHDL 参考程序如下：

```
Library ieee;
use ieee. std_logic_1164. all;
use ieee. std_logic_arith. all;
use ieee. std_logic_unsigned. all;
entity FZ is
port(rst,clk20M:in std_logic;
     Key_2,Key_3:in std_logic_vector(3 downto 0);
     Kf:out integer range 0 to 100);     --频率控制字 Kf 定义为整数类型
```

```
end FZ;
architecture rtl of FZ is
begin
process(clk20M,Key_2,Key_3)
variable Key2_v,Key3_v:integer range 0 to 10;
Begin
if rst = '1' then Kf <=1;
elsif clk20M'event and clk20M = '1' then
Key2_v:= conv_integer(Key_2);      --Key_2 转换为整型数
Key3_v:= conv_integer(Key_3);      --Key_3 转换为整型数
Kf <=(Key2_v * 10) + (Key3_v);     --整型数可进行乘加运算
end if;
end process;
end rtl;
```

频率控制字模块仿真波形如图 12.16 所示。

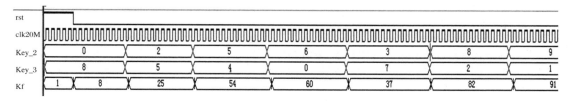

图 12.16　频率控制字模块仿真波形图

程序说明及仿真分析：

① 程序首先调用了两条 conv_integer(X)函数，将 4 位逻辑矢量转换为整型数，接着利用乘加运算完成了 Key_2 和 Key_3 的十位、个位组合，操作简便高效，但需注意，使用 conv_integer(X)函数时需调用 ieee 库的 arith 和 unsigned 程序包；

② 仿真验证正确；

③ 程序编译仿真后，通过 File 菜单中的 Create Symbol Files for Current File 命令将其创建并封装为图形文件 FZ.bsf，用以系统集成时调用。

12.3.1.6　相位地址累加器模块

1. 模块封装及功能描述

相位地址累加器模块 XW_addr 封装如图 12.17 所示，其功能是在频段标准时钟 f_c 及频率控制字 K 的控制下，通过累加计算，以 0~999 为区间，输出波形相位地址，接到后面的波形数据 ROM 地址线上进行寻址。

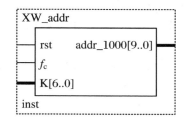

图 12.17　相位地址累加器模块封装图

2. 程序设计及仿真验证

VHDL 参考程序如下:

```
library ieee;
use ieee.std_logic_1164.all;
use ieee.std_logic_arith.all;
use ieee.std_logic_unsigned.all;
entity XW_addr IS
port(rst,fc:in std_logic;
    K:in integer range 0 to 100;
  addr_1000:out std_logic_vector(9 downto 0));
end XW_addr;
architecture bhv OF XW_addr IS
begin
process(rst,fc,K)
variable addr_v:integer range 0 to 1000;
begin
if rst = '1' then
      addr_v:= 0;
elsif fc'event and fc = '1' then
      addr_v:= addr_v + K;       --相位地址累加运算
  if addr_v >=999 then
  addr_v:= 0;
   end if;
end if;
addr_1000<=conv_std_logic_vector(addr_v,10);
end process;
end bhv;
```

相位地址累加器模块仿真波形如图 12.18 所示。

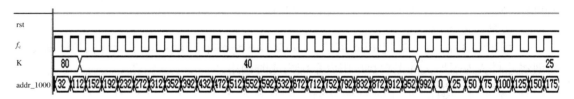

图 12.18　相位地址累加器模块仿真波形图

程序说明及仿真分析:

① 程序中用以完成相位地址累加的关键代码是 $addr\_v := addr\_v + K$,$addr\_v$ 是在进程里定义的内部变量,为整数类型,故可以直接与 K 进行累加运算,接着通过 conv_std_logic_vector(Y,n)函数,将整型数 $addr\_v$ 转换为 10 位逻辑矢量输出;

② 由仿真图可以看出,在标准时钟作用下,相位地址与不同频率控制字的累加及循环过程,验证正确;

③ 程序编译仿真后,通过 File 菜单中的 Create Symbol Files for Current File 命令将其创建并封装为图形文件 FP.bsf,用以系统集成时调用。

12.3.1.7　波形数据 ROM 模块

1. 模块封装及功能描述

本例要求产生正弦、三角和锯齿 3 种波形,故需要定制 3 个波形数据 ROM,模块封装如图 12.19 所示,SINROM 中存放有 1000 点正弦波形数据,TRIROM 中存放有 1000 点三角波形数据,SAWROM 中存放有 1000 点锯齿波形数据,3 个 ROM 各定制了 1000 个 8 bit 数据单元,寻址范围为 0~999,故地址总线宽度为 10 位。由于本方案只用了 1 个相位地址累加模块,故 3 个 ROM 的 address 总线均接到相位地址累加器的 10 位地址输出端上,具体对哪个 ROM 寻址,需要通过信号波形选择模块输出的使能信号 sin_en/tri_en/saw_en 来控制,可将其对应接到 3 个 ROM 的 clken 端上。

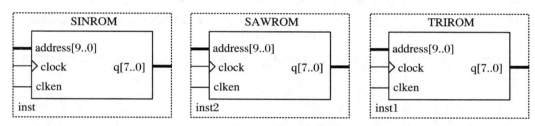

图 12.19　波形数据 ROM 模块封装图

2. 模块定制与调用

本例中,3 个波形数据 ROM 的定制、调用及仿真过程与第 7.5 节中的内容相似。篇幅所限,不再赘述。

这里需要注意有两点:一是波形 ROM 输出数据 q 总线的宽度要与后面 D/A 转换器件的位数相匹配,若选用的是 10 位 D/A 转换器件,那么输出数据总线的宽度也应扩展为 q[9..0];二是 3 个 ROM 中的波形数据各不相同,需要由相应的存储器初始化 mif 文件决定。正弦、三角、锯齿 3 种波形 1000 个数据点的 mif 文件如图 12.20 所示。

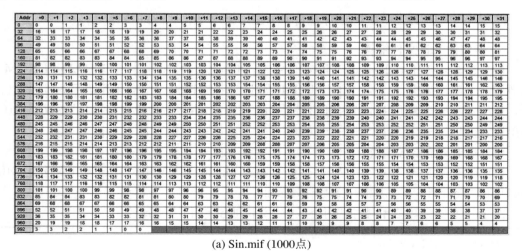

(a) Sin.mif (1000点)

图 12.20　正弦、三角、锯齿 3 种波形 1000 个数据点的 mif 文件

Addr	+0	+1	+2	+3	+4	+5	+6	+7	+8	+9	+10	+11	+12	+13	+14	+15	+16	+17	+18	+19	+20	+21	+22	+23	+24	+25	+26	+27	+28	+29	+30	+31
0	0	0	1	1	2	2	3	3	4	4	5	5	6	6	7	7	8	8	9	9	10	10	11	11	12	12	13	13	14	14	15	15
32	16	16	17	17	18	18	19	19	20	20	21	21	22	22	23	23	24	24	25	25	26	26	27	27	28	28	29	29	30	30	31	31
64	32	33	33	34	34	35	35	36	36	37	37	38	38	39	39	40	40	41	41	42	42	43	43	44	44	45	45	46	47	47	48	48
96	49	49	50	50	51	51	52	52	53	53	54	54	55	55	56	56	57	57	58	59	59	60	60	61	61	62	62	63	63	64	64	64
128	65	65	66	66	67	67	68	68	69	69	70	70	71	71	72	72	73	73	74	74	75	75	76	76	77	77	78	78	79	79	80	80
160	81	81	82	82	83	83	84	84	85	85	86	86	87	87	88	88	89	89	90	90	91	91	92	92	93	93	94	94	95	95	96	97
192	98	98	99	99	100	100	101	101	102	102	103	103	104	104	105	105	106	106	107	107	108	108	109	109	110	110	111	111	112	112	113	113
224	114	114	115	116	116	117	117	118	118	119	119	120	120	121	121	122	122	123	123	124	124	125	125	126	126	127	128	128	129	129	130	130
256	130	131	131	132	132	133	133	134	134	135	135	136	136	137	137	138	138	139	139	140	140	141	141	142	142	143	143	144	144	145	145	146
288	147	147	148	148	149	149	150	150	151	151	152	152	153	153	154	154	155	155	156	156	157	157	158	158	159	159	160	160	161	161	162	162
320	163	164	164	165	165	166	166	167	167	168	168	169	169	170	170	171	171	172	172	173	173	174	174	175	175	176	176	177	177	178	178	179
352	179	180	180	181	181	182	182	183	183	184	184	185	185	186	186	187	187	188	188	189	189	190	190	191	191	192	192	193	193	194	195	195
384	196	196	197	197	198	199	199	200	200	201	201	202	202	203	203	204	204	205	205	206	206	207	207	208	209	209	210	210	211	211	212	212
416	212	213	213	214	214	215	215	216	216	217	217	218	218	219	219	220	221	221	222	222	223	223	224	224	225	225	226	226	227	227	228	228
448	228	229	229	230	230	231	231	232	232	233	233	234	234	235	235	236	237	237	238	238	239	239	240	240	241	241	242	242	243	244	244	244
480	245	245	246	246	247	247	248	248	249	249	250	250	251	251	252	252	253	253	254	254	255	254	254	253	253	252	252	251	251	250	250	249
512	248	248	247	247	246	246	245	244	244	243	243	242	242	241	241	240	240	239	239	238	238	237	237	236	236	235	235	234	234	233	233	233
544	232	232	231	231	230	229	229	228	228	227	227	226	226	225	225	224	224	223	223	222	222	221	221	220	220	219	219	218	218	217	217	216
576	216	215	215	214	214	213	213	212	212	211	211	210	210	209	209	208	208	207	207	206	206	205	205	204	204	203	203	202	202	201	201	200
608	199	199	198	198	197	197	196	196	195	195	194	194	193	193	192	192	191	191	190	190	189	189	188	188	187	187	186	186	185	185	184	184
640	183	183	182	181	181	180	180	179	178	178	177	177	176	175	175	174	174	173	173	172	172	171	171	170	170	169	169	168	168	167	167	167
672	167	166	166	165	165	164	164	163	163	162	162	161	161	160	160	159	159	158	158	157	157	156	156	155	155	154	154	153	153	152	152	151
704	150	150	149	149	148	148	147	146	146	145	145	144	144	143	143	142	142	141	141	140	140	139	139	138	138	137	137	136	136	135	135	135
736	134	134	133	132	132	131	131	130	130	129	129	128	128	127	127	126	126	125	125	124	124	123	123	122	122	121	121	120	120	119	119	118
768	118	117	117	116	116	115	115	114	114	113	113	112	112	111	111	110	110	109	108	108	107	107	106	106	105	104	104	103	103	102		
800	101	101	100	100	99	99	98	98	97	97	96	96	95	95	94	94	93	93	92	92	91	91	90	90	89	89	88	87	87	86		
832	85	84	84	83	82	82	81	81	80	79	79	78	76	76	75	75	74	74	73	73	72	72	71	70	70	69	68	68	67	67		
864	69	68	68	67	67	66	66	65	65	64	64	63	62	61	61	60	59	59	58	57	57	56	56	55	55	54	54	53				
896	52	52	51	51	50	50	49	49	48	47	46	46	45	45	44	44	43	43	42	41	40	40	39	39	38	38	37					
928	35	35	35	34	34	33	33	32	31	31	30	30	29	29	28	27	27	26	26	25	24	24	23	22	22	21	21	20				
960	20	19	19	18	18	17	17	16	16	15	15	14	14	13	13	12	11	11	10	10	9	8	7	7	6	6	5	4	4			
992	3	3	2	2	1	1	0	0																								

(b) Tri.mif (1000点)

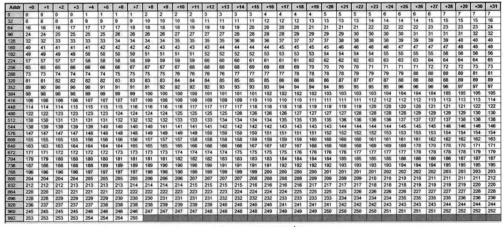

(c) Saw.mif (1000点)

图 12.20 正弦、三角、锯齿 3 种波形 1000 个数据点的 mif 文件（续）

3. 存储器 mif 文件编辑

mif（Memory Initialization File）即存储器初始化文件，可用来配置 RAM 或 ROM 中的数据。本次设计中，由于 3 个波形 ROM 数据较多（各 1000 个），若采用第 7.5 节中介绍的 mif 文件编辑方式（利用 Quartus Ⅱ 自带的 mif 编辑器，直接按地址表格填写）不仅繁琐还容易出错，这里另外介绍几种实用的小方法。

（1）基于文本格式编辑

① 打开任何一个 text 文本编辑界面，或在 Quartus Ⅱ 的 New file 窗口中选择 Other files 中的"Text file"，双击打开文本编辑界面。

② mif 文件分"头"和"数据"两个区域，按下列格式输入并编辑：

```
--mif 文件头区域(基本格式说明部分)
DEPTH = 12;     --The size of data in bits(存储器长度,即存储单元个数)
WIDTH = 8;    --The size of memory in words(数据宽度,即每个存储单元的位数)
ADDRESS_RADIX = HEX;      --The radix for address values(地址进制,HEX:16;DEC:10)
DATA_RADIX = BIN;      --The radix for data values(数据进制,BIN:2;UNS:10;HEX:16)
```

```
CONTENT      --start of (address:data pairs)
--mif 文件数据区域(地址及数据内容部分)
BEGIN
00:00000000;      --Memory address:data(存储器地址:数据)
01:00000001;
02:00000010;
03:00000011;
04:00000100;
05:00000101;
06:00000110;
07:00000111;
08:00001000;
09:00001001;
0A:00001010;
0B:00001011;
0C:00001100;
END;
```

由以上文本可以看出,mif 文件分为两个部分,一是格式说明部分:DEPTH 是地址深度,WIDTH 是字宽,而 ADDRESS_RADIX 和 DATA_RADIX 表示地址及数据的进制,通常为十六进制(HEX)、十进制(DEC)、无符号十进制(UNS)、二进制(BIN)等;二是BEGIN 与 END 之间的"XX:XXXXXXXX;"是一一对应的地址与数据,表示具体的地址单元及其数据内容。因此,要创建一个特定的 mif 文件,只需将 BEGIN 与 END 之间的这段内容按照格式要求,换成具体设计所需要的即可。

③ 将编辑好的文件另存为 XXX. mif 文件(保存在设计工程文件夹中)。

(2) 基于 C 语言编程

① 应用 C 语言编写产生 1000 个正弦波形数据点的源程序,保存编译运行后即可在指定路径文件夹中看到 Sinc. mif 文件;

```
1    # include<stdio. h>
2    # include<math. h>
3    # define PI 3.141592
4    # define DEPTH 1000      /* 数据深度,即存储单元的个数 */
5    # define WIDTH 8      /* 存储单元的宽度 */
6    int main(void)
7    {
8    int i,temp;
9    float s;
10   FILE * fp;
11   fp = fopen("Sinc. mif","w");      /* 文件名随意,但扩展名必须为.mif */
12   if(NULL == fp)
13   printf("Can not creat file!\r\n");
14   else
15   {
16   printf("File created successfully!\n");
17      /* 生成文件头:注意不要忘了";" */
18   fprintf(fp,"DEPTH = % d;\n",DEPTH);
19   fprintf(fp,"WIDTH = % d;\n",WIDTH);
20   fprintf(fp,"ADDRESS_RADIX = HEX;\n");
21   fprintf(fp,"DATA_RADIX = HEX;\n");
22   fprintf(fp,"CONTENT\n");
```

```
23   fprintf(fp,"BEGIN\n");
24      /* 以十六进制产生地址和数据 */
25   for(i = 0;i<DEPTH;i++)
26   {
27      /* 周期为 1000 个点的正弦波 */
28   s = sin(PI * i/500);
29      /* 将 - 1~1 的正弦波的值扩展到 0~255 */
30   temp = (int)((s + 1) * 255/2);
31      /* 以十六进制输出地址和数据 */
32   fprintf(fp," % x\t:\t % x;\n",i,temp);
33   }
34   fprintf(fp,"END;\n");
35   fclose(fp);
36   }
37   }
```

② 用记事本打开生成的 Sinc. mif 文件进行格式检查,然后在 Quartus Ⅱ 上选择打开 Sinc. mif 文件,若能成功导入且数据一致,则说明创建成功,验证正确。

(3) 基于 MATLAB 平台

① 应用 M 文件编写产生 1000 个正弦波形数据点的源代码,保存编译运行后即可在指定路径文件夹中看到 Sinm. mif 文件;

```
1    clc;
2    clear;
3    depth = 1000;       % 存储器深度为 1000
4    widths = 8;        % 数据位宽度为 8
5    N = 0:999;         % 一个周期正弦波抽样 1000 个点
6    s = sin(2 * pi * N/1000);       % 计算 0~2 * pi 之间的 sin 值
7    qqq = fopen('sinm.mif','wt');        % 使用 fopen 函数生成 sinm.mif 文件
8    fprintf(qqq,'depth = % d;\n',depth);       % 使用 fprintf 打印 depth = 1000
9    fprintf(qqq,'width = % d;\n',widths);        % 使用 fprintf 打印 width = 8
10   fprintf(qqq'address_radix = UNS;\n');        % 使用 fprintf 打印 address_radix = UNS;
11   fprintf(qqq,'data_radix = UNS;\n');       % 使用 fprintf 打印 data_radix = UNS
12   fprintf(qqq,'content begin\n');        % 使用 fprintf 打印 content begin
13   for(x = 1:depth)       % 产生正弦数据
14   fprintf(qqq,'% d: % d;\n',x - 1,round(127 * sin(2 * pi * (x - 1)/1000) + 127));
15   end
16   fprintf(qqq,'end;');       % 使用 fprintf 打印 end
17   fclose(qqq);
```

② 用记事本打开生成的 Sinm. mif 文件进行格式检查,然后在 Quartus Ⅱ 上选择打开 Sinm. mif 文件,若能成功导入且数据一致,则说明创建成功,验证正确。

12.3.1.8　输出信号波形选择模块

1. 模块封装及功能描述

如方案所述,由波形 ROM 产生的 3 组波形数据都接到了输出信号波形选择模块上,而具体输出哪路波形数据,则根据相应的波形输出使能信号决定。输出信号波形选择模块封装如图 12.21 所示。

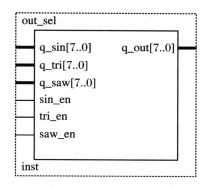

图 12.21　输出信号波形选择模块封装图

2. 程序设计及仿真验证

VHDL 参考程序如下：

```
library ieee;
use ieee.std_logic_1164.all;entity out_sel is
port(q_sin,q_tri,q_saw:in std_logic_vector(7 downto 0);
     sin_en,tri_en,saw_en:in std_logic;
     q_out:out std_logic_vector(7 downto 0));
end out_sel;
architecture rtl of out_sel is
signal sel:std_logic_vector(2 downto 0);
begin
sel<=(sin_en & tri_en & saw_en);
process(sel,q_sin,q_tri,q_saw)
Begin
case sel is
when "100"=>q_out<=q_sin;
when "010"=>q_out<=q_tri;
when "001"=>q_out<=q_saw;
when others=>q_out<="ZZZZZZZZ";
end case;
end process;
end rtl;
```

输出信号波形选择模块仿真波形如图 12.22 所示。

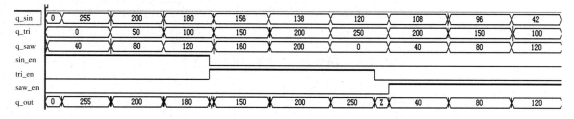

图 12.22　输出信号波形选择模块仿真波形图

程序说明及仿真分析：

① 程序结构较为简单，应用 1 条 case 语句完成选择并相应输出；

② 通过定义内部信号 sel 将 3 路使能信号进行并置处理，提高代码效率；

③ 仿真验证正确；

④ 程序编译仿真后，通过 File 菜单中的 Create Symbol Files for Current File 命令将其创建并封装为图形文件 out_sel.bsf，用以系统集成时调用。

12.3.2 顶层系统设计

12.3.2.1 顶层系统集成

在原理图输入方式下，调用各功能模块封装图形文件，按设计方案连接，构建顶层信号发生系统电路，如图 12.23 所示，其中 clk 为 20 MHz 系统时钟，RST 为复位信号，相关参数设置由 4×4 矩阵键盘按键输入，通过键盘列线信号 kbrow 采样。

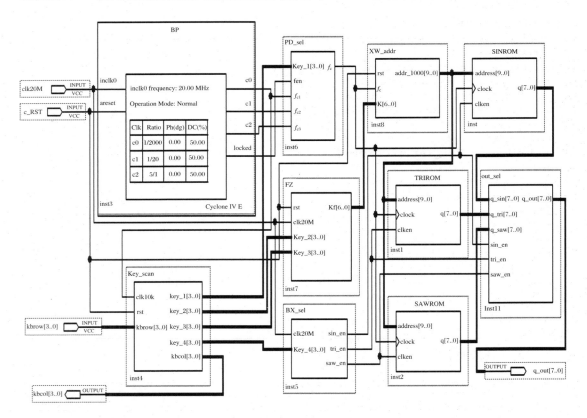

图 12.23　DDS 信号发生系统顶层电路图

12.3.2.2 单元电路测试

受高速 D/A 转换等硬件电路实验条件限制，本案例借助 Quartus Ⅱ 开发环境中的嵌入式逻辑分析仪 SignalTap Ⅱ 进行了波形产生单元的下载测试，不同频段下产生的 3 种波形如图 12.24 所示。

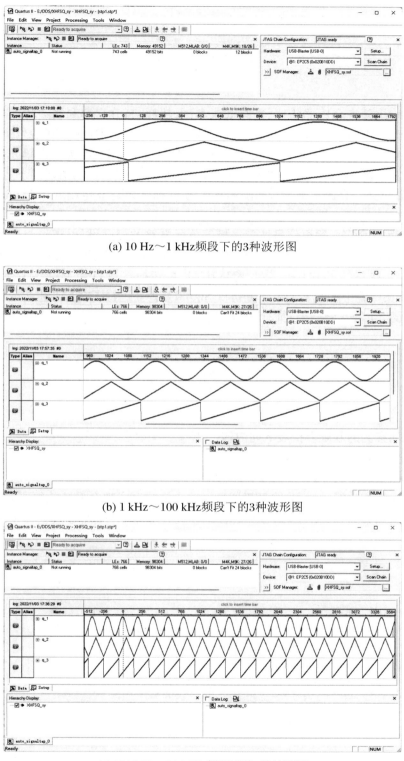

(a) 10 Hz～1 kHz频段下的3种波形图

(b) 1 kHz～100 kHz频段下的3种波形图

(c) 100 kHz～10 MHz频段下的3种波形图

图 12.24　不同频段下产生的 3 种波形图

章 末 小 结

　　DDS 与传统频率合成器相比,具有低成本、低功耗、高分辨率和快速转换时间等优点,被广泛应用于数字化电子仪器设计领域。本案例首先介绍了 DDS 及其信号产生原理。接着,依据 EDA 技术自顶向下的层次化、模块化设计理念,以 FPGA 为主控单元,给出了基于 DDS 的信号发生器系统设计方案及其单元电路组成结构框图,并详细说明了各单元模块的作用及其设计思路。在此基础上,应用 VHDL 硬件描述语言或定制调用宏功能模块,进行了标准频率产生、键值扫描参数设置、信号波形选择、信号频段选择、频率控制字、相位地址累加器、波形数据 ROM、输出信号波形选择等单元电路的程序设计、模块封装与仿真分析。最后,在原理图输入方式下,调用底层各功能模块封装图形文件,按照设计方案连接,构建了 DDS 信号发生器系统的顶层电路。受高速 D/A 转换等硬件电路实验条件限制,借助 Quartus Ⅱ 开发环境中的嵌入式逻辑分析仪 SignalTap Ⅱ 进行了波形产生单元的下载测试,通过 3 种波形产生的实验结果对设计方案进行了验证。

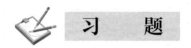 习　　题

　　1. 在实训案例的基础上扩展下列内容:
　　① 提高输出波形精度,波形数据用 10 位二进制数表示;
　　② 增加扫频输出功能,在 1 kHz～100 kHz 频段以 1 kHz 增量自动扫频输出;
　　③ 修改或添加功能模块,最终基于原理图输入方式完成整个系统的顶层设计。
　　2. 参考实训案例,试应用 Verilog 语言编程设计一个 DDS 信号发生器系统,并进行仿真验证。

第 13 章　集成数字系统实训 6——简易存储示波器设计

示波器是现代工业生产、测控与科研领域中最重要的测量仪器,也是我们进行电子系统设计与开发过程中不可或缺的重要工具。数字存储式示波器在捕获单次非重复信号、避免低频信号虚化闪烁、可触发回放、反向寻迹等方面,都显示出了模拟示波器无可比拟的优势。本章以大规模可编程逻辑芯片 FPGA 为时序控制器,设计一个简易存储示波器,使其能在采样触发信号的作用下,实现被测低频信号的 A/D 采样、RAM 存储以及信号波形的回放。

13.1　设计任务及原理说明

13.1.1　设计任务

设计一个简易存储示波器,主要参数如下:

(1) 垂直方向

垂直刻度为 8 div,分辨率为 32 级/div。

(2) 水平方向

水平刻度为 10 div,分辨率为 20 点/div。

(3) 垂直灵敏度

0.1 V/div、1 V/div 两挡。

(4) 水平灵敏度

0.4 s/div、0.4 ms/div、40 μs/div 三挡。

(5) 被测信号频率范围

DC~1000 Hz。

(6) 显示方式

借助模拟示波器荧光屏显示。

13.1.2　简易存储示波器结构原理

13.1.2.1　结构组成

简易存储示波器由前向信号调理、A/D 转换采样、数据存储 RAM、Y 轴向输出、X 轴向扫描、波形数据 D/A 转换、扫描信号 D/A 转换、系统时序控制等几大模块组成,如图 13.1 所示。

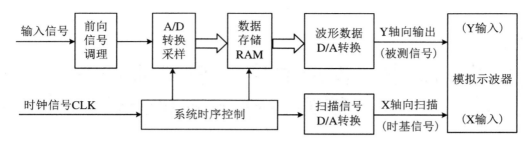

图 13.1　简易存储示波器系统结构组成

13.1.2.2　工作原理

在图 13.1 中,被测信号经前向信号调理电路程控放大处理后,先将信号的幅度调节在合适的范围内,在触发信号及系统时序的控制下,按一定的采样频率及时长对调理后的模拟信号进行 A/D 转换,并依次存入 RAM,完成信号的不失真存储。然后在系统时序的控制下,再以合适的频率把这些数据从 RAM 存储器中按原顺序取出,经 Y 轴向 D/A 转化后接到模拟示波器的 Y 输入端;同时,X 轴向的锯齿波扫描信号经 D/A 转化后接到模拟示波器的 X 输入端,这样就可以借助模拟示波器的荧光屏观察到稳定的被测信号波形了。

由分析可以看出,整个存储示波器系统涉及前端模拟电路、A/D 和 D/A 混合电路及FPGA 数控部分,下面的设计方案仅涉及 FPGA 数控部分,而前向信号调理及垂直灵敏度调节电路部分可参考模拟系统设计的相关资料,不在本章讨论。

13.2　设　计　方　案

根据设计任务,基于 FPGA 的存储示波器数控系统设计方案如图 13.2 所示。

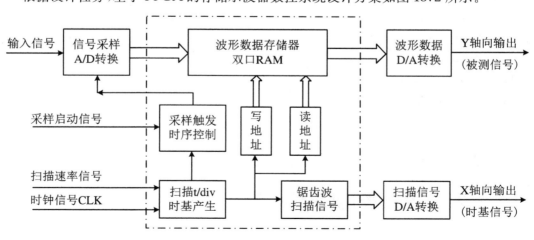

图 13.2　存储示波器数控系统设计方案

由图 13.2 可以看出,整个数控系统主要由采样触发与 A/D 转换控制、数据存储控制、扫描信号产生及速度控制、Y 轴向输出控制、X 轴向输出控制等单元电路组成,各模块功能及作用分析如下：

1. 采样触发与 A/D 转换控制单元

被测信号经前向模拟通道调理为合适的幅度值后接到 A/D 转换电路的输入端；A/D 转换芯片的选择需要综合考虑采样频率、转换时间、数据位数等因素。本例要求垂直显示刻度为 8 div、分辨率为 32 级/div，表示垂直轴向满屏显示需 256 点，即 8 位数据宽度；而被测信号频率范围为 DC～1000 Hz，采样频率大于 10 kHz 即可满足要求。这里选择了大家较为熟悉的 8 位逐次比较型 ADC0809 芯片，最快转换时间为 100 μs；采样触发信号由按键产生，接到 A/D 转换控制模块的 RST 端口，高电平触发时对 ADC0809 进行初始化，然后按照其工作时序，通过状态机编程控制完成信号的采样与转换。

2. 数据存储控制单元

ADC0809 转换输出的 8 位数据需要在写地址总线的控制下，按序写入双口 RAM 存储，本例要求水平显示刻度为 10 div、分辨率为 20 点/div，表示 X 轴向扫描需要 200 点，故双口 RAM 存储深度也定制为 200，寻址范围从 0～199，8 位地址总线。将 ADC0809 的转换结束信号 EOC(或与之对应的数据锁存信号)作为地址累加器时钟，则可有序控制 8 位转换数据依次写入双口 RAM 进行存储，当 200 个存储单元写满时，就完成了一个写入循环。

3. 扫描信号产生及速度控制单元

扫描速度 t/div 控制与水平灵敏度指标相关，实际上是一个时基信号分频器，用于控制 A/D 转换速率以及存储器的写入/读出速度；根据 t/div 控制选择产生的时基信号，一方面可使 A/D 转换按照设定的转换速率对输入信号进行采集转换；另一方面用来控制读/写地址计数器，以选择 RAM 中对应的存储单元。各挡时基信号频率推算公式为

$$f = \frac{N}{\mathrm{t/div}} \tag{13.1}$$

式中，N 表示水平轴上每格取样点数，即水平分辨率，本例中为 20 点/div；t/div 表示水平灵敏度，本例中有 0.4 s/div、0.4 ms/div、40 μs/div 三个挡，推算得出三个挡的时基信号频率分别为 50 Hz、50 kHz、500 kHz，可通过偶数分频编程实现。

需要说明的是，高速 A/D 采样时钟频率需要根据扫描速度 t/div 控制切换，而 ADC0809 在 500 kHz 时钟频率下的转换时间约为 125 μs，一般无需改变！

4. Y 轴向输出控制单元

数字存储示波器显示的波形就是触发采样后存储的数据，即在完成一帧信号的数据采集与存储后，再按照一定的回放速度通过控制存储器的地址依次将数据读出，经 D/A 转换还原为模拟量，作为 Y 轴向输出加在 CRT 垂直通道上。波形数据的回放速度由扫描速度 t/div 决定，而与之相应的时基信号则作为读地址累加器的时钟信号。

5. X 轴向输出控制单元

根据模拟示波器显示原理可知，加在 CRT 垂直通道上的 Y 轴模拟电压信号必须配合锯齿波水平扫描信号，才能将输出波形稳定地展开显示在 CRT 上。200 个点的锯齿波采用数字化方式产生，其实就是一个从 0～199 的加计数器，计数结果经 D/A 转换为锯齿波电压信号后，作为 X 轴向输出加在 CRT 水平通道上。计数时钟频率与扫描速度 t/div 有关，也就是与之相应的时基信号！

综上所述，输出显示过程可描述为：根据被测信号频率选择扫描速度 t/div 后，一方面，读地址计数器在对应的时基信号驱动下，产生连续的地址依次将存储器中的 200 个波形数据取出，经 D/A 转换后将模拟电压信号送至 CRT 的 Y 轴；另一方面，以该时基信号作为 0～199 加计数器的计数时钟产生锯齿波，经另一 D/A 转换后送至 CRT 的 X 轴作为同步扫描信号。这样，在 CRT 屏幕上便能稳定显示出模拟信号波形了。

其实，200 点的 RAM 读地址累加器就是从 0～199 的加计数器，即锯齿波发生器，如图 13.3 所示。

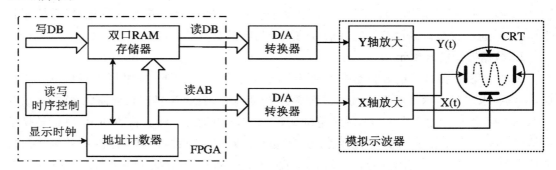

图 13.3 存储示波器输出显示控制电路

由于 X(t) 和 T(t) 信号都来源于同一地址发生器，因而在显示屏上可以看到较为稳定的回放波形。

13.3　设计实现

根据系统方案框图，采用 EDA 自顶向下的层次化设计理念，应用 VHDL 逻辑建模与宏模块的定制调用，进行示波器各个功能单元的设计与仿真，最后通过对底层模块的调用与连接，基于原理图输入方式完成顶层系统集成。

13.3.1　各功能单元设计

13.3.1.1　A/D 转换芯片及其控制

1. ADC0809 芯片简介

ADC0809 是美国国家半导体公司的 8 通道、8 位逐次逼近式 A/D 模数转换器，可根据地址码选通其中一路信号进行 A/D 转换。芯片由单 5 V 电源供电，模拟输入电压范围为 0～5 V，最快转换时间为 100 μs。芯片双列直插封装，引脚封装及内部结构如图 13.4 所示，引脚功能见表 13.1。

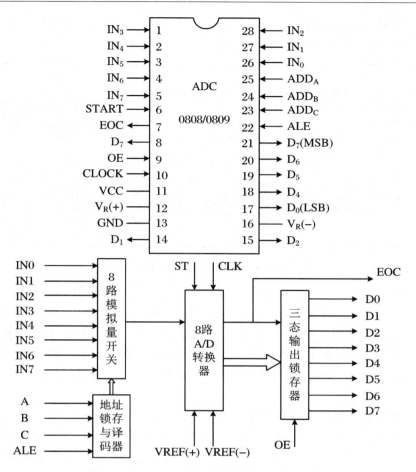

图 13.4　ADC0809 芯片引脚封装及内部结构

表 13.1　ADC0809 芯片引脚功能

引脚	功能
IN0～IN7	8 路模拟信号输入端
ADDA～ADDC	地址码选择输入端
ALE	地址锁存信号输入端
START	转换启动信号输入端
D0～D7	8 位转换数据输出端
OE	8 位数据输出允许信号输入端
CLOCK	A/D 转换时钟信号输入端
EOC	数据转换结束信号输出端,高有效
VCC	5 V 电源供电端
GND	接地端
Vref +	参考电压输入端,接 5 V
Vref −	参考电压输入端,接 GND

2. ADC0809 芯片工作时序

ADC0809 芯片工作时序如图 13.5 所示。

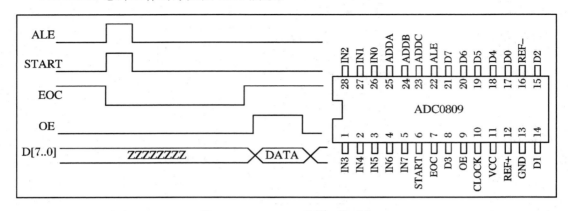

图 13.5　ADC0809 芯片工作时序

ADC0809 芯片工作过程如下:首先由 ADDA～ADDC 输入的地址码确定信号采集通道,当 ALE 的上升沿到来时,锁存当前通道地址并选通该路信号送入 A/D 转换器;当转换启动信号 START 的上升沿到来时,复位 A/D 数据寄存器。然后启动 A/D 转换,同时 EOC 变为低电平,表示转换正在进行中。当一次 A/D 转换完成时,EOC 变为高电平,并将转换结果存入 8 位数据寄存器中。当检测到输出允许信号 OE 为高电平时,输出三态门打开,转换结果输出到 8 位数据总线上。

3. ADC0809 芯片采样及转换控制

由 ADC0809 芯片的工作时序可以看出,其地址锁存信号 ALE、转换启动信号 START 和输出允许信号 OE 决定了一次 A/D 转换的工作过程,所以 A/D 采样及转换控制模块的作用就是按照其工作时序产生这 3 个对应的控制信号。采样及转换控制模块的封装如图 13.6 所示。

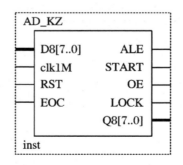

图 13.6　采样及转换控制模块封装图

采样及转换控制模块输入部分:clk1M 为 1 MHz 时钟信号;RST 为初始化启动信号,外接一触发按钮;D8 为转换数据输入端,连接 ADC0809 芯片的 8 个数据端 D7～D0;EOC 是 ADC0809 芯片的转换结束信号,由低变高表示完成一次 A/D 转换过程。

采样及转换控制模块输出部分:Q8 为转换数据输出端,接后面的双口 ROM 写数据输入端;LOCK 为数据锁存信号,同时也可作为双口 ROM 写地址累加器的时钟;而 ALE、START、OE 则分别与 ADC0809 芯片的通道地址锁存端、转换启动信号端、数据输出允许端相连接,如图 13.7 所示。

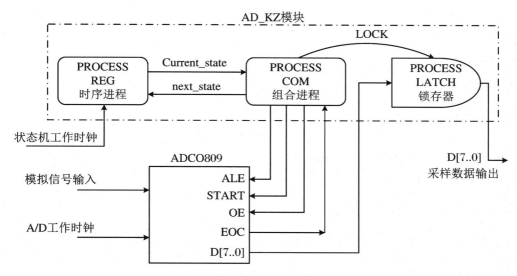

图 13.7　采样控制模块与 ADC0809 芯片连接图

采样及转换控制模块按照 ADC0809 芯片的工作时序以状态机方式编程设计,采样转换状态机控制过程如图 13.8 所示。

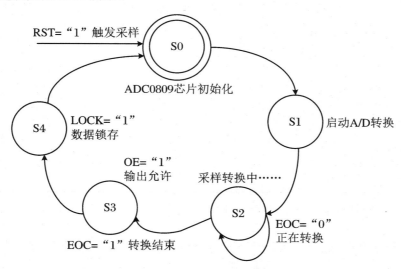

图 13.8　采样转换状态机控制过程

4. 程序设计及仿真验证

VHDL 参考程序如下:

```
library ieee;
use ieee.std_logic_1164.all;
entity AD_KZ is
port(D8:in std_logic_vector(7downto 0);
clk1M,RST,EOC:in std_logic;
ALE,START,OE,LOCK:out std_logic;
```

```
Q8:out std_logic_vector(7 downto 0));
end AD_KZ;
architecture behav of AD_KZ is
type states is(s0,s1,s2,s3,s4);
signal cur_state,next_state:states:= s0;
signal reg:std_logic_vector(7 downto 0);
signal lock_s:std_logic;
begin
LOCK<=lock_s;
P1:process(cur_state,EOC)
begin
case cur_state is      --ADC0809 采样转换状态机
when s0 => ALE<='0';START<='0';OE<='0';lock_s<='0';next_state<=s1;
when s1 => ALE<='1';START<='1';OE<='0';lock_s<='0';next_state<=s2;
when s2 => ALE<='0';START<='0';OE<='0';lock_s<='0';
     if (EOC='1') then next_state<=s3;
     else next_state<=s2;end if;
when s3 => ALE<='0';START<='0';OE<='1';lock_s<='0';next_state<=s4;
when s4 => ALE<='0';START<='0';OE<='1';lock_s<='1';next_state<=s0;
when others => ALE<='0';START<='0';OE<='0';lock_s<='0';next_state<=s0;
end case;
end process P1;
P2:process (clk1M,RST)
begin
if RST='1' then cur_state<=s0;
elsif clk1M'event and clk1M='1'
then cur_state<=next_state;
end if;
end process P2;
P3:process (lock_s)
begin
if lock_s'event and lock_s='1'      --转换结束,锁存采样值
then reg<=D8;
end if;
end process P3;
Q8<=reg;      --采样数据输出
end behav;
```

A/D 采样及转换控制模块仿真波形如图 13.9 所示。

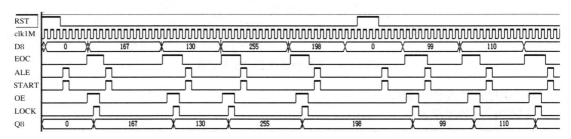

图 13.9　A/D 采样及转换控制模块仿真波形图

程序说明及仿真分析：

① 程序在构造体元素说明区自定义了 1 个 states 数据类型，s0～s4 共 5 种取值，接着应用 case 语句，按照 ADC0809 的工作时序以状态机编程方式，依序进行数据采样。

② 仿真分析：当采样触发键按下，RST 为高，进入 s0 状态启动 ADC0809 初始化，ALE、START 为"0"并转入 s1。在 s1 状态下，ALE、START 跳变为"1"并转入 s2；在 s2 状态下，ALE、START 重新回"0"，同时不断检测 EOC 的状态，EOC 为"1"时转入 s3；在 s3 状态下，输出允许信号 OE 跳变为"1"并转入 s4；在 s4 状态下，数据锁存信号 LOCK 跳变为"1"，锁存当前 D8 上的输入数据 167 并输出到 Q8 上。接着，在完成一次 A/D 采样转换后，重新回到 s0 状态，开始下一个采样循环，依次输出转换的数据 130、255、198，而 RST 信号则可触发启动新一轮采样。

③ 程序编译仿真后，通过 File 菜单中的 Create Symbol Files for Current File 命令将其创建并封装为图形文件 AD_KZ.bsf，用以系统集成时调用。

13.3.1.2　数据 RAM 及其控制

1. RAM 模块及功能描述

根据系统方案，采样及转换控制模块 AD_KZ 的输出数据 Q8 应在锁存信号 LOCK 的控制下，按序写入 RAM 进行存储；当 200 个存储单元写满，完成一帧信号的数据采集与存储后，再按照一定的读取速度从存储器中将数据依次读出；双口 RAM 模块封装如图 13.10 所示。

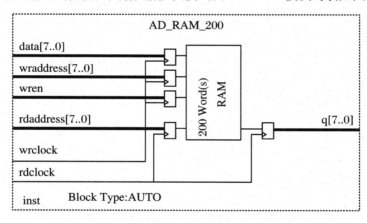

图 13.10　双口 RAM 模块封装图

由图 13.10 可以看出，存储器模块 AD_RAM_200 的写入端口包括写时钟 wrclock、写使能 wren、写地址 wraddress 以及写入数据 data。读出端口包括读时钟 rdclock、读地址 rdaddress 及读出数据 q。写使能 wren 为"1"时，进行数据写入存储操作，否则，进行数据读出回放操作。

2. RAM 模块定制与调用

本例中，数据存储器双口 RAM 的定制、调用及仿真过程与第 7.4 节中的介绍基本类同，只是由于数据读出速度要与扫描速度 t/div 相对应，所以写时钟 wrclock 与读时钟 rdclock 不能再共用一个，需要定制 2 路独立的读/写时钟。篇幅所限，不再赘述。

AD_RAM_200 模块的写入数据 data 来自 A/D 转换结果，直接与 AD_KZ 模块的 Q8 端相连，而其他输入端，包括读/写时钟、读/写地址以及读/写使能等，则要与其控制模块 RAM_KZ 对应的输出端相连接。

3. RAM 模块写存与读取控制

双口 RAM 的数据写存与读取控制是存储示波器设计的关键，根据前述方案，RAM_

KZ 模块的主要功能是:结合 ADC0809 芯片的工作时序,提供双口 RAM 的读/写时钟、读/写地址以及读/写使能信号。RAM 读/写控制模块封装如图 13.11 所示。

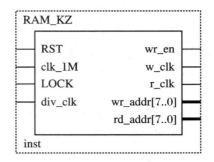

图 13.11　RAM 读/写控制模块封装图

在图 13.11 中,RST 端外接采样触发按钮,在启动 A/D 转换的同时,使能采样并进入数据写存阶段,RST 按下弹起后,写使能信号 wr_en 为"1",来自 AD_KZ 模块的锁存信号 LOCK 作为写时钟 w_clk 进行地址累加,并由 wr_addr 端输出,与 RAM 的写地址总线相连。当存储单元满 200 时,wr_en 由"1"变为"0",表示采样周期结束,进入数据读取阶段:以当前扫描速度 t/div 对应的时基信号 div_clk 为读时钟 r_clk 进行地址累加,并由 rd_addr 端输出,与 RAM 读地址总线相连。当 rd_addr 大于 199 时复位为"0",即重新从"0"开始按序读取数据,周而复始。只有重新触发 RST,才能重启新一轮 A/D 采样、数据存储与循环回放过程,刷新波形显示。

4. 程序设计及仿真验证

VHDL 参考程序如下:

```
library ieee;
use ieee. std_logic_1164. all;          --调用常用程序包
use ieee. std_logic_unsigned. all;
use ieee. std_logic_arith. all;
entity RAM_KZ is          --定义实体
port(RST,clk_1M,LOCK,div_clk:in std_logic;          --1 MHz 时钟等输入端口
wr_en,w_clk,r_clk:out std_logic;          --读/写时钟与使能输出
wr_addr,rd_addr:out std_logic_vector(7 downto 0));          --读/写地址输出
end RAM_KZ;
architecture bhv of RAM_KZ is
signal w_en,r_en:std_logic;          --定义读/写使能内部信号
signal w_addr,r_addr:integer range 0 to 200;
begin
w_clk<=LOCK;
r_clk<=div_clk;
P1:process(RST,clk_1M,w_addr)          --读/写使能控制
begin
if RST = '1' then w_en<='0';r_en<='0';          --RST 按下时初始化
elsif clk_1M'event and clk_1M = '1' then          --按键释放时写使能
if r_en = '0' then w_en<='1';
end if;
end if;
if w_addr >=200 then w_en<='0';r_en<='1';          --写满 200 时读使能
end if;
end process p1;
```

```
P2：process(w_en,LOCK)      --写地址控制
begin
if w_en = '0' then w_addr <= 0；
elsif LOCK'event and LOCK = '0' then
w_addr <= w_addr + 1；      --LOCK 驱动写地址累加
end if；
end process p2；
P3：process(r_en,div_clk)    --读地址控制
begin
if r_en = '0' then r_addr <= 0；
elsif div_clk'event and div_clk = '1' then
if r_addr >= 199 then r_addr <= 0；
else r_addr <= r_addr + 1；    --div_clk 驱动读地址累加
end if；
end if；
end process p3；
wr_en <= w_en；
wr_addr <= conv_std_logic_vector(w_addr,8)；      --写地址以 8 位总线输出
rd_addr <= conv_std_logic_vector(r_addr,8)；      --读地址以 8 位总线输出
end bhv；
```

RAM 读写控制模块仿真波形如图 13.12 所示。

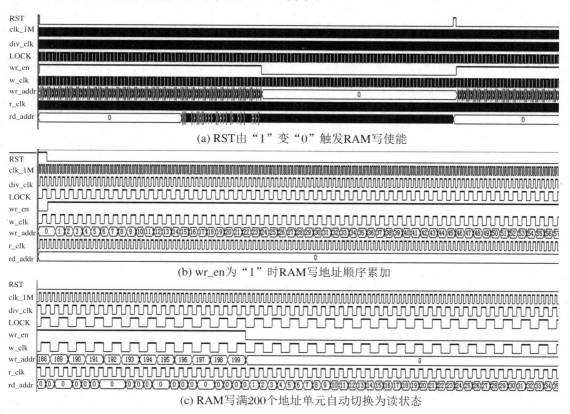

(a) RST 由"1"变"0"触发 RAM 写使能

(b) wr_en 为"1"时 RAM 写地址顺序累加

(c) RAM 写满 200 个地址单元自动切换为读状态

图 13.12　RAM 读写控制模块仿真波形图

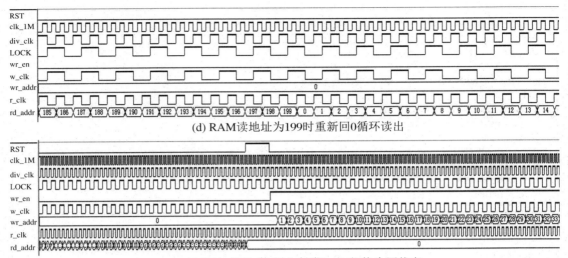

(d) RAM读地址为199时重新回0循环读出

(e) RST由"1"变"0"触发RAM切换为写状态

图 13.12　RAM 读写控制模块仿真波形图(续)

程序说明及仿真分析:

① 程序中主要端口的定义以及关键代码可参见注释。

② 程序构造体中包括 3 个进程,既分工明确,又相互关联。

P1 进程:完成读写过程切换,通过按下采样触发键 RST,在启动 A/D 转换的同时也对 ROM_KZ 进行初始化,首先使 w_en<='1',进行使能写操作,存满 200 个数据后 w_en<='0', r_en<='1',切换为使能读操作;

P2 进程:完成写地址输出,当 w_en 为"1"时,在 A/D 转换锁存信号 LOCK 的驱动下进行写地址累加,当 w_en 为"0"时,写地址回"0",等待下一次 RST 的触发;

P3 进程:完成读地址输出,当 r_en 为"1"时,在水平扫描时基信号 div_clk 的驱动下进行读地址累加,200 个数据读出后,回到首地址"0",循环读出过程,周而复始。

③ 由图 13.12(a)可以看出,触发按键 RST 对读/写使能的切换控制作用。

④ 由图 13.12(b)可以看出,当 wr_en 为"1"时,写地址 wr_addr 在 LOCK 驱动下的累加过程。

⑤ 由图 13.12(c)可以看出,当写地址 wr_addr = 199 时,wr_en 由"1"变为"0",表示存满 200 个数据后自动切换为读数据状态。

⑥ 由图 13.12(d)可以看出,wr_en 为"0"读数据期间,当读地址 rd_addr = 199 时,回到首地址"0"并重复循环读出数据。

⑦ 由图 13.12(e)可以看出,循环读出数据的过程周而复始,只有重新按下采样触发键 RST,才能开始新一轮的 A/D 转换与存储回放。

⑧ 程序编译仿真后,通过 File 菜单中的 Create Symbol Files for Current File 命令将其创建并封装为图形文件 RAM_KZ.bsf,用以系统集成时调用。

13.3.1.3　扫描信号产生及速度控制

1. 模块封装及功能描述

如前所述,X 轴水平扫描信号其实就是周而复始的锯齿波信号,而扫描速度由产生锯齿波的时基信号频率决定,所以扫描速度 t/div 控制其实就是时基信号的分频控制。根据本例的水平分辨率和灵敏度指标要求,只要内部分频产生 50 Hz、50 kHz、500 kHz 3 个时基信号,并在扫描速度 t/div 的控制下,从 div_clk 端口对应输出即可。扫描及控制模块封装如图 13.13 所示。

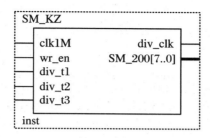

图 13.13　扫描及控制模块封装图

在图 13.13 中,div_t1、div_t2、div_t3 外接 3 个开关,分别对应 0.4 s/div、0.4 ms/div、40 μs/div 三挡扫描速度,高电平有效。clk1M 为 1 MHz 时钟输入信号,而 wr_en 端则直接连到 RAM_KZ 模块的写使能输出端上。div_clk 输出受扫描速度控制,当 div_t1 为"1"时,div_clk 输出 50 Hz 时基信号;当 div_t2 为"1"时,div_clk 输出 50 kHz 时基信号;当 div_t3 为"1"时,div_clk 输出 500 kHz 时基信号。锯齿波扫描信号从 SM_200 端输出,其实质就是一个以当前扫描速度 t/div 所对应的时基信号为计数脉冲的加计数器,计数范围从 0～199,当 wr_en 为"0",即读 RAM 数据期间,循环计数,周而复始,产生 X 轴水平扫描信号。

需要说明的是,这个锯齿波扫描信号也可以直接利用 200 点 RAM_KZ 模块读地址累加器的输出端 rd_addr 产生,这里为配合系统结构方案将其放在 SM_KZ 模块中。

2．程序设计及仿真验证

VHDL 参考程序如下:

```
library ieee;
use ieee.std_logic_1164.all;        --调用常用程序包
use ieee.std_logic_unsigned.all;
use ieee.std_logic_arith.all;
entity SM_KZ is
port(clk1M,wr_en:in std_logic;
     div_t1,div_t2,div_t3:in std_logic;        --3 档扫描速度输入
     div_clk:out std_logic;        --对应时基信号输出
     SM_200:out std_logic_vector(7 downto 0));        --对应扫描信号输出
end SM_KZ;
architecture bhv of SM_KZ is
signal clk50,clk50k,clk500k,divclk:std_logic;
signal div_3:std_logic_vector(2 downto 0);
signal SM200:integer range 0 to 200;
begin
div_3<=div_t1 & div_t2 & div_t3;
p1:process(clk1M)    --分频产生 3 个时基信号
  variable cnt1:integer range 0 to 9999;
  variable cnt2:integer range 0 to 9;
begin
if clk1M'event and clk1M='1' then
  if cnt1>=9999 then cnt1:=0;clk50<=not clk50;        --50 Hz 时基信号
```

```
    else cnt1 := cnt1 + 1; end if;
    if cnt2 >= 9 then cnt2 := 0; clk50k <= not clk50k;        --50 kHz 时基信号
    else cnt2 := cnt2 + 1; end if;
    clk500k <= not clk500k;        --500 kHz 时基信号
end if;
end process p1;
p2: process(clk50, clk50k, clk500k)        --控制输出 3 个时基信号
begin
case div_3 is
when "100" => divclk <= clk50;        --div_t1 为 1 输出 50 Hz 时基信号
when "010" => divclk <= clk50k;        --div_t2 为 1 输出 50 kHz 时基信号
when "001" => divclk <= clk500k;        --div_t3 为 1 输出 500 kHz 时基信号
when others => divclk <= 'Z';
end case;
end process p2;
p3: process(wr_en, divclk)        --产生扫描输出信号
begin
if wr_en = '1' then SM200 <= 0;
elsif divclk'event and divclk = '1' then
if SM200 >= 199 then SM200 <= 0;
else SM200 <= SM200 + 1;        --divclk 驱动计数累加
end if;
end if;
end process p3;
div_clk <= divclk;
SM_200 <= conv_std_logic_vector(SM200, 8);        --转换为 8 位逻辑矢量
end bhv;
```

扫描及控制模块仿真波形如图 13.14 所示。

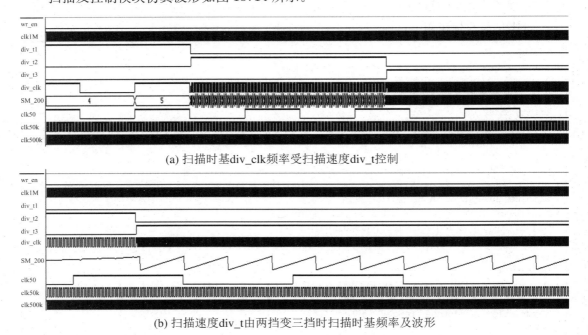

(a) 扫描时基 div_clk 频率受扫描速度 div_t 控制

(b) 扫描速度 div_t 由两挡变三挡时扫描时基频率及波形

图 13.14　扫描及控制模块仿真波形图

程序说明及仿真分析：

① 程序中主要端口定义以及关键代码可参见注释。

② 程序构造体中包括 3 个进程：

P1 进程：对 clk1M 分频产生 3 个对应频率的时基信号；

P2 进程：根据扫描速度的设置选择输出相应的时基信号；

P3 进程：以当前扫描速度对应的时基信号为计数脉冲，在读 RAM 数据期间重复进行模 200 的加计数，产生锯齿波扫描信号。

③ 由图 13.14(a)可以看出，在扫描速度 t/div 的控制下，输出时基信号 div_clk 频率的变化波形。

④ 由图 13.14(b)可以看出，在扫描速度从较低 div_t2 变为较高 div_t3 时，div_clk 频率随之改变，同时以当前的 500 kHz 时基产生并输出锯齿波扫描信号。

⑤ 程序编译仿真后，通过 File 菜单中的 Create Symbol Files for Current File 命令将其创建并封装为图形文件 RAM_KZ.bsf，用以系统集成时调用。

13.3.2　顶层系统设计

13.3.2.1　顶层系统集成

在原理图输入方式下，调用各功能模块封装图形文件，按设计方案连接，构建顶层系统电路，如图 13.15 所示。

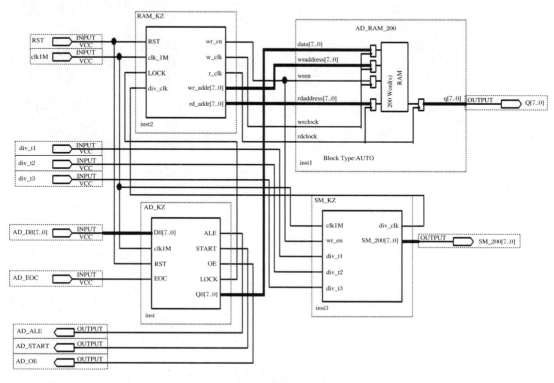

图 13.15　存储示波器数控系统顶层电路图

其中 clk1M 为输入时钟,RST 为采样启动按键信号,div_t1、div_t2、div_t3 为 3 个扫描速度设置开关。与 ADC0809 有关的端口包括:AD_D8 为其转换输出数据,AD_EOC 为其转换结束信号,AD_ALE、AD_START 和 AD_OE 是控制 ADC0809 采样转换的时序信号,需接到 ADC0809 芯片对应的输入端上。顶层电路的一个输出端 Q[7..0] 是 RAM 回读数据,经 8 位 D/A 转换后可加在模拟示波器的 Y 轴通道上;另一个输出端 SM_200[7..0] 是扫描信号,经 8 位 D/A 转换后可加在模拟示波器的 X 轴通道上。

13.3.2.2　单元电路测试

受模拟示波器、D/A 转换器等硬件电路实验条件限制,本案例借助 Quartus Ⅱ 开发环境中的嵌入式逻辑分析仪 SignalTap Ⅱ 进行了 ADC0809 采样转换控制及 200 点 RAM 数据存储及回读的下载测试,嵌入式逻辑分析仪上观测到的回读数据波形与示波器显示的采样信号波形相同,如图 13.16 所示。

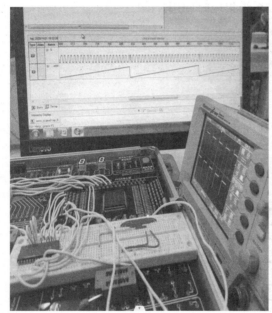

图 13.16　嵌入式逻辑分析仪观测到的回读数据波形

章 末 小 结

与模拟示波器不同,数字示波器的工作过程一般分为存储和显示两个阶段:存储阶段,首先对被测模拟信号进行采样和量化处理,经 ADC 将采集到的模拟信号转换为数字信号,依次存入 RAM 中,当采样频率足够高时,即可实现信号的不失真存储;显示阶段,在扫描时基信号的控制下,以合适的频率再将这些信息从存储器 RAM 中按原顺序读取调出,通过 DAC 将数字信号恢复为模拟量,并在 CRT 屏幕上进行波形还原与显示。

　　本案例首先介绍了数字存储式示波器的结构原理。接着，依据 EDA 技术自顶向下的层次化、模块化设计理念，以 FPGA 为主控单元，给出了简易数字存储示波器系统的设计方案及其单元电路组成结构框图，并详细说明了各单元模块的作用及其设计思路。在此基础上，应用 VHDL 硬件描述语言或定制调用宏功能模块，进行了 A/D 采样控制、数据存储控制、扫描及其速度控制、Y 轴向输出控制、X 轴向输出控制等单元电路的程序设计、模块封装与仿真分析。最后，在原理图输入方式下，调用底层各功能模块封装图形文件，按照设计方案进行连接，构建了简易数字存储示波器系统的顶层电路，并借助嵌入式逻辑分析仪进行了数据采集、存储及回读单元的硬件测试，通过对比示波器显示的信号波形，对设计方案进行了验证。

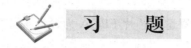

习　　题

1. 参考实训案例，设计一个语音信号采集、存储及倍速回放系统，并进行仿真验证。
2. 试应用 Verilog 语言编程设计一个信号存储与回放系统，并进行仿真验证。

第 14 章　集成数字系统实训 7——电子乐曲播放器设计

电子乐曲播放广泛应用于手机铃声、电脑游戏、娱乐设备等智能休闲消费类产品中,给人们的生活带来美好的听觉享受。众所周知,每首乐曲都由一系列音符组成,而每个音符的音高、音长则与音频、节拍有关,因此每个音符的发音频率及其持续时间是乐曲演奏的两个基本要素。本章以大规模可编程逻辑芯片 FPGA 为设计载体,借助 EDA 软硬件开发平台,应用硬件描述语言 VHDL 编程及定制调用宏功能模块的方式实现了乐曲播放器的芯片化设计。

14.1　设计任务及原理说明

14.1.1　设计任务

设计一个电子乐曲播放器,基本要求如下:
① 预存 2 首经典乐曲;
② 可单曲循环播放;
③ 可点曲切换播放;
④ 数码管显示在播音符。

14.1.2　电子乐曲播放原理及其组成

14.1.2.1　电子乐曲播放原理

如前所述,乐曲中每个音符的发音频率及其持续时间是乐曲演奏的两个基本要素,其中音符与标准频率的对应关系见表 14.1。

表 14.1　音符与标准频率对应关系

低音	标准频率(Hz)	中音	标准频率(Hz)	高音	标准频率(Hz)
1	261.63	1	523.25	1	1046.5
2	293.67	2	587.33	2	1174.66

续表

低音	标准频率(Hz)	中音	标准频率(Hz)	高音	标准频率(Hz)
3	329.63	3	659.25	3	1318.5
4	349.23	4	698.46	4	1396.92
5	391.99	5	783.99	5	1567.98
6	440	6	880	6	1760
7	493.88	7	987.76	7	1975.52

　　每个音符的持续时间则由乐曲速度及音符节拍来确定。例如,在 4/4 拍乐曲中,以四分音符为 1 拍,每小节共 4 拍。若为全音符,持续时长为 4 拍;若为二分音符,持续时长为 2 拍;若为四分音符,持续时长为 1 拍;若为八分音符,则持续时长只有半拍。若以 1 s 作为全音符持续时间,那么二分音符的持续时间为 0.5 s,四分音符的持续时间为 0.25 s,八分音符的持续时间为 0.125 s。

　　综上所述,电子乐曲播放的过程可以归纳为:根据乐谱将每个音符及其持续时长转换成对应的标准频率及节拍数据,并按序预存在 ROM 中,当播放键按下时,则按照节拍数据依次读取并输出相应的频率信号,经音频功率放大后进行播放。

14.1.2.2　电子乐曲播放器组成

　　电子乐曲播放器的基本组成包括系统时钟、节拍产生、音符数据 ROM、地址累加器、数控分频器、音频信号输出、音频功放、扬声器等单元电路,如图 14.1 所示。

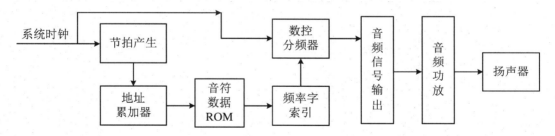

图 14.1　电子乐曲播放器的基本组成

14.2　设计方案

　　根据设计任务,基于 FPGA 的简易电子乐曲播放器设计方案如图 14.2 所示。

　　由图 14.2 可以看出,电子乐曲播放系统由系统时钟与按键输入、音符节拍信号产生、音符数据存储及读取控制、音符索引及分频控制、音频信号输出等单元电路组成,各单元模块功能及作用分析如下:

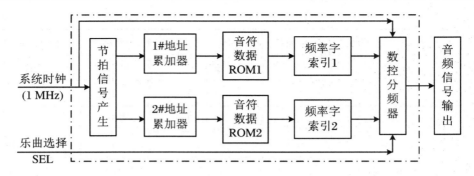

图 14.2 电子乐曲播放器系统方案与单元电路组成

1. 系统时钟与按键输入单元

无论是音符节拍产生还是音符输出时序控制,都需要时钟信号,本例中的 1 MHz 时钟由实验箱提供。另外,设计任务要求预存 2 首乐曲,可通过选择按键 SEL 进行点播切换。

2. 音符节拍信号产生单元

由前述介绍可知,在 4/4 拍乐曲中,若以四分音符播放,最小持续时间 0.25 s 将作为 1 拍。那么二分音符 2 拍,持续时间为 0.5 s,全音符 4 拍,持续时间为 1 s,因此可以将 0.25 s 对应的 4 Hz 频率信号作为节拍时基来控制音符的播放时长。本设计中,4 Hz 频率信号由 1 MHz 时钟分频获取。

3. 音符数据存储及读取控制单元

根据设计任务,选取《梁祝》和《北京欢迎你》2 首 4/4 拍歌曲进行预存,步骤如下:

第 1 步,对乐曲简谱进行编码,见表 14.2。

表 14.2 乐曲简谱编码表

低音	编码值	中音	编码值	高音	编码值
1	1(01H)	1	8(08H)	1	15(0FH)
2	2(02H)	2	9(09H)	2	16(10H)
3	3(03H)	3	10(0AH)	3	17(11H)
4	4(04H)	4	11(0BH)	4	18(12H)
5	5(05H)	5	12(0CH)	5	19(13H)
6	6(06H)	6	13(0DH)	6	20(14H)
7	7(07H)	7	14(0EH)	7	21(15H)

第 2 步,以四分音符 1 拍为单位,统计乐曲节拍数。本设计中,《梁祝》为 138 拍,《北京欢迎你》为 136 拍。

第 3 步,根据乐曲的简谱码及其节拍数,编辑产生音符存储数据初始化 mif 文件,本设计中 2 首乐曲的音符数据初始化 mif 文件如图 14.3 所示。

第 4 步,加载 mif 初始化文件,定制音符数据存储 ROM。本设计中需定制 2 个 ROM,存储深度与节拍数对应,分别为 138、136。每个存储单元位数则由简谱码决定,因最大编码值为 15H(21),所以定制 5 位即可。

Addr	+0	+1	+2	+3	+4	+5	+6	+7	+8	+9	+10	+11	+12	+13	+14	+15
0	3	3	3	3	5	5	5	6	8	8	8	9	6	8	5	5
16	12	12	12	15	13	12	10	12	9	9	9	9	9	9	0	0
32	9	9	9	10	7	7	6	6	5	5	6	8	8	9	0	0
48	3	3	8	8	6	5	6	6	5	5	5	6	5	5	5	5
64	10	10	10	12	7	7	9	6	8	5	5	5	5	5	0	0
80	3	5	5	3	5	6	7	9	6	6	6	6	6	5	5	6
96	8	8	8	9	12	12	10	10	9	9	10	9	8	8	6	5
112	3	3	3	3	8	8	8	6	8	6	6	5	3	5	6	8
128	5	5	5	5	5	5	5	0	0	0						

(a) 《梁祝》乐曲音符数据存储mif文件

Addr	+0	+1	+2	+3	+4	+5	+6	+7	+8	+9	+10	+11	+12	+13	+14	+15
0	10	12	10	9	10	9	10	0	10	9	6	8	10	9	9	0
16	9	8	6	6	9	10	12	9	10	12	13	12	6	9	8	0
32	9	8	6	6	9	10	12	9	10	12	13	12	12	10	10	0
48	9	8	6	6	9	6	10	9	9	8	6	9	13	8	8	0
64	0	0	0	0	10	10	0	15	12	13	0	13	0	13	12	10
80	10	12	12	12	12	0	10	12	13	15	16	15	12	10	12	0
96	12	10	10	0	12	12	0	15	12	13	12	9	9	12	16	15
112	12	10	12	15	13	13	10	9	10	12	17	16	16	16	16	15
128	15	15	15	15	15	15	15									

(b) 《北京欢迎你》乐曲音符数据存储mif文件

图 14.3　2 首乐曲的音符数据初始化 mif 文件

音符数据从 ROM 读取时，则是以 4 Hz 节拍时基作为读地址累加器的时钟，控制音符数据依次从 ROM 输出，连接到后面的音符索引单元，从而产生分频控制字。

4. 音符索引及分频控制单元

由前述原理可知，电子乐曲播放就是以单位节拍数输出每个音符的发音频率，音符与标准频率的对应关系见表 14.1，最高音符频率不超过 2000 Hz。本设计中，每个音符的发音频率都可通过数控分频的方式编程实现，而分频控制字则需要通过音符索引查表输出。本案例中，将 1 MHz 时钟信号作为分频输入，则最大分频系数为 1 MHz/261.63 Hz，约等于 3822，需要用 12 位二进制数表示。参考第 6.4 节中的数控分频器模块设计举例，可计算出对应的分频控制字约为：FPKZ = 4096 − (3822/2) = 2185；按此方法可依次计算出 21 个音符所对应的数控分频控制字，见表 14.3～表 14.5。

表 14.3　低音音符索引与数控分频控制字(1 MHz 时钟输入)

低音	音符索引	标准频率(Hz)	分频系数	数控分频控制字
1	0001(01H)	261.63	3822.2	2185(889H)
2	0010(02H)	293.67	3405.2	2393(959H)
3	0011(03H)	329.63	3033.7	2579(A13H)
4	0100(04H)	349.23	2863.4	2664(A68H)
5	0101(05H)	391.99	2551.1	2820(B04H)
6	0110(06H)	440	2272.7	2960(B90H)
7	0111(07H)	493.88	2024.8	3084(C0CH)

表 14.4　中音音符索引与数控分频控制字（1 MHz 时钟输入）

中音	音符索引	标准频率（Hz）	分频系数	数控分频控制字
1	1000(08H)	523.25	1911.1	3141(C45H)
2	1001(09H)	587.33	1702.6	3245(CADH)
3	1010(0AH)	659.25	1516.9	3338(D0AH)
4	1011(0BH)	698.46	1431.7	3380(D34H)
5	1100(0CH)	783.99	1275.5	3458(D82H)
6	1101(0DH)	880	1136.4	3528(DC8H)
7	1110(0EH)	987.76	1012.4	3590(E06H)

表 14.5　高音音符索引与数控分频控制字（1 MHz 时钟输入）

高音	音符索引	标准频率（Hz）	分频系数	数控分频控制字
1	1111(0FH)	1046.5	955.6	3618(E22H)
2	10000(10H)	1174.66	851.3	3670(E56H)
3	10001(11H)	1318.5	758.4	3717(E85H)
4	10010(12H)	1396.92	715.9	3738(E9AH)
5	10011(13H)	1567.98	637.8	3777(EC1H)
6	10100(14H)	1760	568.2	3812(EE4H)
7	10101(15H)	1975.52	506.2	3843(F03H)

5. 音频信号输出单元

以 4 Hz 节拍信号作为读地址累加时钟依次从 ROM 中读出的音符数据，经音符索引查表后输出对应的分频控制字，接到 12 位数控分频器的 FPKZ 输入端，分频后即可输出相应的音符频率信号。该音符频率信号经过 LM386 音频功率电路放大，接上扬声器就能听到播放的乐曲了。

14.3　设计实现

根据系统方案框图，采用 EDA 自顶向下的层次化设计理念，应用 VHDL 逻辑建模与宏模块的定制调用，进行音乐播放器各功能单元的设计与仿真，最后通过对底层模块的调用与连接，基于原理图输入方式完成顶层系统集成。

14.3.1　各功能单元设计

14.3.1.1　按键选曲点播模块

1. 模块封装及功能描述

本例中，按键选曲点播模块的功能是完成 2 首乐曲的选择与切换播放，模块封装如图

14.4 所示。在 1 MHz 时钟信号的控制下,当按键 SEL 为"0"时,输出端 en_138 为"1",默认选择播放《梁祝》;当按键 SEL 为"1"时,输出端 en_136 为"1",则切换选择播放《北京欢迎你》;rst 是复位按钮。

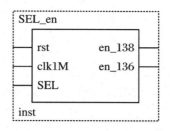

图 14.4　按键选曲点播模块封装图

2. 程序设计及仿真验证

VHDL 参考程序如下:

```
library ieee;
use ieee.std_logic_1164.all;
Entity SEL_en is
port(rst,clk1M,SEL:in std_logic;
     en_138,en_136:out std_logic);
end SEL_en;
Architecture behave of SEL_en is
begin
process(clk1M,rst,SEL)
begin
if rst = '1' then
  en_138 <= '1'; en_136 <= '0';
elsif(clk1M'event and clk1M = '1') then
   if SEL = '0' then
  en_138 <= '1'; en_136 <= '0';
   else en_138 <= '0'; en_136 <= '1';
   end if;
end if;
end process;
end behave;
```

按键选曲点播模块仿真波形如图 14.5 所示。

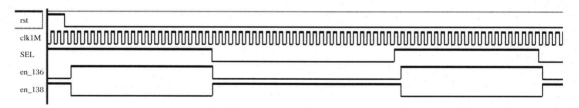

图 14.5　按键选曲点播模块仿真波形图

程序说明及仿真分析:

① 程序比较简单,可作为信号选择类设计的模板。

② 由图 14.5 可以看出,系统复位时,使能信号 en_138 为"1",首先选择播放《梁祝》;当 SEL 键为"1"时进行切换,选择播放《北京欢迎你》;当 SEL 键为"0"时再次进行切换,选择播

放《梁祝》。

③ 程序编译仿真后,通过 File 菜单中的 Create Symbol Files for Current File 命令将其创建并封装为图形文件 SEL_en. bsf,用以系统集成时调用。

14.3.1.2 音符节拍信号产生模块

1. 模块封装及功能描述

音符节拍信号产生模块封装如图 14.6 所示,其实就是一个分频模块,分频系数为250000。设 rst 为复位按钮,当输入 1 MHz 时钟信号时,分频后输出 4 Hz 信号,也就是 0.25 s 的节拍信号。

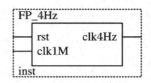

图 14.6　音符节拍信号产生模块封装图

2. 程序设计及仿真验证

VHDL 参考程序如下:

```
library ieee;
use ieee.std_logic_1164.all;
use ieee.std_logic_arith.all;
Entity FP_4Hz is
port(rst,clk1M:in std_logic;
     clk4Hz:out std_logic);
end FP_4Hz;
Architecture behave of FP_4Hz is
signal q:integer range 0 to 125000;       --半分频系数
signal qq:std_logic;
begin
process(clk1M)
begin
if rst = '1' then q<=0;
   elsif(clk1M'event and clk1M = '1') then
     if(q>=124999) then qq<=not qq;q<=0;
       else q<=q+1;
     end if;
end if;
end process;
clk4Hz<=qq;
end behave;
```

音符节拍信号产生模块仿真波形如图 14.7 所示。

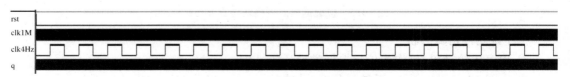

图 14.7　音符节拍信号产生模块仿真波形图

程序说明及仿真分析：

① 程序在构造体中定义了 1 个整数型信号 q 作为计数器，对 1 MHz 时钟信号进行模为 125000 的加计数；

② 程序在构造体中定义了 1 个逻辑型信号 qq，当 q 计数到模值清零时，qq 取反，得到 1/2 占空比、250000 分频后的 4 Hz 节拍信号；

③ 程序编译仿真后，通过 File 菜单中的 Create Symbol Files for Current File 命令将其创建并封装为图形文件 FP_4Hz.bsf，用以系统集成时调用。

14.3.1.3　音符数据存储及读取控制

1. 音符存储 ROM 模块

根据设计任务及前述方案，本例中需要定制 2 个 ROM 模块分别存储《梁祝》和《北京欢迎你》。按照方案说明中介绍的步骤，先计算乐曲的节拍数，再编辑数据 ROM 的初始化文件，最后加载 mif 文件定制调用 ROM。2 首乐曲的音符数据存储 ROM 模块封装如图 14.8 所示。

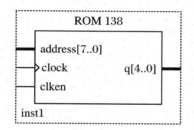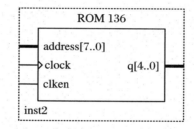

图 14.8　2 首乐曲的音符数据存储 ROM 模块封装图

在图 14.8 中，2 个 clock 为读 ROM 时钟，均接到 4 Hz 节拍信号上；2 个 clken 分别接到按键选择点播模块的输出端 en_138 和 en_136 上，需根据当前的按键选择来使能相应的 ROM 数据输出，而 2 组读地址总线则分别与 2 个读地址累加器的输出端相连。从 ROM 读出的 5 位数据 q 代表音符编码，接到后面分频控制单元的音符索引输入端上。

2. ROM 模块定制与调用

本例中，2 个音符数据 ROM 的定制（包括其 mif 初始化文件编辑）、调用及仿真过程与第 7.5 节中介绍的类同，也可参考第 12 章介绍的文本编辑法或高级语言编程法进行创建。篇幅所限，不再赘述。

当乐曲播放时，ROM 中的音符数据需要在读地址累加器的控制下按序依次输出。

3. ROM 模块读取控制

ROM 的读取控制是指在读时钟及读使能信号有效作用的前提下，给图 14.8 中的 2 个音符数据 ROM 提供 2 组读地址总线，以保证音符数据能按序依次输出。2 个 ROM 的读地址累加控制模块封装如图 14.9 所示。

在图 14.9 中，2 个 ROM 的读地址累加控制模块除了使能信号和地址变化范围有所不同外，设计过程及端口连接几乎完全一样，篇幅所限，下面只列写 addr_138 模块的 VHDL 参考程序。

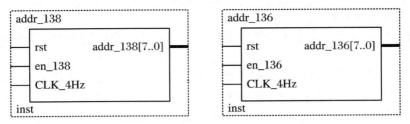

图 14.9   2 个 ROM 的读地址累加控制模块封装图

4．程序设计及仿真验证

VHDL 参考程序如下：

```
library ieee;
use ieee.std_logic_1164.all;
use ieee.std_logic_arith.all;
use ieee.std_logic_unsigned.all;
entity addr_138 IS
port(rst,en_138,CLK_4Hz: in std_logic;
    addr_138: out std_logic_vector(7 downto 0));
end addr_138;
architecture bhv OF addr_138 IS
begin
process(rst,en_138,CLK_4Hz)
variable addr_v: integer range 0 to 138;
begin
if rst = '1' then
        addr_v:= 0;
elsif en_138 = '1' then
if CLK_4Hz'event and CLK_4Hz = '1' then
        addr_v:= addr_v + 1;
   if addr_v >=138 then
   addr_v:= 0;
   end if;
end if;
end if;
addr_138 <=conv_std_logic_vector(addr_v,8);
end process;
end bhv;
```

2 个 ROM 的读地址累加控制模块仿真波形如图 14.10 所示。

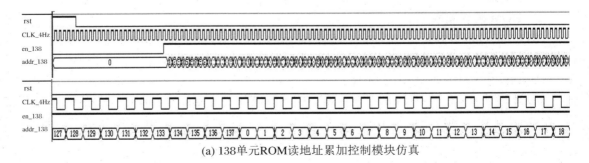

(a) 138单元ROM读地址累加控制模块仿真

图 14.10   2 个 ROM 的读地址累加控制模块仿真波形图

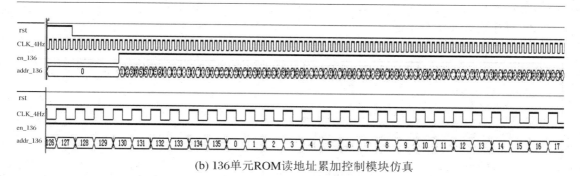

(b) 136单元ROM读地址累加控制模块仿真

图 14.10　2 个 ROM 的读地址累加控制模块仿真波形图(续)

程序说明及仿真分析:

① 程序比较简单,可作为 ROM 读地址累加器设计的模板。

② 由图 14.10(a)可以看出,addr_138 模块在系统复位或使能无效时,地址总线上的输出保持为"0";复位后,且使能有效时,读地址在节拍信号的控制下依次累加输出。当地址指针指向最后的第 137 个单元后,重新回到"0"循环累加,周而复始。

③ 由图 14.10(b)可以看出,addr_136 模块在系统复位或使能无效时,地址总线上输出保持为"0";复位后,且使能有效时,读地址在节拍信号的控制下依次累加输出。当地址指针指向最后的第 135 个单元后,重新回到"0"循环累加,周而复始。

④ 程序编译仿真后,通过 File 菜单中的 Create Symbol Files for Current File 命令将其创建并封装为 2 个图形文件 addr_138.bsf 和 addr_136.bsf,用以系统集成时调用。

14.3.1.4　音符分频控制模块

1. 模块封装及功能描述

根据前述方案设计思路,音符分频控制模块的功能就是,通过当前音符码字索引,查表输出 21 个音符所对应的数控分频控制字,模块封装如图 14.11 所示。2 个索引输入端 Idx 分别与各自的音符数据 ROM 的 5 位数据输出端 q 相连,并通过 2 个使能信号进行切换选择。12 位的频率控制字输出端接到后面数控分频器的预置数输入端上。H_M_L 分别表示"高音""中音""低音",可外接 3 个指示灯。YM_code 代表当前播放音符的简谱数字,BCD-7 段译码后可接到数码管进行显示。

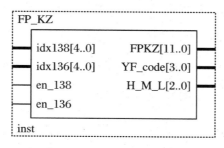

图 14.11　音符分频控制模块封装图

2. 程序设计及仿真验证

VHDL 参考程序如下:

```
library ieee;
use ieee.std_logic_1164.all;
entity FP_KZ is
port(idx138,idx136:in std_logic_vector(4 downto 0);
     en_138,en_136:in std_logic;
     FPKZ:out std_logic_vector(11 downto 0);
     YF_code:out std_logic_vector(3 downto 0);
     H_M_L:out std_logic_vector(2 downto 0));
end FP_KZ;
architecture rtl of FP_KZ is
signal index:std_logic_vector(4 downto 0);      --定义内部索引信号
signal sel:std_logic_vector(1 downto 0);        --定义内部选择信号
begin
sel <=en_138 & en_136;
p1:process(sel)
begin
case sel is      --根据使能信号进行索引选择
when "10" => index <= idx138;
when "01" => index <= idx136;
when others => index <= idx138;
end case;
end process p1;
p2:process(index)
begin
case index is       --根据音符索引输出频率控制字
when "00000" =>FPKZ<="111111111111";      --FFFH
     YF_code<="1000";H_M_L<="000";
when "00001" =>FPKZ<="100010001001";      --889H
     YF_code<="0001";H_M_L<="001";
when "00010" =>FPKZ<="100101011001";      --959H
     YF_code<="0010";H_M_L<="001";
when "00011" =>FPKZ<="101000010011";      --A13H
     YF_code<="0011";H_M_L<="001";
when "00100" =>FPKZ<="101001101000";      --A68H
     YF_code<="0100";H_M_L<="001";
when "00101" =>FPKZ<="101100000100";      --B04H
     YF_code<="0101";H_M_L<="001";
when "00110" =>FPKZ<="101110010000";      --B90H
     YF_code<="0110";H_M_L<="001";
when "00111" =>FPKZ<="110000001100";      --C0CH
     YF_code<="0111";H_M_L<="001";
when "01000" =>FPKZ<="110001000101";      --C45H
     YF_code<="0001";H_M_L<="010";
when "01001" =>FPKZ<="110010101101";      --CADH
     YF_code<="0010";H_M_L<="010";
when "01010" =>FPKZ<="110100001010";      --D0AH
     YF_code<="0011";H_M_L<="010";
when "01011" =>FPKZ<="110100110100";      --D34H
     YF_code<="0100";H_M_L<="010";
when "01100" =>FPKZ<="110110000010";      --D82H
     YF_code<="0101";H_M_L<="010";
when "01101" =>FPKZ<="110111001000";      --DC8H
```

```
            YF_code<="0110";H_M_L<="010";
  when "01110" =>FPKZ<="111000000110";       --E06H
            YF_code<="0111";H_M_L<="010";
  when "01111" =>FPKZ<="111000100010";       --E22H
            YF_code<="0001";H_M_L<="100";
  when "10000" =>FPKZ<="111001010110";       --E56H
            YF_code<="0010";H_M_L<="100";
  when "10001" =>FPKZ<="111010000101";       --E85H
            YF_code<="0011";H_M_L<="100";
  when "10010" =>FPKZ<="111010011010";       --E9AH
            YF_code<="0100";H_M_L<="100";
  when "10011" =>FPKZ<="111011000001";       --EC1H
            YF_code<="0101";H_M_L<="100";
  when "10100" =>FPKZ<="111011100100";       --EE4H
            YF_code<="0110";H_M_L<="100";
  when "10101" =>FPKZ<="111100000011";       --F03H
            YF_code<="0111";H_M_L<="100";
  when others =>FPKZ<="111111111111";        --FFFH
            YF_code<="1000";H_M_L<="000";
  end case;
  end process p2;
  end rtl;
```

音符分频控制模块仿真波形如图 14.12 所示。

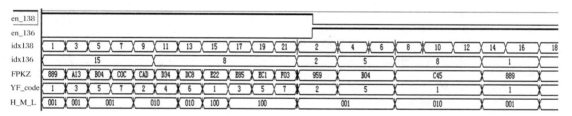

图 14.12　音符分频控制模块仿真波形图

程序说明及仿真分析：

① 程序构造体中定义了 2 个内部信号,作为 2 个进程的敏感启动信号。p1 进程根据 2 个使能信号的组合 sel 来完成 2 路音符索引的输入选择;p2 进程则依据音符索引来进行分频控制字的输出,代码虽长但比较简单,其实就是应用了一条 case 语句对分频控制字进行查表输出,此段代码可作为查表比对类设计的模板。

② 由仿真波形可以看出,在 en_138 有效期间,当 idx138 输入 1～21 奇数音符码字索引时,FPKZ 端输出对应的分频控制字(表 14.3～表 14.5),此时忽略 idx136 的输入;同样,在 en_136 有效期间也是如此。YF_code 端输出代表音符的简谱数字,高、中、低音则由输出端 H_M_L 来表示,状态符索引为 1～7 时,H_M_L 端输出"001",表示低音;音符索引为 8～14 时,H_M_L 输出"010",表示中音;音符索引为 15～21 时,H_M_L 输出"100",表示高音。

③ 程序编译仿真后,通过 File 菜单中的 Create Symbol Files for Current File 命令将其创建并封装为图形文件 FP_KZ.bsf,用以系统集成时调用。

14.3.1.5　音频信号输出模块

1. 模块封装及功能描述

音频信号输出指的是将与音符对应的频率信号进行输出，其核心就是一个数控分频器，模块封装如图 14.13 所示。12 位 FPKZ 是数控分频器的分频预置数，与 FP_KZ 模块的同名输出端相连，YPOUT 即为最后的音频输出信号。

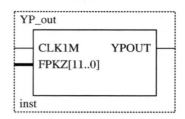

图 14.13　音频信号输出模块封装图

2. 程序设计及仿真验证

VHDL 参考程序如下：

```
LIBRARY IEEE;
USE IEEE.STD_LOGIC_1164.ALL;
USE IEEE.STD_LOGIC_UNSIGNED.ALL;
ENTITY YP_out IS
PORT (CLK1M:IN STD_LOGIC;
      FPKZ:IN STD_LOGIC_VECTOR(11 DOWNTO 0);
      YPOUT:OUT STD_LOGIC);
END YP_out;
ARCHITECTURE bhv OF YP_out IS
  SIGNAL FULL:STD_LOGIC;
BEGIN
P1:PROCESS(CLK1M)
VARIABLE CNT12:STD_LOGIC_VECTOR(11 DOWNTO 0);
  BEGIN
   IF CLK1M'EVENT AND CLK1M = '1' THEN
     IF CNT12 = "111111111111" THEN
         CNT12:= FPKZ;      --CNT12 计满时,FPKZ 被预置给计数器 CNT12
         FULL<='1';    --同时溢出标志信号 FULL 输出高电平
     ELSE CNT12:= CNT12 + 1;    --否则继续作加 1 计数
          FULL<='0'      --且输出溢出标志信号 FULL 为低电平
     END IF;END IF;
END PROCESS P1;
P2:PROCESS(FULL)
VARIABLE CNT2:STD_LOGIC;
  BEGIN
   IF FULL'EVENT AND FULL = '1' THEN
     CNT2:= NOT CNT2;    --若溢出标志信号 FULL 为高,输出取反
     YPOUT<=CNT2;END IF;
END PROCESS P2;
END bhv;
```

音频信号输出模块仿真波形如图 14.14 所示。

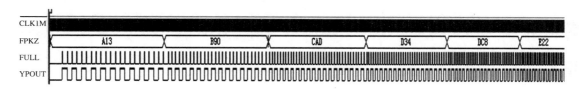

图 14.14　音频信号输出模块仿真波形图

程序说明及仿真分析:

① 程序构造体中包含 2 个进程:在 P1 进程中,当 CLK1M 的上升沿到来时,12 位计数器 CNT12 加 1,计数至 4095 时,产生溢出信号脉冲 FULL;P2 进程在溢出信号脉冲 FULL 的上升沿到来时发生一次翻转,再次 2 分频后完成 1/2 占空比的 YPOUT 音频输出,分频系数 = (4096 - FPKZ) × 2。

② 由图 14.14 可知,当代表音符的 FPKZ 由小变大时,对应输出相应的音符频率也由低变高,分别代表着低音"3""6"、中音"2""4""6"和高音"1"。

③ 程序编译仿真后,通过 File 菜单中的 Create Symbol Files for Current File 命令将其创建并封装为图形文件 YP_out.bsf,用以系统集成时调用。

14.3.2　顶层系统设计

14.3.2.1　顶层系统集成

在原理图输入方式下,调用各功能模块封装图形文件,按设计方案连接,构建顶层系统电路,如图 14.15 所示。其中,clk1M 为输入时钟,SEL 为选曲点播按键,RST 为系统复位按钮;YPOUT 输出端接音频功放,H_M_L 分别表示"高音""中音""低音",可外接 3 个指示灯;而 YM_code 则代表当前播放音符的简谱码数字,BCD-7 段译码后可接到数码管上进行显示。

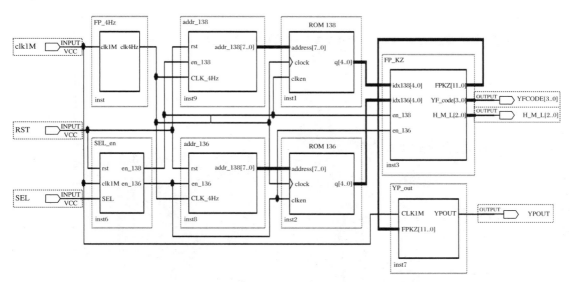

图 14.15　电子乐曲播放系统顶层电路图

14.3.2.2 引脚约束分配

为了进行硬件下载测试,首先需要对输入、输出端口进行引脚约束与分配,从理论上说,所有用户的 I/O 口都可选择使用,本例中,引脚配置情况如图 14.16 所示。

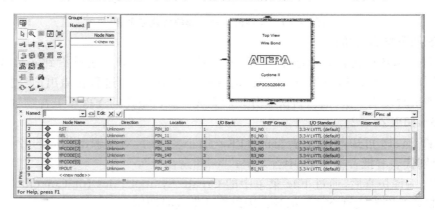

图 14.16 电子乐曲播放系统引脚配置图

14.3.2.3 编译综合适配

引脚配置后需要重新保存才能点击"Compiler"进行编译,全编译过程包括逻辑综合、布局布线及其结构适配,完成后将自动弹出编译总结报告,提供当前工程项目相关的编译信息,包括载体芯片、资源占用率、引脚分配率、主要端子间信号传输时间等。音乐播放器的编译报告与前面的实训案例类似。篇幅所限,不再赘述。

14.3.2.4 芯片下载测试

通过 USB 线连接电脑和下载器(第一次操作时需安装 usb-blaster 驱动),点击"Program"进行下载,下载成功后连接 LM386 功放模块和 3 W 小喇叭,即可进行乐曲播放,如图 14.17 所示。

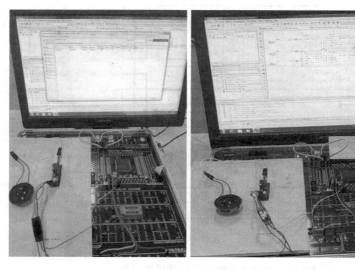

图 14.17 电子乐曲播放器下载测试实验

章 末 小 结

　　电子乐曲播放器是一种能够播放以数字信号形式存储音频文件的电子产品,工作过程可以归纳为:首先,根据乐谱将每个音符数字及其持续时长转换成对应的标准频率及节拍数据,并按序预存在 ROM 中,当播放键按下时,按照节拍数据依次读取并输出相应的频率信号,经音频功率放大后进行播放。本案例首先介绍了电子乐曲播放的原理以及播放器系统的结构组成。接着,依据 EDA 技术自顶向下的层次化、模块化设计理念,以 FPGA 为主控单元,给出了电子乐曲播放系统的设计方案及其单元电路组成结构框图,并详细说明了各单元模块的作用及设计思路。在此基础上,应用 VHDL 硬件描述语言编程或定制调用宏功能模块,进行了时钟与选曲输入、音符节拍信号产生、音符存储及读取控制、音符索引及分频控制、音符频率信号输出等单元电路的程序设计、模块封装与仿真分析。最后,在原理图输入方式下,调用底层各功能模块封装图形文件,按照设计方案连接,构建了电子乐曲播放系统的顶层电路,在引脚配置、编译综合、编程下载后进行了系统测试,通过硬件实验结果,对设计方案进行了验证。

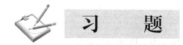

习 　 题

　　1. 在实训案例的基础上进行补充扩展:
　　① 增加 1 首四拍乐曲《弯弯的月亮》,进行相关仿真验证并封装;
　　② 增加 2 首三拍乐曲《春之声》和《相约 98》,进行相关仿真验证并封装;
　　③ 基于原理图输入方式完成整个系统的顶层设计。
　　2. 参考实训案例,试应用 Verilog 语言编程设计一个电子乐曲播放器(4～5 首歌曲可选),并进行仿真验证。

第15章 集成数字系统实训 8——步进电机细分控制设计

步进电机能将电脉冲信号转换成机械角位移,是一种能准确控制位置和速度的特种电机,具有开环运动精度高、控制简单、成本低等特点,是机电一体化的关键产品,被广泛应用于有定位要求、运行平稳、精确控制的自动化系统中。本章以大规模可编程逻辑芯片 FPGA 为设计载体,借助 EDA 软硬件开发平台,应用硬件描述语言 VHDL 编程及调用宏模块,实现了步进电机的细分控制设计。

15.1 设计任务及原理说明

15.1.1 设计任务

设计一个步进电机细分控制模块,基本要求如下:
① 步距可设:2 细分、8 细分;
② 速度可调:60 rpm、300 rpm;
③ 方向可控:正转、反转。

15.1.2 步进电机细分控制原理及其组成

15.1.2.1 步进电机及其细分控制原理

步进电机采用脉冲信号进行驱动,不需要变换就能直接将数字信号转化为角位移,故又称为脉动电机,它自身就是一种能完成数字与模拟转换的执行元件,是在电脉冲作用下按照设定的方向、固定的角度一步一步运行的,所以既可以通过加载的脉冲数来控制位移角度,也可以通过控制脉冲频率来调节转动速度,还可以通过改变线圈绕组的供电相序来进行正、反转控制。但步进电机运行中也存在着诸如低频噪声大、分辨率不高等缺点,而采用步进电机细分驱动控制策略则有望弥补这些不足。

步距角是步进电机的一个重要技术指标,它指的是每个电脉冲下电机固定的转动角度,其与步进电机的定子相数、转子齿数及通电方式有关。一般地,二相电机的步距角为 $1.8°$,三相电机为 $1.5°$,四相电机为 $0.9°$。所谓细分,就是减小步距角,将步进电机的一步细分为若干步,实现步距角的微量进给。其基本思想是,当按照一定的通电顺序和工作节拍进行定子绕组中的脉冲切换时,不是全部加载或移除,而是设法将一个矩形驱动脉冲波转换为阶梯状的驱动信号,然后再细分为多步,按比例量化后加载或移除。例如,一个四相四拍步进电机 8 细分的驱动信号波形如图 15.1 所示。

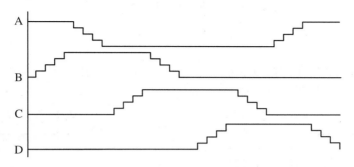

图 15.1　四相四拍步进电机 8 细分的驱动信号波形

由图 15.1 可以看出,加载在 A、B、C、D 4 个定子绕组上的驱动信号是阶梯状上升或下降的,它在一个驱动脉冲的零到最大值间又插入了 7 个稳定的中间值,这就意味着一个驱动脉冲的上升和下降过程需要分 8 次进行,原本一个脉冲驱动下所转过的角度现在需要分 8 小步才能完成,每小步转动的角度只有原来的 1/8,即对步距角进行了 8 细分,同时步进电机的转速也发生了变化,可按式(15.1)计算:

$$n = \frac{60f}{CZmk} \tag{15.1}$$

式中,m 为定子相数;Z 为转子齿数;k 为细分数;C 表示拍数,单拍时 $C=1$。驱动脉冲频率 f 一定时,细分数 k 越大,步进电机转速越慢。

这种阶梯状脉冲波形的中间值越多,即细分系数越大,电机运行就越平稳。而阶梯状脉冲波可以采用 PWM 脉宽调制的方式产生,即预先将期望得到的阶梯状细分脉冲波形作为调制信号存储在 ROM 中,然后再与高频锯齿载波信号通过数字比较器进行比较,最后输出 PWM 脉宽调制信号,功率放大后驱动步进电机平稳运行。

15.1.2.2　步进电机细分控制系统组成

一般地,步进电机细分驱动控制系统由时钟信号产生、参数设置、步进脉冲产生、细分控制、脉冲细分输出、功放驱动等单元电路组成,如图 15.2 所示。其中,参数设置单元可通过相应的输入设备(如按键、触屏、上位机等)对步距角细分度、电机运行速度及运行方向进行设置;时钟产生单元则根据设置的速度大小及细分系数对系统时钟进行相应的分频操作;主控单元可以是单片机、DSP 或 FPGA。基于 FPGA 的步进脉冲产生及其细分控制是本章讨论的关键内容,而功率放大驱动电路部分此处不再赘述。

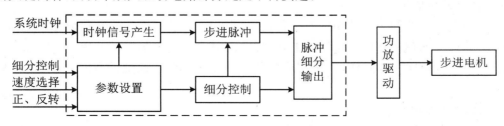

图 15.2　步进电机细分驱动控制系统组成

15.2 设 计 方 案

设某四相步进电机的定子相数 $m=4$,转子齿数 $Z=100$,单拍运行,根据设计任务,基于 FPGA 的步进电机细分控制设计方案如图 15.3 所示。

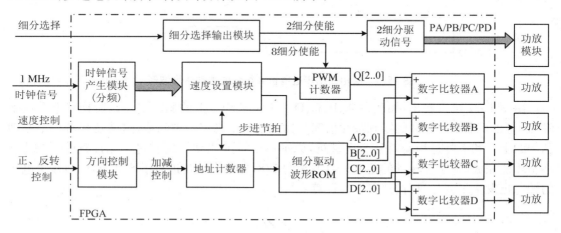

图 15.3　基于 FPGA 的步进电机细分控制设计方案

在图 15.3 中,虚框中为基于 FPGA 的细分控制模块,基本组成包括时钟信号产生、速度设置、方向控制、细分选择输出、PWM 锯齿载波发生器(PWM 计数器)、细分驱动波形 ROM、地址计数器、2 细分驱动信号以及 4 个数字比较器等单元电路。各单元电路的功能及作用分析如下:

1. 时钟信号产生单元

由式(15.1)可知,步进驱动脉冲频率 f 与电机转速及细分度有关,因此步进电机细分控制中将涉及多组时钟,如各种细分下的 PWM 锯齿载波计数时钟(PWM 脉宽计数时钟)、不同速度下的 ROM 地址计数时钟(步进节拍时钟)等。本设计中,设系统输入 1 MHz 时钟信号,在 2 细分、8 细分两种情况下,低速 60 r/min 运行时,需分频产生一组 800 Hz、3200 Hz 的 ROM 地址计数时钟和一个 25600 Hz 的 PWM 脉宽计数时钟;高速 300 r/min 运行时,需分频产生一组 4000 Hz、16000 Hz 的 ROM 地址计数时钟和一个 128000 Hz 的 PWM 脉宽计数时钟,使电机能在两种不同的细分下按设定速度运行。

2. 速度设置单元

速度可借助一个开关信号 SP_sel 进行设置,当 SP_sel 为"0"时,表示以低速(60 r/min)运行,通过 VHDL 编程输出相应的使能信号和 ROM 地址计数时钟;当 SP_sel 为"1"时,表示高速(300 r/min)运行,同样,输出相应的使能信号和 ROM 地址计数时钟,即步进节拍时钟。

3. 方向控制单元

由前述原理可知,改变四相步进电机定子线圈绕组的通电顺序即可改变电机的转动方向,而 4 个定子绕组的细分驱动信号数据已按正序存储在 ROM 表中,设 ROM 从地址 0 开始逐一递增、依次输出的数据可以驱动电机正向转动,那么,当正、反转控制开关 ZF_kz 为 1,需要反向转动时,只要使 ROM 地址指针先指向尾部,然后再从最大地址开始逐一递减,依次输出 ROM 中的细分驱动数据,电机就可以反向转动了。

4. 细分选择输出单元

细分选择信号 XF_sel 外接一按钮,没按下时 XF_sel 为"0",默认选择 2 细分,输出相应的使能信号和 PWM 锯齿载波计数时钟;按钮按下时,XF_sel 为"1",选择 8 细分,并输出相应的使能信号和 PWM 锯齿载波计数时钟。这里需要指出的是,本设计中,2 细分是直接应用 case 语句通过查找表编程方式实现的,这样不需要进行 PWM 比较调制,可以节省芯片的 ROM 资源。

5. PWM 锯齿载波产生单元(PWM 计数器)

锯齿载波产生电路其实就是一个模值为 N 的加 1 递增计数器,又称作 PWM 脉宽计数器,其作用就是在每个步进节拍中通过数字比较器与细分驱动波形数据进行比较,来产生脉冲宽度随细分波形变化的 PWM 调制波。PWM 脉宽计数器的模值 N 与细分度有关,如 8 细分时,阶梯状上升、下降的驱动信号在单一脉冲的 0 到最大值间又插入了 7 个稳定的中间值,共有 8 个取值,因此脉宽计数器的模 N 也应为 8。锯齿载波计数器的时钟频率取决于 PWM 脉宽分辨率,一般与细分度相对应,如 8 细分时,脉宽计数器的时钟频率就应为步进节拍频率的 8 倍。

6. 8 细分驱动数据 ROM 单元

如前所述,当应用 PWM 脉宽调制方式进行步距角细分时,需预先将期望得到的阶梯状步进脉冲波形作为调制信号存储在数据 ROM 中。ROM 定制时的参数主要包括存储单元个数以及每个存储单元的位数。8 细分时,一相线圈需要存储 8 个驱动数据,四相线圈则需要存储 32 个驱动数据,即需要定制 32 个存储单元,存放 1 个圆周角度的驱动数据(并在 32 个步进节拍控制下依次输出)。8 细分时,每个驱动数据的值可用 3 位二进制数或 1 位八进制数表示,那么并行输出的四相驱动波形数据值就需要用 12 位二进制数或 4 位八进制数表示,即每个 ROM 单元的位数是 12 bit。本设计中,四相步进电机 8 细分所预存的 32 个阶梯状驱动波形数据 mif 文件如图 15.4 所示。

Addr	+0	+1	+2	+3	+4	+5	+6	+7
0	7000	7200	7400	7600	7700	5700	3700	1700
8	0700	0720	0740	0760	0770	0570	0370	0170
16	0070	0072	0074	0076	0077	0057	0037	0017
24	0007	2007	4007	6007	7007	7005	7003	7001

图 15.4　四相步进电机 8 细分波形数据 mif 文件

7. ROM 地址计数器单元

根据设计方案,ROM 地址在正转时要能从地址 0 开始逐一递增到 31,按正序依次输出驱动信号波形数据,并循环执行;而在反转时,要能从地址 31 开始逐一递减到 0,按反序依次输出驱动信号波形数据,并循环执行。因此,ROM 地址计数器实际上就是一个模为 32 的加减可逆计数器。需要指出的是,ROM 地址计数时钟也就是电机转动的步进节拍,其频率与步进电机转速及细分度有关。

8．2 细分驱动信号产生单元

为节省芯片 ROM 资源，本设计中，2 细分驱动信号是根据步进电机四相双拍的运行规律，直接应用 case 语句通过查找表编程方式输出的，使四相定子线圈按照 A、AB、B、BC、C、CD、D、DA 的顺序依次加载脉冲信号，一个周期共有 8 种状态，即步进电机转过 1 个圆周角度需要 8 拍才能完成，宏观上可以看作进行了 2 细分。

9．数字比较器单元

通过图 15.3 很容易看出，由 PWM 锯齿载波单元产生的脉宽计数信号加载到 4 个数字比较器的 SAW 输入端，分别与细分驱动数据 ROM 中读出的 4 相细分驱动数据进行比较，实时产生并循环输出 4 组 PWM 脉宽调制信号，功放后即可加载到步进电机的 4 个定子线圈上进行细分驱动。

15.3　设　计　实　现

根据系统方案框图，采用 EDA 自顶向下的层次化设计理念，应用 VHDL 逻辑建模与宏模块的定制调用，进行步进电机细分控制系统各功能单元的设计与仿真，最后通过对底层模块的调用与连接，基于原理图输入方式完成顶层系统集成。

15.3.1　各功能单元设计

15.3.1.1　时钟信号产生模块

1．模块封装及功能描述

根据设计方案说明，时钟信号产生模块需要通过分频的方式产生并输出对应于不同的速度和细分运行状态下的 PWM 锯齿载波计数时钟及 ROM 地址计数时钟，即步进节拍时钟。时钟信号产生模块封装如图 15.5 所示。

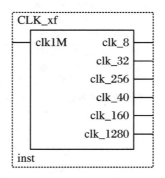

图 15.5　时钟信号产生模块封装图

其中，输入为 1 MHz 时钟信号，分频输出 clk_8、clk_32、clk_256 是 60 r/min 低速运行状态下的一组时钟信号，clk_8 为 800 Hz，是 2 细分时的查表输出计数时钟；clk_32 为 3200 Hz，是 8 细分时的 ROM 地址计数时钟；clk_256 为 25600 Hz，是 PWM 锯齿载波计数时钟。

同样，clk_40、clk_160、clk_1280 是 300 r/min 高速运行状态下的一组时钟，各自作用可参见前文所述。

2. 程序设计及仿真验证

VHDL 参考程序如下：

```
library ieee;
use ieee.std_logic_1164.all;        --调用常用程序包
use ieee.std_logic_unsigned.all;
use ieee.std_logic_arith.all;
entity CLK_xf is
port (clk1M: in std_logic;
      clk_8,clk_32,clk_256:out std_logic;
      clk_40,clk_160,clk_1280:out std_logic);
end CLK_xf;
architecture bhv of CLK_xf is
signal ck8,ck32,ck256,ck40,ck160,ck1280:std_logic;
begin
process(clk1M)
  variable cnt1:integer range 0 to 625;
  variable cnt2:integer range 0 to 156;
  variable cnt3:integer range 0 to 20;
  variable cnt4:integer range 0 to 125;
  variable cnt5:integer range 0 to 31;
  variable cnt6:integer range 0 to 4;
begin
if clk1M='1' and clk1M'event then
  if cnt1>=625 then cnt1:=0;ck8<=not ck8;
  else cnt1:=cnt1+1;end if;
  if cnt2>=156 then cnt2:=0;ck32<=not ck32;
  else cnt2:=cnt2+1;end if;
  if cnt3>=20 then cnt3:=0;ck256<=not ck256;
  else cnt3:=cnt3+1;end if;
  if cnt4>=125 then cnt4:=0;ck40<=not ck40;
  else cnt4:=cnt4+1;end if;
  if cnt5>=31 then cnt5:=0;ck160<=not ck160;
  else cnt5:=cnt5+1;end if;
  if cnt6>=4 then cnt6:=0;ck1280<=not ck1280;
  else cnt6:=cnt6+1;end if;
end if;
end process;
clk_8<=ck8;clk_32<=ck32;clk_256<=ck256;
clk_40<=ck40;clk_160<=ck160;clk_1280<=ck1280;
end bhv;
```

时钟信号产生模块仿真波形如图 15.6 所示。

程序说明及仿真分析：

① 程序比较简单，可作为多路分频输出设计的模板；

② 由图 15.6 可以看出，时钟信号 CLK 1 MHz 经过分频，分别输出 6 路分频波形，验证结果正确；

③ 程序编译仿真后，通过 File 菜单中的 Create Symbol Files for Current File 命令将

其创建并封装为图形文件 CLK_xf.bsf,用以系统集成时调用。

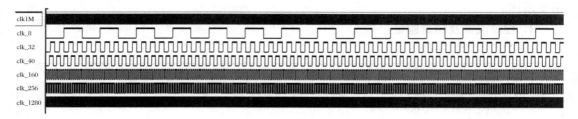

图 15.6　时钟信号产生模块仿真波形图

15.3.1.2　速度设置及细分选择模块

1. 模块封装及功能描述

本设计中,速度设置及细分选择模块的功能是根据步进电机高、低转速及细分度的设置,选择输出相应的 ROM 地址计数时钟、PWM 锯齿载波计数时钟以及对应的使能信号,模块封装如图 15.7 所示。SP_sel 和 XF_sel 分别接两个开关按键,开关没按下时,"0"代表低速、2 细分状态;开关按下时,"1"代表高速、8 细分状态。clk8、clk32、clk40、clk160、clk256、clk1280 分别接到时钟模块对应的输出端上,模块的输出端 clk_addr 和 clk_pwm 则分别接到后面 ROM 地址计数器的时钟输入端和 PWM 锯齿载波发生器的时钟输入端上。由式(15.1)可知,步进节拍,即 ROM 地址计数时钟 clk_addr 频率的变化将会引起步进电机转速的改变。

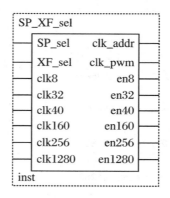

图 15.7　速度设置及细分选择模块封装图

2. 程序设计及仿真验证

VHDL 参考程序如下:

```
library ieee;
use ieee.std_logic_1164.all;
entity SP_XF_sel is
port(SP_sel,XF_sel:in std_logic;
    clk8,clk32,clk40,clk160,clk256,clk1280:in std_logic;
    clk_addr,clk_pwm,en8,en32,en40,en160,en256,en1280:out std_logic);
end SP_XF_sel;
architecture rtl of SP_XF_sel is
begin
```

```
process(SP_sel,XF_sel)
Begin
if SP_sel = '1' then
case XF_sel is
when '0' =>clk_addr<=clk40;clk_pwm<=clk256;
en8 <='0';en32 <='0';en40 <='1';en160 <='0';en256 <='1';en1280 <='0';
when '1' =>clk_addr<=clk160;clk_pwm<=clk1280;
en8 <='0';en32 <='0';en40 <='0';en160 <='1';en256 <='0';en1280 <='1';
when others =>clk_addr<=clk40;clk_pwm<=clk256;
en8 <='0';en32 <='0';en40 <='1';en160 <='0';en256 <='1';en1280 <='0';
end case;
else
case XF_sel is
when '0' =>clk_addr<=clk8;clk_pwm<=clk256;
en8 <='1';en32 <='0';en40 <='0';en160 <='0';en256 <='1';en1280 <='0';
when '1' =>clk_addr<=clk32;clk_pwm<=clk1280;
en8 <='0';en32 <='1';en40 <='0';en160 <='0';en256 <='0';en1280 <='1';
when others =>clk_addr<=clk8;clk_pwm<=clk256;
en8 <='1';en32 <='0';en40 <='0';en160 <='0';en256 <='1';en1280 <='0';
end case;end if;
end process;
end rtl;
```

速度设置及细分选择模块仿真波形如图 15.8 所示。

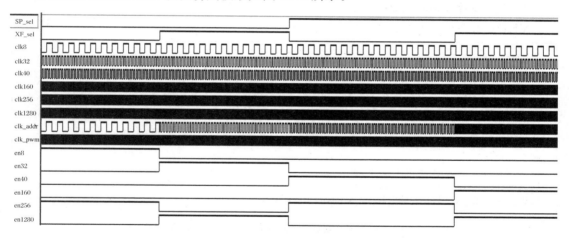

图 15.8　速度设置及细分选择模块仿真波形图

程序说明及仿真分析:

① 程序中,用一条 if 语句嵌套两条 case 语句完成了组合逻辑电路的行为描述,比较直观,易于理解;

② 仿真中,模拟了 SP_sel 和 XF_sel 的 4 种组合状态,由图 15.8 可以看出,不同输入情况下能够得到相应的频率输出及对应的使能信号,验证结果正确;

③ 程序编译仿真后,通过 File 菜单中的 Create Symbol Files for Current File 命令将其创建并封装为图形文件 SP_XF_sel. bsf,用以系统集成时调用。

15.3.1.3 方向控制及地址计数器模块

1. 模块封装及功能描述

方向控制及地址计数器模块 addr_Z_F 的封装如图 15.9 所示,其实就是一个模为 32 的加减可逆计数模块。8 细分时,无论速度高低,en_1280 均为高电平 1,计数使能有效。计数时钟信号 clk_addr 来自前面速度及细分选择模块的同名输出,输入端 ZF_kz 外接正、反转控制开关,当 ZF_kz 为"0"时表示正转,此时从 0 地址开始进行加计数,至尾地址 31 时回 0,周而复始循环;当 ZF_kz 为"1"时表示反转,此时从尾地址 31 开始进行减计数,至 0 时重回尾地址 31,周而复始循环。模块输出端 ROM_addr 则接到后面细分驱动数据 ROM 的地址总线上。

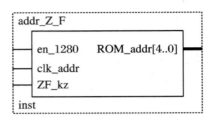

图 15.9 方向控制及地址计数器模块封装图

2. 程序设计及仿真验证

VHDL 参考程序如下:

```
library ieee;
use ieee. std_logic_1164. all;
use ieee. std_logic_arith. all;
use ieee. std_logic_unsigned. all;
entity addr_Z_F is
port(en_1280,clk_addr,ZF_kz: in std_logic;
    ROM_addr: out std_logic_vector(4 downto 0));
end addr_Z_F;
architecture behave of addr_Z_F is
beginprocess(en_1280,clk_addr,ZF_kz)
variable addr_u,addr_d: std_logic_vector(4downto 0);
begin
if en_1280 = '0' then addr_u:= "00000"; addr_d:= "00000";
elsif clk_addr'event and clk_addr = '1' then
  if ZF_kz = '0' then addr_u:= addr_u + 1;
    ROM_addr <= addr_u;
  else addr_d:= addr_d - 1;
    ROM_addr <= addr_d;
  end if; end if;
end process;
end behave;
```

方向控制及 ROM 地址计数器模块仿真波形如图 15.10 所示。

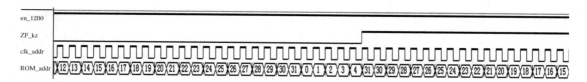

图 15.10　方向控制及 ROM 地址计数模块仿真波形图

程序说明及仿真分析：

① 程序在进程内部定义了 2 个内部变量 addr_u、addr_d 分别作为加、减计数的两个地址指针，使其正转时能从地址 0 开始加计数，反转时能从地址 31 开始减计数；

② 本例中，地址计数器的模值为 32，直接用 5 位二进制数进行加、减运算，无需进行模值判断，程序更加简洁高效，但必须调用 arith 和 unsigned 程序包；

③ 本例中，若将 addr_u、addr_d 定义为信号，虽然总体逻辑没问题，但会有 1 个 clk 时钟的延时；

④ 由图 15.10 可以看出，当 ZF_kz 为"0"正转时，地址递增计数并循环；当 ZF_kz 为"1"反转时，地址递减计数并循环，验证结果正确；

⑤ 程序编译仿真后，通过 File 菜单中的 Create Symbol Files for Current File 命令将其创建并封装为图形文件 addr_Z_F.bsf，用以系统集成时调用。

15.3.1.4　8 细分波形 ROM 模块

1．模块封装及功能描述

由前述方案可知，本例需要根据步进电机 8 细分阶梯状脉冲波形定制 1 个 ROM 模块，含有 32 个存储单元的 XFROM_32 封装图及其 mif 初始化文件如图 15.11 所示。

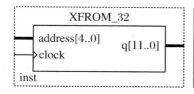

Addr	+0	+1	+2	+3	+4	+5	+6	+7
0	7000	7200	7400	7600	7700	5700	3700	1700
8	0700	0720	0740	0760	0770	0570	0370	0170
16	0070	0072	0074	0076	0077	0057	0037	0017
24	0007	2007	4007	6007	7007	7005	7003	7001

图 15.11　8 细分波形数据 ROM 模块及其 mif 初始化文件

在图 15.11 中，clock 为读 ROM 时钟，与 ROM 地址计数器时钟一致，也就是电机的步进节拍。5 位地址总线可寻址 32 个存储单元，接到 ROM 地址计数器的输出端。12 bit 的 ROM 输出数据被分成 4 组：q[11..9]、q[8..6]、q[5..3]、q[2..0]，分别代表步进电机 AA'、BB'、CC'、DD' 4 个定子线圈期望的 8 细分驱动波形数据，接到后面 4 个数字比较器的 cmp 输入端，与 PWM 锯齿载波模块的输出进行比较，产生 PWM 脉宽调制信号。

2．ROM 模块定制与调用

本例中，四相 8 细分阶梯驱动波形数据 ROM 的定制（包括 mif 初始化文件编辑）、调用及仿真过程与第 7.5 节中的内容类同，篇幅所限，不再赘述。

15.3.1.5　PWM 锯齿载波产生（PWM 计数器）模块

1．模块封装及功能描述

本例中，8 细分 PWM 锯齿载波产生电路其实就是一个模 8 的加 1 递增计数器，或称作

PWM 脉宽计数器，模块封装如图 15.12 所示。计数器时钟信号 clk_pwm 由当前的速度及细分度设置决定，与速度设置及细分选择模块的同名输出端相连接。3 bit 的计数输出接到后面数字比较器的 carr_saw 输入端上。

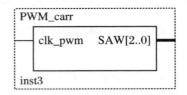

图 15.12　8 细分 PWM 锯齿载波产生模块封装图

2．程序设计及仿真验证

VHDL 参考程序如下：

```
library ieee;
use ieee.std_logic_1164.all;
use ieee.std_logic_arith.all;
use ieee.std_logic_unsigned.all;
entity PWM_carr is
port(clk_pwm: in std_logic;
     SAW: out std_logic_vector(2 downto 0));
end PWM_carr;
architecture behave of PWM_carr is
begin
process(clk_pwm)
variable cnt: std_logic_vector(2 downto 0);
begin
if clk_pwm'event and clk_pwm = '1' then
cnt:= cnt + 1;
     SAW <= cnt;
end if;
end process;
end behave;
```

8 细分 PWM 锯齿载波产生模块仿真波形如图 15.13 所示。

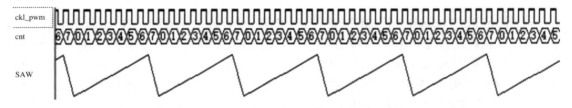

图 15.13　8 细分 PWM 锯齿载波产生模块仿真波形图

程序说明及仿真分析：

① 程序较为简单，实质上就是一个模 8 的累加计数器；

② 仿真图中，将计数结果转换为模拟波形显示方式，可直观地看到周期性输出的锯齿载波，验证结果正确；

③ 程序编译仿真后，通过 File 菜单中的 Create Symbol Files for Current File 命令将其创建并封装为图形文件 PWM_carr.bsf，用以系统集成时调用。

15.3.1.6　数字比较器模块

1. 模块封装及功能描述

本例中,8 细分数字比较器的输入是两组 3 bit 数据,分别接到锯齿载波模块与驱动波形数据 ROM 的分组输出端上,通过比较实时产生脉冲宽度变化的 PWM 调制信号,模块封装如图 15.14 所示。

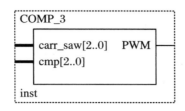

图 15.14　数字比较器模块封装图

2. 程序设计及仿真验证

VHDL 参考程序如下:

```
library ieee;
use ieee.std_logic_1164.all;
use ieee.std_logic_unsigned.all;
entity COMP_3 is
port(carr_saw,cmp:in std_logic_vector(2 downto 0);
    PWM:out std_logic);
end COMP_3;
architecture behav of COMP_3 is
begin
process(carr_saw,cmp)
begin
if cmp = "000" then
    PWM <= '0';
elsif(carr_saw > cmp) then
    PWM <= '0';
elsif(carr_saw < cmp) then
    PWM <= '1';
elsif(carr_saw = cmp) then
    PWM <= '1';
end if;
end process;
end behav;
```

为验证数字比较器产生 PWM 脉宽调制信号的功能,连接部分模块构建如图 15.15 所示的 PWM 产生电路。

数字比较器产生 PWM 脉宽调制信号电路编译综合后的仿真波形如图 15.16 所示。

程序说明及仿真分析:

① 数字比较器程序较为简单,通过两个输入端数值大小的比较,在一个 PWM 周期里输出不同高、低电平宽度的脉冲信号;

② 由数字比较器输出的 A、B、C、D 4 路 PWM 脉宽调制波形仿真正确,将 ROM 输出数据转换为模拟波形显示方式,可以直观地看到一个脉冲信号 8 细分后阶梯状上升、下降的

过程；

③ 从宏观上可以看出，每间隔 32 个 clk_addr 时钟，PWM 调制波形循环输出一次，即需要 32 个步进节拍，四相电机才能转动 1 个圆周周期，8 细分结果验证正确；

④ 程序编译仿真后，通过 File 菜单中的 Create Symbol Files for Current File 命令将其创建并封装为图形文件 COMP_3.bsf，用以系统集成时调用。

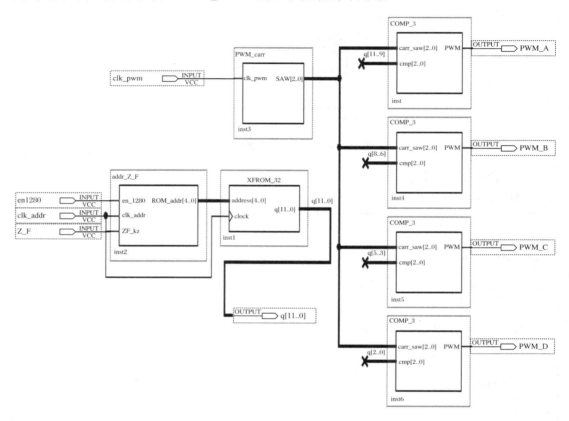

图 15.15　数字比较器产生 PWM 脉宽调制信号电路

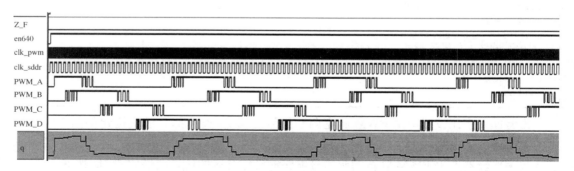

图 15.16　数字比较器产生 PWM 脉宽调制信号电路仿真波形图

15.3.1.7　2 细分驱动信号产生模块

1. 模块封装及功能描述

本例中，为节省芯片 ROM 资源，2 细分驱动信号直接应用 case 语句通过查找表编程方式输出,模块封装如图 15.17 所示。

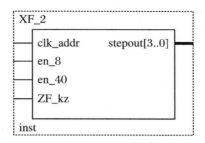

图 15.17　步进电机 2 细分模块封装图

在图 15.17 中,步进计数时钟 clk_addr 来自速度及细分选择模块的同名输出,若 en_8 高电平有效,表示 clk_addr 为低速 2 细分时所需要的 800 Hz 步进计数时钟;若 en_40 高电平有效,则表示 clk_addr 为高速 2 细分时所需要的 4000 Hz 步进计数时钟。ZF_kz 是正、反转控制信号,当 ZF_kz 为"0"时,电机 2 细分正转;当 ZF_kz 为"1"时,电机 2 细分反转。stepout 是 2 细分驱动信号的输出,功放后可加载在步进电机的 4 个定子线圈上进行驱动。

2. 程序设计及仿真验证

VHDL 参考程序如下:

```
library ieee;
use ieee.std_logic_1164.all;
use ieee.std_logic_arith.all;
use ieee.std_logic_unsigned.all;
entity XF_2 is
port(clk_addr,en_8,en_40,ZF_kz:in std_logic;
     stepout:out std_logic_vector(3 downto 0));
end XF_2;
architecture bhv of XF_2 is
signal inclk:std_logic;
begin
P1:process(en_8,en_40)
begin
if en_8 = '1' then inclk<=clk_addr;
elsif en_40 = '1' then inclk<=clk_addr;
else inclk<='0';
end if;
end process P1;
P2:process (inclk)
variable step:std_logic_vector(2 downto 0):= "000";
begin
if inclk'event and inclk = '1' then
if ZF_kz = '0' then
   step:= step + 1;
   else step:= step - 1;
end if;
case step is
when "000" => stepout<="0001";      --1 拍
when "001" => stepout<="0011";      --2 拍
when "010" => stepout<="0010";      --3 拍
when "011" => stepout<="0110";      --4 拍
```

```
when "100" => stepout <="0100";       --5 拍
when "101" => stepout <="1100";       --6 拍
when "110" => stepout <="1000";       --7 拍
when "111" => stepout <="1001";       --8 拍
when others => stepout <="0000";
end case;
end if;
end process P2;
end bhv;
```

步进电机 2 细分驱动模块仿真波形如图 15.18 所示。

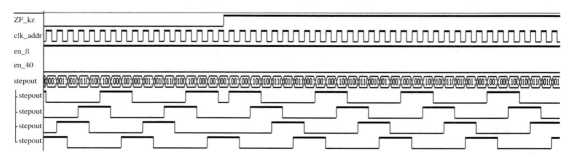

图 15.18　步进电机 2 细分驱动模块仿真波形

程序说明及仿真分析:

① 程序构造体中包括 2 个进程:在 P1 进程中,通过 2 个只在 2 细分时有效的使能信号 en_8 和 en_40,将速度及细分选择输出模块的同名输出端 clk_addr 引入 2 细分时的步进节拍时钟;在 P2 进程中,首先应用 if 语句判断 ZF_kz 的电平以确定正、反转状态,然后利用加、减运算控制步进节拍的循环方向,最后根据步进电机四相双拍的运行规律,应用 case 语句通过查找表的方式,编程输出 8 节拍为一周期的驱动信号。

② 在仿真波形中,stepout 为输出的四相驱动信号波形,从下往上按 A、B、C、D 四相依次展开后,可以清楚地看出其正转时的步进规律是按照 A、AB、B、BC、C、CD、D、DA 的顺序依次加载脉冲信号的(反转时可类推)。一个周期共有 8 种状态,即步进电机转过 1 个圆周角度需要 8 拍才能完成,从宏观上可以看作进行了 2 细分,验证结果正确。

③ 程序编译仿真后,通过 File 菜单中的 Create Symbol Files for Current File 命令将其创建并封装为图形文件 XF_2.bsf,用以系统集成时调用。

15.3.1.8　细分选择输出模块

1. 模块封装及功能描述

细分选择输出模块的功能就是根据 XF_sel 的状态,对 2 细分、8 细分模块产生的驱动信号进行 2 选 1,stepout[3..0]是 2 细分的 4 路驱动信号,P[3..0]则接到 8 细分时 4 个比较器的输出端上,模块封装如图 15.19 所示,P_A、P_B、P_C、P_D 是最后选择输出的 4 路驱动信号。

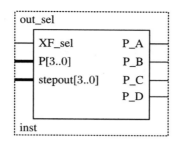

图 15.19　细分选择输出模块封装图

2. 程序设计及仿真验证

VHDL 参考程序如下：

```
library ieee;
use ieee.std_logic_1164.all;
entity out_sel is
port(XF_sel: in std_logic;
     P,stepout: in std_logic_vector(3 downto 0);
     P_A,P_B,P_C,P_D: out std_logic);
end out_sel;
architecture rtl of out_sel is
begin
process(XF_sel)
begin
case XF_sel is
when '0'=>P_A<=stepout(0);
          P_B<=stepout(1);
          P_C<=stepout(2);
          P_D<=stepout(3);
when '1'=>P_A<=P(3);
          P_B<=P(2);
          P_C<=P(1);
          P_D<=P(0);
when others =>P_A<='0';
              P_B<='0';
              P_C<='0';
              P_D<='0';
end case;
end process;
end rtl;
```

细分选择输出模块的程序及仿真都比较简单，此处不再赘述。

15.3.2　顶层系统设计

15.3.2.1　顶层系统集成

在原理图输入方式下，调用各功能模块封装图形文件，按设计方案连接，构建顶层系统电路，如图 15.20 所示。其中，clk1M 为 1 MHz 输入时钟；XF_sel、SP_sel 分别为细分与速度选择按键；Z_F 是正、反转开关；P_A、P_B、P_C、P_D 为细分后的 4 路输出驱动信号，功放后即可连接到步进电机对应的 4 个定子线圈上。

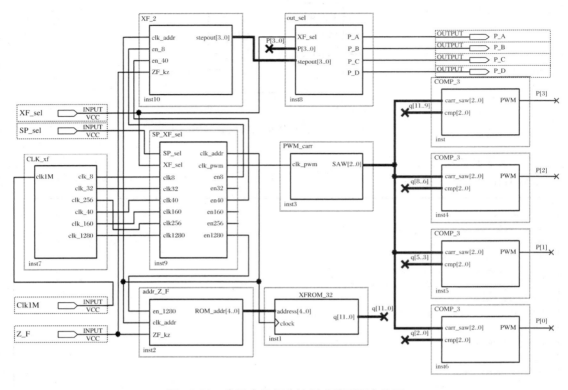

图 15.20　步进电机细分控制系统顶层电路图

15.3.2.2　引脚约束分配

为了进行硬件下载测试,首先需要对输入、输出端口进行引脚约束与分配,从理论上说,所有用户的 I/O 口都可选择使用,本例中,引脚配置情况如图 15.21 所示。

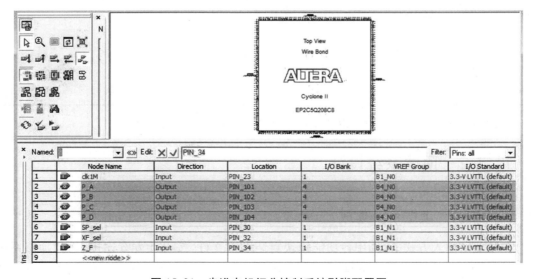

图 15.21　步进电机细分控制系统引脚配置图

15.3.2.3　编译综合适配

引脚配置后需要重新保存才能点击"Compiler"进行编译,全编译过程包括逻辑综合、布局布线及其结构适配,完成后将自动弹出编译总结报告,提供与当前工程项目相关的编译信息,包括载体芯片、资源占用率、引脚分配率、主要端子间信号传输时间等。步进电机细分驱动控制系统的编译报告与前面的实训案例类似,篇幅所限,不再赘述。

15.3.2.4　芯片下载测试

通过 USB 线连接电脑和下载器(第一次操作时需安装 usb-blaster 驱动),点击"Program"进行下载,下载成功后即可进行步进电机细分驱动实验测试,并利用示波器观测到细分驱动的信号波形,如图 15.22 所示。

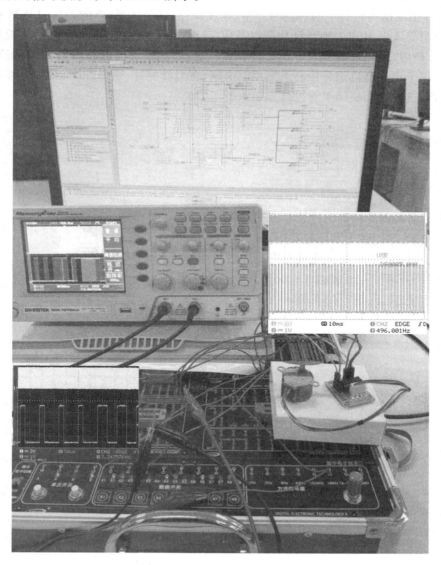

图 15.22　步进电机细分控制系统硬件实验与波形测试

章 末 小 结

　　步进电机是机电一体化的关键产品，被广泛应用于有定位要求、运行平稳、精确控制的自动化系统中，步进电机细分控制是指对步距角再进行详细的分步控制，可以通过有规律地插入大小相等的电流合成向量，减小合成磁势的角度（步距角），达到细分的目的。本案例首先介绍了步进电机的细分原理及其控制系统组成。接着，依据 EDA 技术自顶向下的层次化、模块化设计理念，以 FPGA 为主控单元，给出了步进电机细分控制系统的设计方案及其单元电路组成结构框图，并详细说明了各单元模块的作用及设计思路。在此基础上，应用 VHDL 硬件描述语言进行了时钟信号产生、速度设置、细分选择、方向控制、PWM 锯齿载波产生、细分驱动波形 ROM、地址计数器以及数字比较器等单元电路的程序设计、模块封装与仿真分析。最后，在原理图输入方式下，调用底层各功能模块的封装图形文件，按照设计方案连接，构建了步进电机细分控制系统顶层电路，在引脚配置、编译综合、编程下载后进行了系统测试，通过硬件实验结果对设计方案进行了验证。

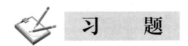

习 题

　　1. 在实训案例的基础上进行补充扩展：
　　① 增加 16、32、64、128 细分功能，进行相关仿真验证并封装；
　　② 基于原理图输入方式完成整个系统的顶层设计。
　　2. 参考实训案例，试应用 Verilog 语言编程设计一个步进电机细分控制系统（8、16、32、64、128 细分可选），并进行仿真验证。

第 16 章　集成数字系统实训 9——UART 串行通信接口设计

通用异步收发器（Universal Asynchronous Receiver-Transmitter，UART）接口协议简单、易于调试，在一些低成本、短距离、对速率要求不高的电子设备与外设之间的串行数据通信系统中被广泛应用。本章以大规模可编程逻辑芯片 FPGA 为设计载体，借助 EDA 软硬件开发平台，应用硬件描述语言 VHDL 编程实现了 UART 的接口模块设计。

16.1　设计任务及原理说明

16.1.1　设计任务

设计一个 UART 串行通信接口模块，基本要求如下：
① 数据格式：1 bit 起始位、8 bit 数据位、1 bit 停止位；
② 传输速率：9600 bps、115200 bps；
③ 通信模式：异步、全双工。

16.1.2　通用异步收发器及通信协议

16.1.2.1　UART 及其特点

串行通信分为同步串行通信和异步串行通信两种，同步串行通信时，需要通信双方在同一时钟的控制下同步传输数据，而异步串行通信时，双方可使用各自的时钟控制数据的发送和接收过程。UART 是一种采用异步串行通信方式的通用异步收发器，它在发送数据时将并行数据转换成串行数据来传输，而在接收数据时，则将接收到的串行数据先转换成并行数据，再进行存储、处理或传输。

异步串行通信具有接口协议简单、通信设备便宜等特点，是一种非连续的传输通信方式，一次传输只包含一帧字符数据，帧与帧之间的间隙可以是任意的，但在相互发送数据时，需要给每一个字符数据加上必要的起始位（低电平）和停止位（高电平）。异步串行通信数据传输过程示意图如图 16.1 所示。

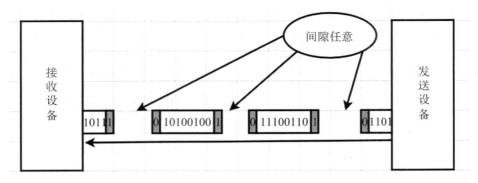

图 16.1 异步串行通信数据传输示意图

16.1.2.2 UART 通信协议

UART 通信过程中的数据格式及传输速率均可设置，为了保证能正确通信，收、发双方应约定相关协议并共同遵循。

1. 数据帧格式

UART 发送或接收的数据帧由起始位、数据位、校验位和停止位等四部分组成，UART 数据帧结构如图 16.2 所示。

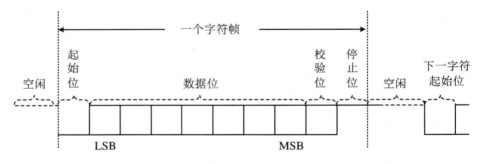

图 16.2 UART 数据帧结构

图 16.2 中，起始位标志着一帧数据的开始，停止位代表一帧数据的结束，而数据位是一帧数据中的有效数据。帧与帧之间空闲时，数据线应一直处于高电平状态。

完整的一帧数据包含 1 个起始位、8 个数据位、1 个校验位和 1 个停止位，其中起始位为逻辑低电平，D0～D7 是从低到高的数据位，停止位为逻辑高电平。校验位分为奇校验和偶校验，用于检验数据在传输过程中是否出错。在某些情况下，也可以不设置校验位。

2. 数据传输速率

串口通信的速率用波特率表示，它代表每秒传输的二进制数据位数，单位是 bps（位/秒）；常用的波特率有 9600 bps、19200 bps、38400 bps、57600 bps 及 115200 bps 等。

3. 数据传输方向

串行通信的传输方向分单工、半双工、全双工 3 种。单工是指数据只能沿一个方向传输；半双工是指数据可以沿两个方向传输，但需分时进行；而全双工则是指数据可以同时沿两个方向进行传输。UART 采用全双工通信模式。3 种数据传输模式如图 16.3 所示。

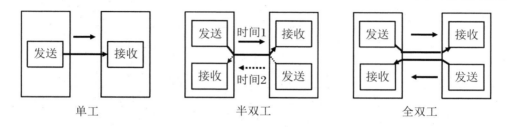

图 16.3　3 种数据传输模式

4．数据通信接口

电信号传输过程中有不同的电平标准和接口规范,针对异步串行通信的接口标准有 RS232、RS422、RS485 等,在传输距离较短、不超过 15 m 时,RS232 是串行通信中最常用的接口标准。一般而言,全双工模式的 UART 只需要 2 根信号线就能实现双向串行通信,一根用于数据发送,另一根负责数据接收,因此 UART 至少包含 2 个基本接口:数据发送端口 TXD 和数据接收端口 RXD。一对 RS232 标准接口 DB-9 连接示意如图 16.4 所示。

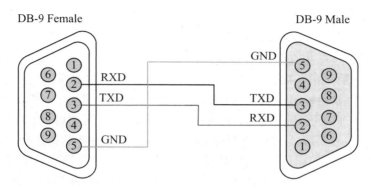

图 16.4　一对 RS232 标准接口 DB-9 连接示意图

16.2　设　计　方　案

根据设计任务,基于 FPGA 的 UART 串行通信接口模块结构及设计方案如图 16.5 所示。

由图 16.5 可以看出,UART 串行通信接口模块的基本组成包括波特率时钟信号发生器、串行数据接收器、串行数据发送器等单元电路。各单元电路的功能及作用分析如下:

1．波特率时钟信号发生器

异步通信时,收、发双方可以使用自己的时钟信号控制时序节拍,但需要事先约定数据传输的速率,即波特率,常用的波特率有 9600 bps、19200 bps、38400 bps、57600 bps 及 115200 bps 等。波特率时钟信号可通过对系统时钟分频产生。本例中,设置了 9600 bps、115200 bps 两种传输速率,分别代表低速、高速两挡,可以通过开关按键进行选择。

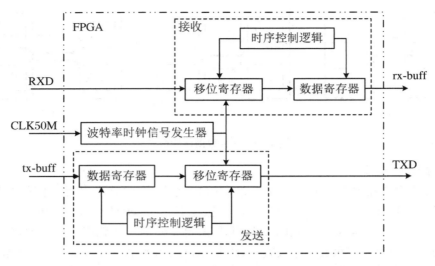

图 16.5　UART 串行通信接口模块结构组成及设计方案

2. 串行数据接收器

串行数据接收器内部由时序控制逻辑、串行移位接收、数据寄存器等电路组成。为了正确对输入数据进行采样,提高分辨力和抗干扰能力,采样时钟频率必须高于波特率,理论上至少是波特率时钟的 2 倍。接收时序控制电路的作用就是通过对系统时钟分频产生一个 N 倍波特率的同步接收时钟 CLK_RX,监测 RXD 总线的数据信号。当检测到 RXD 总线由高电平跳变为低电平,且持续了 $N/2$ 个接收时钟 CLK_RX 周期后,说明检测到了 UART 数据帧的起始位;接着每隔 N 个接收时钟 CLK_RX,对串行输入数据进行采样,以确保能在信息位中央处提取各个数据位的信息,并按照从低位到高位的顺序串行移位接收,存入并行数据寄存器,完成串-并转换的接收过程。本例中设 $N=8$,即同步接收时钟 CLK_RX 频率是波特率的 8 倍。

3. 串行数据发送器

串行数据发送由加载和发送两个环节构成。加载过程是指按照 UART 串行传输数据的结构,在系统时钟的作用下加载起始位、数据位和停止位,并进行并-串转换;然后在波特率时钟驱动下,将加载数据按顺序依次输出到 UART 的 TXD 端口,完成串行数据帧的发送。

16.3　设 计 实 现

根据系统方案框图,采用 EDA 自顶向下的层次化设计理念,应用 VHDL 行为描述与逻辑建模,进行 UART 串行通信接口各功能单元电路的设计与仿真,最后通过对底层模块的调用与连接,基于原理图输入方式完成顶层系统集成。

16.3.1　各功能单元设计

16.3.1.1　波特率及接收时钟产生模块

1. 模块封装及功能描述

波特率及数据接收时钟产生模块 BPS_FP 的封装如图 16.6 所示,输入 CLK 为 50 MHz 系统时钟,res_n 为系统复位按键,sel 为波特率选择输入状态。当 sel 为"0"时,CLK_bps 输出的波特率为 9600 bps,当 sel 为"1"时,CLK_bps 输出的波特率为 115200 bps,而 CLK_RX 则对应输出 8 倍波特率的接收采样时钟信号。

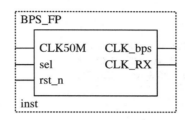

图 16.6　波特率及接收时钟产生模块封装图

2. 程序设计及仿真验证

VHDL 参考程序如下:

```
library ieee;
use ieee. std_logic_1164. all;      --调用常用程序包
use ieee. std_logic_unsigned. all;
use ieee. std_logic_arith. all;
entity BPS_FP is
generic(BPS_CNT1:INTEGER:= 2604;      --9600 bps 分频系数
BPS_CNT2:INTEGER:= 217;       --115200 bps 分频系数
RX_CNT1:INTEGER:= 325;      --9600 bps 接收时钟分频系数
RX_CNT2:INTEGER:= 27      --115200 bps 接收时钟分频系数
);
port (CLK50M,sel,rst_n: in std_logic;
      CLK_bps,CLK_RX:out std_logic
      );
end BPS_FP;
architecture bhave of BPS_FP is
signal CLK_bps1,CLK_bps2:std_logic;
signal CLK_RX1,CLK_RX2:std_logic;
begin
p1:process(CLK50M,rst_n)
variable cnt1,cnt2: integer range 0 to 3000;
variable rxcnt1,rxcnt2: integer range 0 to 350;
begin
if rst_n = '0' then cnt1:= 0;cnt2:= 0;rxcnt1:= 0;rxcnt2:= 0;
   elsif CLK50M'event and CLK50M = '1' then
     if cnt1 >=BPS_CNT1 then cnt1:= 0;CLK_bps1 <=not CLK_bps1;
        else cnt1:= cnt1 + 1;
```

```
    end if;
    if cnt2 >=BPS_CNT2 then cnt2:= 0;CLK_bps2 <=not CLK_bps2;
        else cnt2:= cnt2 + 1;
    end if;
    if rxcnt1 >=RX_CNT1 then rxcnt1:= 0;CLK_RX1 <=not CLK_RX1;
        else rxcnt1:= rxcnt1 + 1;
    end if;
    if rxcnt2 >=RX_CNT2 then rxcnt2:= 0;CLK_RX2 <=not CLK_RX2;
        else rxcnt2:= rxcnt2 + 1;
    end if;
end if;
end process;
p2:process(sel)
begin
case sel is
when '0' =>CLK_bps <=CLK_bps1;CLK_RX <=CLK_RX1;
when '1' =>CLK_bps <=CLK_bps2;CLK_RX <=CLK_RX2;
when others =>CLK_bps <=CLK_bps1;CLK_RX <=CLK_RX1;
end case;
end process;
end bhave;
```

波特率及接收时钟产生模块仿真波形如图 16.7 所示。

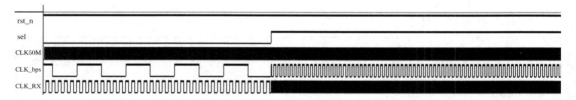

图 16.7　波特率及接收时钟产生模块仿真波形图

程序说明及仿真分析:

① 程序中包含了 2 个进程,P1 进程根据两种波特率设置,分别确定波特率时钟及其相应的接收采样时钟的分频系数,对 50 MHz 系统时钟进行分频;P2 进程则应用 case 语句,针对 sel 选择,输出当前设置的波特率时钟 CLK_bps 及串行接收采样时钟 CLK_RX。

② 由仿真波形可以看出,sel 为低电平 0 时,CLK 50 MHz 经过分频,可输出 9600 bps 波特率时钟 CLK_bps 及其 8 倍频的串行接收采样时钟 CLK_RX 信号;而 sel 为高电平 1 时,可输出 115200 bps 波特率时钟 CLK_bps 及其 8 倍频的串行接收采样时钟 CLK_RX 信号,验证结果正确。

③ 程序中应用 generic 语句引入了 4 个类属参数,分别代表两种波特率情况下的分频系数,这样做的好处是,当系统时钟频率或串行传输数据速率发生变化时,重新计算分频系数后直接修改类属参数即可,无需修改程序主体。

④ 程序编译仿真后,通过 File 菜单中的 Create Symbol Files for Current File 命令将其创建并封装为图形文件 BPS_FP.bsf,用以系统集成时调用。

16.3.1.2　串行数据接收模块

1. 模块封装及功能描述

串行数据接收模块 uart_rx 封装如图 16.8 所示,输入端 clk_rx 和 clk_bps 分别为数据接收采样时钟和数据传输的波特率时钟,与前面的波特率及数据接收时钟产生模块对应的输出端相连;data_rx 是串行输入数据,其传输速率为 clk_bps;res_n 为系统复位按键;输出端 rx_stop 是串行数据传输停止(或接收结束)标志信号,当其输出"1"时,表示已接收到一个串行数据帧的 8 bit 数据,并通过 8 位数据总线 rx_data 以并行方式输出,完成串-并转换过程。

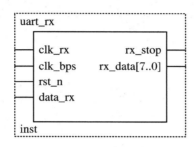

图 16.8　串行数据接收模块封装图

2. 程序设计及仿真验证

VHDL 参考程序如下:

```
library ieee;
use ieee.std_logic_1164.all;       --调用常用程序包
use ieee.std_logic_unsigned.all;
use ieee.std_logic_arith.all;
entity uart_rx is
port(clk_bps,clk_rx:in std_logic;        --波特率及接收采样时钟
     rst_n,data_rx:in std_logic;      --复位及串行输入数据
     rx_stop:out std_logic;       --数据传输停止或接收结束
     rx_data:out std_logic_vector(7 downto 0));        --串-并转换输出数据
end uart_rx;
architecture receive of uart_rx is
signal rx_start:std_logic;       --接收数据开始信号
signal rx_cnt:std_logic_vector(3 downto 0);        --接收数据 bit 计数器
signal start_reg:std_logic_vector(3 downto 0);        --接收数据采样寄存器
begin
p1:process(rst_n,clk_rx,data_rx)      --以 clk_rx 对数据起始信号进行采样
   begin
   if(clk_rx'event AND clk_rx='1') then
     if(rst_n='0') then
       start_reg<="1111";
     else
     start_reg<=start_reg(2 downto 0) & data_rx;       --串行采样寄存输入数据
     end if;
   end if;
   end process;
p2:process(rst_n,clk_rx,start_reg)      --以 clk_rx 监测数据起始信号
   begin
```

```
    if(rst_n = '0') or (rx_cnt >=9)then
      rx_start <='0';rx_stop <='1';
    elsif(clk_rx'event AND clk_rx = '1') then
      if start_reg = "0000" then      --跳变后寄存器连续采样 "0000" 时
        rx_start <='1';rx_stop <='0';      --接收数据开始信号 rx_start 为 1
      end if;
    end if;
  end process;
p3:process(rst_n,rx_start,clk_bps,data_rx)      --以 clk_bps 进行数据位计数
  begin
  if(rst_n = '0') or (rx_cnt >=9)then
    rx_cnt <=x"0";
  elsif(clk_bps'event AND clk_bps = '1')then      --clk_bps 上升沿计数加 1
    if(rx_start = '1') then
      rx_cnt <=rx_cnt + 1;
    end if;
  end if;
end process;
p4:process(rst_n,clk_bps,rx_cnt)      --以 clk_bps 下降沿进行数据居中采样
  begin
  if(rst_n = '0') then
    rx_data <=x"0";
  elsif(clk_bps'event AND clk_bps = '0')then      --clk_bps 下降沿数据居中采样
    case rx_cnt is
  when x"1" => rx_data(0)<=data_rx;      --应用 case 语句完成串-并转换
  when x"2" => rx_data(1)<=data_rx;
  when x"3" => rx_data(2)<=data_rx;
  when x"4" => rx_data(3)<=data_rx;
  when x"5" => rx_data(4)<=data_rx;
  when x"6" => rx_data(5)<=data_rx;
  when x"7" => rx_data(6)<=data_rx;
  when x"8" => rx_data(7)<=data_rx;
  when others => null;
  end case;
  end if;
  end process;
end receive;
```

串行数据接收模块仿真波形如图 16.9 所示。

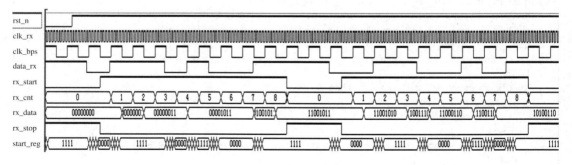

图 16.9　串行数据接收模块仿真波形图

程序说明及仿真分析:

① 程序包含 4 个进程,并在构造体元素说明区域中定义了 4 bit 接收采样寄存器 start_

reg、接收开始信号 rx_start 以及接收数据 bit 计数器 rx_cnt 等内部信号。

P1 进程：以 clk_rx 为采样时钟，采样串行 data_rx 数据并暂存在 start_reg 中，以监测跳变后的低电平起始信号；

P2 进程：当监测到 start_reg 寄存器连续采样有"0000"时，则将 rx_start 置为"1"，表示串行数据接收开始；

P3 进程：以 clk_bps 的上升沿为触发进行串行数据位累加计数，计数值大于 8 时回 0；

P4 进程：以 clk_bps 的下降沿为触发进行串行数据位的居中采样以及串-并转换，最后通过 8 位 rx_data 总线输出串行接收数据。

② 在仿真图中，根据设计方案，将 clk_rx 频率设为波特率时钟的 8 倍，复位后正常工作时，当以 clk_rx 采样检测到串行输入数据 data_rx 发生了由"1"到"0"的跳变，且 start_reg 寄存器已连续采样到 4 个低电平"0000"时，表示检测到了 UART 数据帧的起始位，内部信号 rx_start 立即拉高为"1"。

③ 在仿真图中，rx_start 信号为"1"期间代表串行数据的接收过程，可以看出在波特率时钟的上升沿到来时，进行数据 bit 累加计数。在波特率时钟的下降沿到来时，进行串行数据的居中采样，同时完成串-并转换。

④ 在仿真图中，当 8 位串行数据接收完成，rx_stop 输出高电平 1，表示一帧串行数据接收结束，此时 rx_data 总线输出的即为接收到的一帧串行数据。

⑤ 在仿真图中，data_rx 上传输了 2 个 UART 数据帧，分别在 rx_start 信号为"1"期间接收，在 rx_stop 为"1"期间并行输出。按照 UART 数据帧格式，起始位后先传输的是 LSB 位，最后传输 MSB 位，可以看出，第一帧 data_rx 起始位后，从先到后依次传输的是"11010011"，接收结束从 rx_data[7..0]总线上并行输出的是"11001011"，结果正确。第二帧 data_rx 起始位后，从先到后依次传输的是"01100101"，而接收结束从 rx_data[7..0]总线上并行输出的是"10100110"，验证结果正确。

⑥ 程序编译仿真后，通过 File 菜单中的 Create Symbol Files for Current File 命令将其创建并封装为图形文件 uart_rx.bsf，用以系统集成时调用。

16.3.1.3　串行数据发送模块

1. 模块封装及功能描述

串行数据发送模块 uart_tx 的封装如图 16.10 所示，输入端 clk_bps 为数据传输波特率时钟，与前面的波特率及数据接收时钟产生模块对应的输出端相连；res_n 为系统复位按键；tx_buff 表示待输出的 8 位数据，来自并行总线缓存器；tx_cmd 是串行发送指令，当其为高电平时，uart_tx 模块首先加载起始位"0"，然后以 clk_bps 的传输速率，按照 UART 数据帧格式，从最低位 LSB 开始，依次将 tx_buff 中的 8 位数据通过 tx_data 端口串行输出，并加载停止位"1"，完成并-串转换过程。输出端 tx_done 是串行数据发送的结束信号，当其为高电平 1 时，表示已完成一个串行数据帧发送，处于空闲状态，等待下一次指令发送。

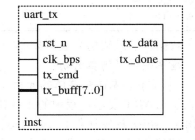

图 16.10　串行数据发送模块封装图

2. 程序设计及仿真验证

VHDL 参考程序如下：

```vhdl
library ieee;
use ieee.std_logic_1164.all;       --调用常用程序包
use ieee.std_logic_arith.all;
use ieee.std_logic_unsigned.all;
entity uart_tx is
generic(framlen:integer:= 8);      --类属参数定义,数据帧长度为 8
port(rst_n,clk_bps,tx_cmd:in STD_LOGIC;
     tx_buff:in STD_LOGIC_VECTOR(7 downto 0);
     tx_data,tx_done:out STD_LOGIC);
end entity uart_tx;
architecture transmit of uart_tx is
type states is (tx_idle,tx_start,tx_shift,tx_stop);        --定义 4 种状态机
signal state:states:= tx_idle;
begin
process(clk_bps,rst_n,tx_cmd,tx_buff)
variable tx_bcnt:integer range 0 to 10;        --定义数据位计数器
begin
  if(rst_n = '0') then state <=tx_idle;
    tx_data <='1';tx_done <='0';tx_bcnt:= 0;
  elsif(clk_bps'event AND clk_bps = '1') hen
    case state is
    when tx_idle =>     --休闲状态,等待发送指令
    tx_data <='1';tx_done <='0';tx_bcnt:= 0;      --休闲状态,发送数据"1"
    if tx_cmd = '1'  then  state <=tx_start;      --有发送指令,转至开始状态
    else state <=tx_idle;end if;
    when tx_start => state <=tx_shift;     --开始状态后,转至移位状态
    tx_data <='0';     --开始状态,发送起始位"0"
    when tx_shift =>     --移位状态,8 位数据并-串转换发送
    if tx_bcnt = framlen   then state <=tx_stop;    --8 位数据发送完后,转至停止状态
    tx_bcnt:= 0;tx_data <='1';    --数据位计数器清零,发送数据"1"
    else state <=tx_shift;    --8 位数据未发送完,继续移位状态
    tx_data <=tx_buff(tx_bcnt);    --移位状态,依次并-串转换发送
    tx_bcnt:= tx_bcnt + 1;end if;     --移位状态,数据位计数器加 1
    when tx_stop => state <=tx_idle;     --停止状态后,转至休闲状态等待
    tx_done <='1';     --停止状态,发送完成标志为"1"
    when others => state <=tx_idle;
    end case;
  end if;
end process;
end transmit;
```

数据发送模块仿真波形如图 16.11 所示。

程序说明及仿真分析：

① 程序首先在构造体的元素说明区域,通过数据类型定义语句自定义了 states 类型,用以表示 UART 发送过程中的 4 种状态：休闲等待 tx_idle、发送开始 tx_start、并-串转换移位输出 tx_shift 及发送停止 tx_stop。在此基础上,程序采用状态机描述,在波特率时钟驱动下,根据触发条件依次进行 4 种状态的转换,并通过输出端 tx_data 完成串行数据帧的发送。

串行数据帧发送过程状态转换如图 16.12 所示,程序关键代码可参见注释说明。

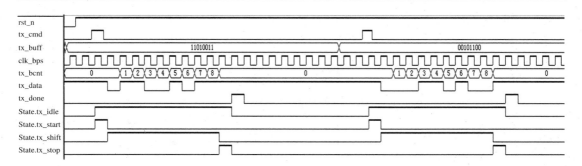

图 16.11　数据发送模块仿真波形图

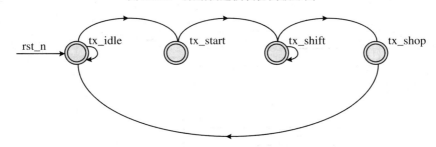

图 16.12　数据帧发送过程状态转换图

② 仿真图中,在 rst_n 为"1"期间,收到 tx_cmd 高电平的发送指令,在波特率时钟驱动下,tx_data 数据线立即输出 UART 数据帧的起始位"0",同时数据位计数器 tx_bcnt 开始累加计数,并依据当前的位计数值,依次将数据缓存器 tx_buff 中对应位的数据输出到 tx_data上,直到 8 个数据发送结束,再加载停止位 1。一个串行数据帧发送完成后,tx_done 变为高电平 1,并转入空闲状态,等待下一次指令发送。

③ 在仿真图中,tx_buff 中存放了 2 组 8 位数据"11010011"和"00101100",当分别收到tx_cmd 的高电平发送指令后,在波特率时钟驱动下,tx_data 总线分别发送了 2 个 UART数据帧,从先到后依次发送的是"0110010111"及"0001101001"。其中,两帧数据开头的"0"是 UART 的起始位,两帧数据结束的"1"是 UART 的停止位,而中间 8 位"11001011"和"00110100"则是从 LSB 开始发送的数据,通过比对,验证结果正确。

④ 程序编译仿真后,通过 File 菜单中的 Create Symbol Files for Current File 命令将其创建并封装为图形文件 uart_tx.bsf,用以系统集成时调用。

16.3.2　顶层系统设计

16.3.2.1　顶层系统集成

在原理图输入方式下,调用各功能模块封装图形文件,按设计方案连接,构建顶层系统电路,如图 16.13 所示。其中 clk 为 50 MHz 系统时钟,rst_n 为系统复位按键,低电平有效,sel 为两种波特率选择开关信号。整个 UART 接口模块可以分成数据接收和数据发送两部分,接收部分的 data_rx 为串行传输数据输入端,rx_data 为 8 位接收数据缓存输出端,rx_stop 为数据接收停止标志信号。发送部分的 tx_buff 为待发送的 8 位缓存数据,tx_cmd 则是发送指令,高电平有效。按照 UART 格式串行发送的数据将从 tx_data 端输出,一帧数据发送完毕时将 tx_done 置为"1"，表示发送完成，处于空闲状态，等待下一次指令发送。

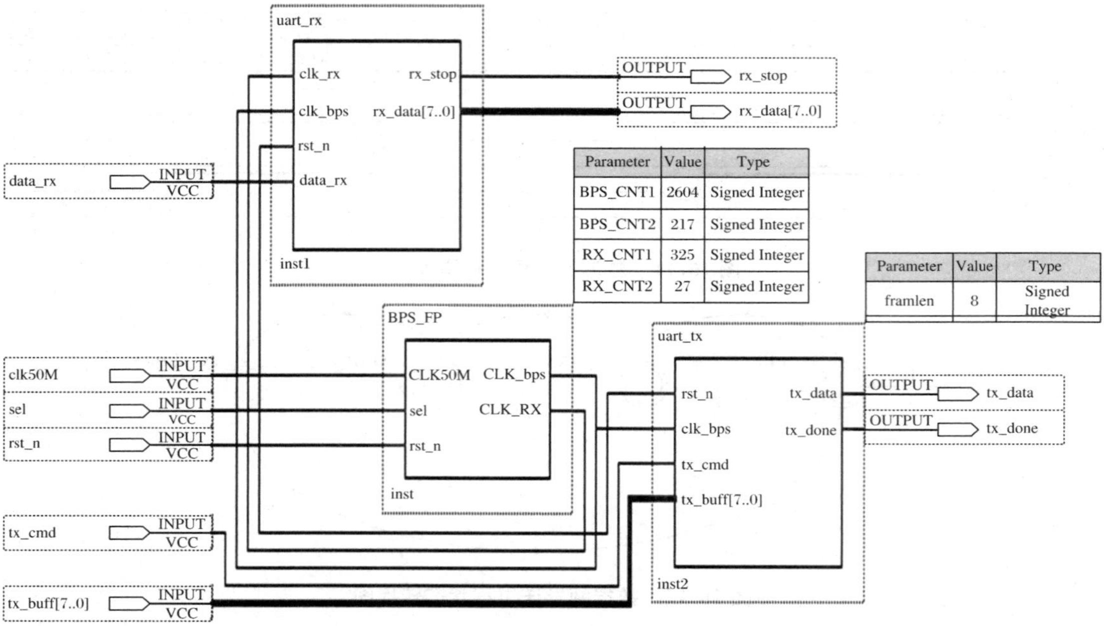

图 16.13　UART 串行通信接口模块顶层电路图

16.3.2.2　引脚约束分配

为了进行硬件下载测试，首先需要对输入、输出端口进行引脚约束与分配，从理论上说，所有用户的 I/O 口都可选择使用，本例中，借助 Altra 公司 Cyclone Ⅳ 系列 FPGA 芯片 EP4CE10F17C8N 开发板、PC 机及串口调试工具进行串口环回实验。一般地，进行串口环回实验时需添加一个数据环回模块，其功能是将接收到的数据再回传给发送模块，同时用一帧数据接收结束信号去启动发送过程。本例中作了简化处理，具体电路连接时，一是将接收模块串-并转换后接收到的数据 rx_data 直接与发送模块的 tx_buff 端相连，完成数据环回；二是将接收结束标志 rx_stop 信号取反后再与发送命令 tx_cmd 相连，以满足数据发送的起始时序。简化处理后，UART 串口环回实验的引脚配置情况如图 16.14 所示。

clk50M	Input	PIN_E1	1	B1_N0	PIN_E1	2.5 V ...fault)	8mA (...ault)	
data_rx	Input	PIN_D4	1	B1_N0	PIN_D4	2.5 V ...fault)	8mA (...ault)	
rst_n	Input	PIN_M1	2	B2_N0	PIN_M1	2.5 V ...fault)	8mA (...ault)	
sel	Input	PIN_M2	2	B2_N0	PIN_M2	2.5 V ...fault)	8mA (...ault)	
tx_data	Output	PIN_C3	8	B8_N0	PIN_C3	2.5 V ...fault)	8mA (...ault)	2 (default)
tx_done	Output	PIN_L15	5	B5_N0	PIN_C9	2.5 V ...fault)	8mA (...ault)	2 (default)
<<new node>>								

图 16.14　UART 串口环回实验的引脚配置图

16.3.2.3　编译综合适配

引脚配置后需要重新保存才能点击"Compiler"进行编译，全编译过程包括逻辑综合、布局布线及其结构适配,完成后将自动弹出编译总结报告,提供与当前工程项目相关的编译信息,包括载体芯片、资源占用率、引脚分配率、主要端子间信号传输时间等内容。编译信息总结报告界面与前述案例类似,篇幅所限,不再赘述。

16.3.2.4 芯片下载测试

通过 USB 线连接电脑和下载器(第一次操作时需安装 usb-blaster 驱动),点击"Program"进行下载,下载成功后即可进行 UART 串口环回实验硬件测试。实验结果如图16.15 所示。

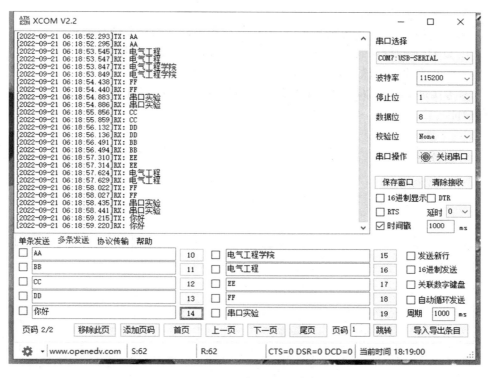

图 16.15 UART 串口环回实验结果

章末小结

UART 是一种串行异步收发协议,可与外部设备通过工业标准 NRZ 格式实现全双工的传输与接收,在异步串行数据通信领域具有十分广泛的应用。本案例首先介绍了 UART的特点、数据帧结构、数据通信协议以及数据通信接口。接着,依据 EDA 技术自顶向下的层次化、模块化设计理念,以 FPGA 为主控单元,给出了 UART 串行通信接口的整体设计方案及其单元电路组成结构框图,并详细说明了各单元模块的作用及其设计思路。在此基础上,应用 VHDL 硬件描述语言进行了波特率时钟信号发生器、串行数据接收器、串行数据发送器等单元电路的程序设计、模块封装与仿真分析。最后,在原理图输入方式下,调用底层各功能模块封装图形文件，按照设计方案连接，构建了 UART 串行通信接口的顶层电路，在引脚配置、编译综合、编程下载后，借助 PC 及串口调试工具进行了串口数据环回测试，通过硬件实验结果对设计方案进行了验证。

习　　题

1. 在实训案例的基础上进行补充扩展：

① 在 UART 传输速率中增加 4800 bps，进行程序设计和相关仿真验证；

② 在 UART 数据格式中增加 1 bit 校验位，进行程序设计和相关仿真验证；

③ 最终基于原理图输入方式完成整个系统的顶层设计。

2. 参考实训案例，试应用 Verilog 语言编程设计一个 UART 串行通信接口模块，并进行仿真验证。

参 考 文 献

［1］ 陶柏睿,李静辉,苗凤娟,等.数字集成电路与 EDA 设计基础教程[M].哈尔滨:哈尔滨工程大学出版社,2012.

［2］ 张金艺,李娇,朱梦尧,等.数字系统集成电路设计导论[M].北京:清华大学出版社,2017.

［3］ 潘松,黄继业.EDA 技术与 VHDL[M].5 版.北京:清华大学出版社,2017.

［4］ 庞志勇,陈弟虎,黄以华.数字集成电路 EDA 设计实验[M].北京:电子工业出版社,2018.

［5］ 陈欣波.Altera FPGA 工程师成长手册[M].北京:清华大学出版社,2012.

［6］ 赵艳华,温利,佟春明.基于 Quartus Ⅱ 的 FPGA/CPLD 数字系统设计快速入门[M].北京:电子工业出版社,2017.

［7］ 韩鹏.EDA 技术与应用[M].北京:机械工业出版社,2019.

［8］ 康磊.数字电路设计及 Verilog HDL 实现[M].西安:西安电子科技大学出版社,2019.

［9］ 于玉亭,张丽华.EDA 技术及应用[M].2 版.北京:机械工业出版社,2021.

［10］ 江国强.现代数字电路与系统设计:VHDL 版[M].北京:电子工业出版社,2018.

［11］ 黄科.EDA 数字系统设计案例实践[M].北京:清华大学出版社,2010.

［12］ 焦鹏,邓正万.基于 VHDL 语言的序列发生器设计[J].数字技术与应用,2023,41(1):171-173.

［13］ 杨云海,章芬芬.实用计数器的 VHDL 与 Verilog HDL 行为建模对比研究[J].现代信息科技,2022,6(15):63-66.

［14］ 李栋.基于 FPGA 的 MIDI 音乐发生器的设计探讨[J].信息记录材料,2022,23(7):77-79.

［15］ 苗丽华.VHDL 数字电路设计教程[M].北京:人民邮电出版社,2012.

［16］ 高敬鹏,武超群.零点起飞学 FPGA[M].北京:清华大学出版社,2015.

［17］ 夏宇闻.Verilog 数字系统设计教程[M].北京:北京航空航天大学出版社,2013.

［18］ 李莉,张磊,董秀则,等.Altera FPGA 系统设计实用教程[M].北京:清华大学出版社,2017.

［19］ 吴厚航.勇敢的芯伴你玩转 Altera FPGA[M].北京:清华大学出版社,2017.

［20］ 蔡觉平,何小川,李逍楠.Verilog HDL 数字集成电路设计原理与应用[M].西安:西安电子科技大学出版社,2011.